动态测量数据处理理论

Theory of Kinematic Surveying Data Processing

赵长胜　著

测绘出版社

·北京·

内 容 提 要

本书归纳总结了动态数据处理理论与算法的主要内容,详细论述了卡尔曼滤波的基本原理和基本算法。主要包括卡尔曼滤波函数动态模型、观测模型、随机模型、误差探测诊断与修复、误差实时估计及抗差自适应卡尔曼滤波、有色噪声卡尔曼滤波、扩展卡尔曼滤波、无迹卡尔曼滤波、容积卡尔曼滤波和粒子滤波等。

本书侧重卡尔曼滤波的实用理论与方法,理论推导与论述力求深入浅出。本书可以作为测绘科学与技术及其相关学科硕士生和博士生的参考用书,也可供相关学科教师、科研人员和工程技术人员参考。

图书在版编目(CIP)数据

动态测量数据处理理论 / 赵长胜著. —北京 :测绘出版社,2016.12
ISBN 978-7-5030-4025-2

Ⅰ. ①动… Ⅱ. ①赵… Ⅲ. ①动态测量—数据处理—研究 Ⅳ. ①TP274

中国版本图书馆 CIP 数据核字(2016)第 322804 号

责任编辑 巩 岩
执行编辑 侯杨杨 **封面设计** 李 伟 **责任校对** 石书贤 **责任印制** 陈 超

出版发行	测绘出版社	**电 话**	010—83543956(发行部)
地 址	北京市西城区三里河路 50 号		010—68531609(门市部)
邮政编码	100045		010—68531363(编辑部)
电子信箱	smp@sinomaps.com	**网 址**	www.chinasmp.com
印 刷	北京京华虎彩印刷有限公司	**经 销**	新华书店
成品规格	169mm×239mm		
印 张	9	**字 数**	173 千字
版 次	2016 年 12 月第 1 版	**印 次**	2016 年 12 月第 1 次印刷
印 数	0001—1000	**定 价**	48.00 元

书 号 ISBN 978-7-5030-4025-2
本书如有印装质量问题,请与我社门市部联系调换。

前 言

从卡尔曼于1960年提出卡尔曼滤波以来，动态测量数据处理理论得到了很大发展，包括对动态数学模型的精化、各种误差的处理方法、自适应滤波和非线性滤波算法（扩展卡尔曼滤波、容积卡尔曼滤波、无迹卡尔曼滤波和粒子滤波等）。滤波技术在许多科技领域都有广泛应用，载体导航就是其中一项重要应用。卫星导航、惯性导航等多系统组合导航系统采用滤波技术很大程度上提高了导航的精度、可靠性和实时性。

本书共分为7章。第1章卡尔曼滤波，包括卡尔曼滤波的动态模型、观测模型与随机模型的描述，卡尔曼滤波的算法和新息向量的性质，误差探测、诊断与修复、随机模型的实时估计算法和发散问题的解决方案等内容。第2章抗差自适应卡尔曼滤波，包括动态模型误差、观测模型误差处理算法和随机误差的自适应估计方法。第3章有色噪声卡尔曼滤波，包括白噪声驱动下的有色噪声滤波、噪声相关的卡尔曼滤波算法、动态噪声或观测噪声或均为有色噪声情形下线性系统滤波、抗差有色噪声滤波等理论与算法。第4章扩展卡尔曼滤波，包括迭代滤波、广义卡尔曼滤波和顾及二次项的卡尔曼滤波。第5章无迹卡尔曼滤波，包括无迹卡尔曼滤波算法、抗差无迹卡尔曼滤波算法和自适应卡尔曼滤波算法。第6章容积卡尔曼滤波，包括容积卡尔曼滤波理论与算法和平方根容积卡尔曼滤波理论与算法。第7章粒子滤波，包括粒子滤波原理和算法。

在本书写作过程中，笔者参阅了大量国内外相关文献，在此，对所引用文献的作者表示衷心感谢。由于卡尔曼滤波理论与方法涉及面广，内容繁多，因此还有许多内容并未在本书中写入，加上笔者水平有限，书中难免有不足之处，恳请同行专家及广大读者批评指正。

目　录

第1章　卡尔曼滤波

§1.1　卡尔曼滤波基础

1.1.1　卡尔曼数学模型

在许多科技问题中被估计的参数 $\boldsymbol{X}$ 是随时间 t 不断变化的随机向量，这样的系统就是动态系统。一般把 $\boldsymbol{X}(t)$ 称为动态系统在 t 时刻的状态。如果动态系统的运动状态 $\boldsymbol{X}(t)$ 随时间 t 连续变化，则称该系统为连续时间系统。通常用一个具有随机初始状态的向量微分方程来描述连续时间系统，该方程称为动态方程。这个方程可能受到某些随机干扰的影响及描述模型不准确的干扰等，这些干扰称为动态噪声，也就是模型噪声。观测量与状态变量之间可能有某些函数的依赖关系，这种关系可用方程来描述，该方程称为观测方程。同时，观测量存在随机测量误差，这种误差称为测量噪声。如果用 $\boldsymbol{X}(t)$、$\boldsymbol{L}(t)$ 分别表示动态系统 m 维的状态向量和 n 维观测向量，则动态方程和观测方程一般表示为

$$\left.\begin{aligned}&\frac{\mathrm{d}\boldsymbol{X}(t)=f(\boldsymbol{X}(t),\boldsymbol{U}(t),\boldsymbol{\Omega}(t),t)}{\mathrm{d}t},t\geqslant t_0\\&\boldsymbol{L}(t)=h(\boldsymbol{X}(t),\boldsymbol{U}(t),\boldsymbol{\Delta}(t),t)\end{aligned}\right\}\tag{1.1.1}$$

式中，f 和 h 分别为已知的 m 维和 n 维向量函数，$\boldsymbol{U}(t)$ 是 r 维控制（或输入）向量，$\boldsymbol{\Omega}(t)$ 是 p 维随机动态噪声向量，$\boldsymbol{\Delta}(t)$ 为 n 维随机观测噪声向量，初始状态 $\boldsymbol{X}(t_0)=\boldsymbol{X}_0$ 是具有确定分布的 m 维随机向量。状态方程和观测方程是动态系统的函数模型。若式(1.1.1)中两个方程都是关于 $\boldsymbol{X}(t)$、$\boldsymbol{U}(t)$、$\boldsymbol{\Omega}(t)$、$\boldsymbol{\Delta}(t)$ 的线性函数，即

$$\left.\begin{aligned}&\frac{\mathrm{d}\boldsymbol{X}(t)=\boldsymbol{F}(t)\boldsymbol{X}(t)+\boldsymbol{C}(t)\boldsymbol{U}(t)+\boldsymbol{\Omega}(t)}{\mathrm{d}t},t\geqslant t_0\\&\boldsymbol{L}(t)=\boldsymbol{B}(t)\boldsymbol{X}(t)+\boldsymbol{G}(t)\boldsymbol{U}(t)+\boldsymbol{\Delta}(t)\end{aligned}\right\}\tag{1.1.2}$$

式中，$\boldsymbol{F}(t)$、$\boldsymbol{C}(t)$、$\boldsymbol{B}(t)$、$\boldsymbol{G}(t)$ 分别为已知且为随时间 t 连续变化的系数矩阵，则称式(1.1.2)所描述的动态系统和观测系统为线性系统。

如果需要的只是在某些离散时刻（测量时刻或抽样时刻）$\{t_k\}$ 的状态，则状态参数和测量变量就分别为两个随机序列 $\{\boldsymbol{X}(t_k)\}$ 和 $\{\boldsymbol{L}(t_k)\}$，把这样的动态系统称为离散系统。在离散系统中，随时间变化的状态所满足的动态方程，一般表示为具有随机初始状态，并带有随机扰动的差分方程（递推方程），它通常可由连续时间系

统的动态微分方程经过离散化得到。

如果先不考虑系统具有确定性输入时，离散动态系统的卡尔曼滤波状态方程和观测方程为

$$\left.\begin{aligned} \boldsymbol{X}_k &= \boldsymbol{\Phi}_{k,k-1}\boldsymbol{X}_{k-1}+\boldsymbol{\Omega}_k \\ \boldsymbol{L}_k &= \boldsymbol{B}_k\boldsymbol{X}_k+\boldsymbol{\Delta}_k \end{aligned}\right\} \tag{1.1.3}$$

式中，$\boldsymbol{\Phi}_{k,k-1}$为状态转移矩阵，$\boldsymbol{B}_k$ 为观测设计矩阵，$\boldsymbol{\Omega}_k$ 和 $\boldsymbol{\Delta}_k$ 分别为动态噪声和观测噪声，$\boldsymbol{X}_0$ 为初始状态。假定 $\boldsymbol{X}_0$、$\boldsymbol{\Omega}_k$ 和 $\boldsymbol{\Delta}_k$ 的统计性质是已知的。

状态转移矩阵 $\boldsymbol{\Phi}_{k,k-1}$具有如下两个特性：

(1)累积规则，$\boldsymbol{\Phi}_{k,j}\boldsymbol{\Phi}_{j,i}=\boldsymbol{\Phi}_{k,j}$，$k>j>i$。

(2)求逆规则，$\boldsymbol{\Phi}_{k,j}=\boldsymbol{\Phi}_{j,k}^{-1}$。

系统的随机模型有以下几种情况：

(1)系统的初始状态 $\boldsymbol{X}_0$ 是具有正态分布或其他分布的随机变量，其均值和方差矩阵为

$$E(\boldsymbol{X}_0)=\boldsymbol{\mu}_{X_0}\text{，}\operatorname{var}(\boldsymbol{X}_0)=\boldsymbol{D}_{X_0} \tag{1.1.4}$$

(2)系统的动态噪声 $\boldsymbol{\Omega}_k$ 和观测噪声 $\boldsymbol{\Delta}_k$ 是零均值白噪声或高斯白噪声序列，且动态噪声与观测噪声互不相关，即有

$$\left.\begin{aligned} &E(\boldsymbol{\Omega}_k)=0 \\ &E(\boldsymbol{\Delta}_k)=0 \\ &\operatorname{cov}(\boldsymbol{\Omega}_k,\boldsymbol{\Omega}_j)=\boldsymbol{D}_{\boldsymbol{\Omega}_k}\delta_{kj} \\ &\operatorname{cov}(\boldsymbol{\Delta}_k,\boldsymbol{\Delta}_j)=\boldsymbol{D}_{\boldsymbol{\Delta}_k}\delta_{kj} \\ &\operatorname{cov}(\boldsymbol{\Omega}_k,\boldsymbol{\Delta}_j)=0 \end{aligned}\right\} \tag{1.1.5}$$

式中

$$\delta_{kj}=\begin{cases}1, & k=j\\ 0, & k\neq j\end{cases}$$

(3)系统的动态噪声 $\boldsymbol{\Omega}_k$ 是有色噪声序列，而观测噪声 $\boldsymbol{\Delta}_k$ 是零均值白噪声序列，且动态噪声与观测噪声互不相关，即有

$$\left.\begin{aligned} &E(\boldsymbol{\Omega}_k)=0 \\ &E(\boldsymbol{\Delta}_k)=0 \\ &\operatorname{cov}(\boldsymbol{\Omega}_k,\boldsymbol{\Omega}_j)=\boldsymbol{D}_{\Omega_k} \\ &\operatorname{cov}(\boldsymbol{\Delta}_k,\boldsymbol{\Delta}_j)=\boldsymbol{D}_{\Delta_k}\delta_{kj} \\ &\operatorname{cov}(\boldsymbol{\Omega}_k,\boldsymbol{\Delta}_j)=0 \end{aligned}\right\} \tag{1.1.6}$$

(4)系统的动态噪声 $\boldsymbol{\Omega}_k$ 是零均值白噪声序列，观测噪声 $\boldsymbol{\Delta}_k$ 是有色噪声序列，且动态噪声与观测噪声互不相关，即有

$$\left.\begin{aligned}&E(\boldsymbol{\Omega}_k)=0\\&E(\boldsymbol{\Delta}_k)=0\\&\mathrm{cov}(\boldsymbol{\Omega}_k,\boldsymbol{\Omega}_j)=\boldsymbol{D}_{\Omega_k}\delta_{kj}\\&\mathrm{cov}(\boldsymbol{\Delta}_k,\boldsymbol{\Delta}_j)=\boldsymbol{D}_{\Delta_k}\\&\mathrm{cov}(\boldsymbol{\Omega}_k,\boldsymbol{\Delta}_j)=0\end{aligned}\right\}\tag{1.1.7}$$

(5)系统的动态噪声 $\boldsymbol{\Omega}_k$ 和观测噪声 $\boldsymbol{\Delta}_k$ 均为有色噪声序列，且动态噪声与观测噪声互不相关，即有

$$\left.\begin{aligned}&E(\boldsymbol{\Omega}_k)=0\\&E(\boldsymbol{\Delta}_k)=0\\&\mathrm{cov}(\boldsymbol{\Omega}_k,\boldsymbol{\Omega}_j)=\boldsymbol{D}_{\Omega_k}\\&\mathrm{cov}(\boldsymbol{\Delta}_k,\boldsymbol{\Delta}_j)=\boldsymbol{D}_{\Delta_k}\\&\mathrm{cov}(\boldsymbol{\Omega}_k,\boldsymbol{\Delta}_j)=0\end{aligned}\right\}\tag{1.1.8}$$

(6)系统的动态噪声 $\boldsymbol{\Omega}_k$ 和观测噪声 $\boldsymbol{\Delta}_k$ 均为有色噪声序列，且动态噪声与观测噪声相关，即有

$$\left.\begin{aligned}&E(\boldsymbol{\Omega}_k)=0\\&E(\boldsymbol{\Delta}_k)=0\\&\mathrm{cov}(\boldsymbol{\Omega}_k,\boldsymbol{\Omega}_j)=\boldsymbol{D}_{\Omega_k}\\&\mathrm{cov}(\boldsymbol{\Delta}_k,\boldsymbol{\Delta}_j)=\boldsymbol{D}_{\Delta_k}\\&\mathrm{cov}(\boldsymbol{\Omega}_k,\boldsymbol{\Delta}_j)=\boldsymbol{D}_{\Omega_{\Delta_k}}\end{aligned}\right\}\tag{1.1.9}$$

(7)系统的动态噪声 $\boldsymbol{\Omega}_k$ 和观测噪声 $\boldsymbol{\Delta}_k$ 均为白噪声序列，但动态噪声与观测噪声相关，即有

$$\left.\begin{aligned}&E(\boldsymbol{\Omega}_k)=0\\&E(\boldsymbol{\Delta}_k)=0\\&\mathrm{cov}(\boldsymbol{\Omega}_k,\boldsymbol{\Omega}_j)=\boldsymbol{D}_{\Omega_k}\delta_{kj}\\&\mathrm{cov}(\boldsymbol{\Delta}_k,\boldsymbol{\Delta}_j)=\boldsymbol{D}_{\Delta_k}\delta_{kj}\\&\mathrm{cov}(\boldsymbol{\Omega}_k,\boldsymbol{\Delta}_j)=\boldsymbol{D}_{\Omega_{\Delta_k}}\end{aligned}\right\}\tag{1.1.10}$$

如果式(1.1.3)中的 $\boldsymbol{\Phi}_{k,k-1}=\boldsymbol{\Phi}$，以及 $\{\boldsymbol{\Omega}_k\}$ 为平稳随机序列，则式(1.1.3)所描述的线性动态系统称为定常的；同样，如果 $\boldsymbol{B}_k=\boldsymbol{B}$，以及 $\{\boldsymbol{\Delta}_k\}$ 为平稳随机序列，则式(1.1.3)所描述的线性观测系统称为定常的；此时，式(1.1.3)总称为定常线性系统。

1.1.2　卡尔曼滤波算法

设动态离散系统函数模型为

$$\left.\begin{aligned}&\boldsymbol{X}_k=\boldsymbol{\Phi}_{k,k-1}\boldsymbol{X}_{k-1}+\boldsymbol{\Omega}_k\\&\boldsymbol{L}_k=\boldsymbol{B}_k\boldsymbol{X}_k+\boldsymbol{\Delta}_k\end{aligned}\right\}\tag{1.1.11}$$

式中，系统的动态噪声 $\boldsymbol{\Omega}_k$ 和观测噪声 $\boldsymbol{\Delta}_k$ 是互不相关的零均值白噪声或高斯白噪声序列。系统初始状态和随机模型分别具有式(1.1.4)和式(1.1.5)所表述的统计性质，其中 $\boldsymbol{X}_0$ 和 $\boldsymbol{\Delta}_{X_0}$ 分别是动态系统的初始状态及其方差。

设如果在测量 $k-1$ 次后，已经得到 $\hat{\boldsymbol{X}}_{k-1}$ 的估计值，那么根据动态方程就可以预测等于 k 次的状态值，即

$$\bar{\boldsymbol{X}}_k=\boldsymbol{\Phi}_{k,k-1}\hat{\boldsymbol{X}}_{k-1} \tag{1.1.12}$$

预测值 $\bar{X}_k$ 的协方差为

$$\boldsymbol{D}_{\bar{X}_k}=\boldsymbol{\Phi}_{k,k-1}\boldsymbol{D}_{\hat{X}_{k-1}}\boldsymbol{\Phi}_{k,k-1}^{\mathrm{T}}+\boldsymbol{D}_{\Omega_k} \tag{1.1.13}$$

将预测值 $\bar{\boldsymbol{X}}_k$ 作为 k 时刻的虚拟观测值，与 k 时刻的实际观测值联合平差，可获得 k 时刻状态参数的最优估值 $\hat{\boldsymbol{X}}_k$。联合平差的函数模型为

$$\left.\begin{aligned}\boldsymbol{V}_{\bar{X}_k}&=\hat{\boldsymbol{X}}_k-\bar{\boldsymbol{X}}_k\\ \boldsymbol{V}_k&=\boldsymbol{B}_k\hat{\boldsymbol{X}}_k-\boldsymbol{L}_k\end{aligned}\right\} \tag{1.1.14}$$

其权为

$$\left.\begin{aligned}\boldsymbol{P}_{\bar{X}_k}&=\boldsymbol{D}_{\bar{X}_k}^{-1}\\ \boldsymbol{P}_k&=\boldsymbol{D}_{\Delta_k}^{-1}\end{aligned}\right\} \tag{1.1.15}$$

组成法方程，并求解得

$$\hat{\boldsymbol{X}}_k=(\boldsymbol{D}_{\bar{X}_k}^{-1}+\boldsymbol{B}_k^{\mathrm{T}}\boldsymbol{D}_{\Delta_k}^{-1}\boldsymbol{B}_k)^{-1}(\boldsymbol{D}_{\bar{X}_k}^{-1}\bar{\boldsymbol{X}}_k+\boldsymbol{B}_k^{\mathrm{T}}\boldsymbol{D}_{\Delta_k}^{-1}\boldsymbol{L}_k) \tag{1.1.16}$$

$\hat{\boldsymbol{X}}_k$ 的协方差矩阵为

$$\boldsymbol{D}_{\hat{X}_k}^{-1}=(\boldsymbol{D}_{\bar{X}_k}^{-1}+\boldsymbol{B}_k^{\mathrm{T}}\boldsymbol{D}_{\Delta_k}^{-1}\boldsymbol{B}_k)^{-1} \tag{1.1.17}$$

由矩阵反演公式可得

$$\hat{\boldsymbol{X}}_k=\bar{\boldsymbol{X}}_k-\boldsymbol{D}_{\bar{X}_k}\boldsymbol{B}_k^{\mathrm{T}}(\boldsymbol{B}_k\boldsymbol{D}_{\bar{X}_k}\boldsymbol{B}_k^{\mathrm{T}}+\boldsymbol{D}_{\Delta_k})^{-1}(\boldsymbol{B}_k\bar{\boldsymbol{X}}_k-\boldsymbol{L}_k) \tag{1.1.18}$$

令

$$\boldsymbol{J}_k=\boldsymbol{D}_{\bar{X}_k}\boldsymbol{B}_k^{\mathrm{T}}(\boldsymbol{B}_k\boldsymbol{D}_{\bar{X}_k}\boldsymbol{B}_k^{\mathrm{T}}+\boldsymbol{D}_{\Delta_k})^{-1} \tag{1.1.19}$$

则式(1.1.18)为

$$\hat{\boldsymbol{X}}_k=\bar{\boldsymbol{X}}_k-\boldsymbol{J}_k(\boldsymbol{B}_k\bar{\boldsymbol{X}}_k-\boldsymbol{L}_k) \tag{1.1.20}$$

令

$$\bar{\boldsymbol{V}}_k=\boldsymbol{B}_k\bar{\boldsymbol{X}}_k-\boldsymbol{L}_k \tag{1.1.21}$$

其协方差矩阵为

$$\boldsymbol{D}_{\bar{V}_k}=\boldsymbol{B}_k\boldsymbol{D}_{\bar{X}_k}\boldsymbol{B}_k^{\mathrm{T}}+\boldsymbol{D}_{\Delta_k} \tag{1.1.22}$$

将式(1.1.21)代入式(1.1.20)得

$$\hat{\boldsymbol{X}}_k=\bar{\boldsymbol{X}}_k-\boldsymbol{J}_k\bar{\boldsymbol{V}}_k \tag{1.1.23}$$

式中，$\bar{\boldsymbol{X}}_k$ 是根据动态系统状态方程获得的状态估值，称为一步预估值，$\boldsymbol{B}_k\bar{\boldsymbol{X}}_k$ 是观测值的预估值，$\bar{\boldsymbol{V}}_k$ 称为新息向量，也称为预报残差，$\boldsymbol{J}_k\bar{\boldsymbol{V}}_k$ 是第 k 时刻新观测值对一步预估值 $\bar{\boldsymbol{X}}_k$ 的修正值，也是用新观测值对动态系统状态方程的修正值，$\boldsymbol{J}_k$ 为增益

矩阵。

将式(1.1.17)按矩阵反演展开可以得到协方差矩阵的递推算法，即

$$\begin{aligned}\boldsymbol{D}_{\hat{X}_k} &= \boldsymbol{D}_{\bar{X}_k} - \boldsymbol{D}_{\bar{X}_k}\boldsymbol{B}_k^{\mathrm{T}}(\boldsymbol{B}_k\boldsymbol{D}_{\bar{X}_k}\boldsymbol{B}_k^{\mathrm{T}} + \boldsymbol{D}_{\Delta_k})^{-1}\boldsymbol{B}_k\boldsymbol{D}_{\bar{X}_k} \\ &= (\boldsymbol{I} - \boldsymbol{J}_k\boldsymbol{B}_k)\boldsymbol{D}_{\bar{X}_k}\end{aligned} \tag{1.1.24}$$

上述式(1.1.18)至式(1.1.23)就是离散动态系统卡尔曼滤波递推公式。

1.1.3　新息向量的性质

1. 新息向量的数学期望等于零

由式(1.1.21)定义的新息向量实际是 t_k 时刻预报观测向量 $\bar{\boldsymbol{L}}_k = \boldsymbol{B}_k\bar{\boldsymbol{X}}_k$ 与实际观测向量 $\boldsymbol{L}_k$ 的差值，即

$$\bar{\boldsymbol{V}} = \boldsymbol{B}_k\boldsymbol{\Phi}_{k,k-1}\hat{\boldsymbol{X}}_{k-1} - \boldsymbol{L}_k \tag{1.1.25}$$

新息向量 $\bar{\boldsymbol{V}}_k$ 的数学期望为

$$\begin{aligned}E(\bar{\boldsymbol{V}}_k) &= \boldsymbol{B}_k\boldsymbol{\Phi}_{k,k-1}E(\hat{\boldsymbol{X}}_{k-1}) - E(\boldsymbol{L}_k) \\ &= \boldsymbol{B}^k\boldsymbol{\Phi}_{k,k-1}\boldsymbol{X}_{k-1} - \boldsymbol{B}_k\boldsymbol{X}_k \\ &= \boldsymbol{B}_k\boldsymbol{X}_k - \boldsymbol{B}_k\boldsymbol{X}_k = \boldsymbol{0}\end{aligned} \tag{1.1.26}$$

新息向量 $\bar{\boldsymbol{V}}_k$ 的协方差为

$$\boldsymbol{D}_{\bar{V}_k} = \boldsymbol{B}_k\boldsymbol{D}_{\bar{X}_k}\boldsymbol{B}_k^{\mathrm{T}} + \boldsymbol{D}_{\Delta_k} \tag{1.1.27}$$

2. 新息向量的方差大于观测残差的方差

t_k 时刻观测残差是观测值平差值与观测值的差值，即

$$\begin{aligned}\boldsymbol{V}_k &= \hat{\boldsymbol{L}}_k - \boldsymbol{L}_k = \boldsymbol{B}_k\hat{\boldsymbol{X}}_k - \boldsymbol{L}_k \\ &= \boldsymbol{B}_k(\bar{\boldsymbol{X}}_k - \boldsymbol{J}_k\bar{\boldsymbol{V}}_k) - \boldsymbol{L}_k \\ &= \bar{\boldsymbol{V}}_k - \boldsymbol{B}_k\boldsymbol{J}_k\bar{\boldsymbol{V}}_k \\ &= (\boldsymbol{I} - \boldsymbol{B}_k\boldsymbol{J}_k)\bar{\boldsymbol{V}}_k\end{aligned} \tag{1.1.28}$$

因此，可得观测残差协方差矩阵与预报残差矩阵之间的关系为

$$\boldsymbol{D}_{V_k} = (\boldsymbol{I} - \boldsymbol{B}_k\boldsymbol{J}_k)\boldsymbol{D}_{\bar{V}_k}(\boldsymbol{I} - \boldsymbol{B}_k\boldsymbol{J}_k)^{\mathrm{T}} \tag{1.1.29}$$

在测量平差中，可以证明：观测残差的协方差矩阵等于观测值的协方差矩阵与观测值平差值的协方差矩阵之差，即

$$\boldsymbol{D}_{V_k} = \boldsymbol{D}_{\Delta_k} - \boldsymbol{B}_k\boldsymbol{D}_{\hat{X}_k}\boldsymbol{B}_k^{\mathrm{T}} \tag{1.1.30}$$

将式(1.1.24)带入式(1.1.30)，还可以得到

$$\boldsymbol{D}_{\bar{V}_k} = \boldsymbol{D}_{V_k} + \boldsymbol{B}_k(\boldsymbol{D}_{\bar{X}_k} + \boldsymbol{D}_{\hat{X}_k})\boldsymbol{B}_k^{\mathrm{T}} \tag{1.1.31}$$

显然有

$$\mathrm{tr}(\boldsymbol{D}_{\bar{V}_k}) > \mathrm{tr}(\boldsymbol{D}_{V_k}) \tag{1.1.32}$$

即新息向量的方差大于观测残差的方差。

3. 新息向量序列 $\bar{\boldsymbol{V}}_1$、$\bar{\boldsymbol{V}}_2$、…、$\bar{\boldsymbol{V}}_k$ 互相正交，或者称新息向量为白噪声序列

证明该性质即证明下式成立，则

$$E(\bar{\boldsymbol{V}}_k\bar{\boldsymbol{V}}_i^{\mathrm{T}})=0 \quad (1\leqslant i\leqslant k-1) \tag{1.1.33}$$

即信息向量之间统计独立。

为证明式(1.1.33)成立,先证明 $\bar{\boldsymbol{V}}_k$ 与 $\bar{\boldsymbol{V}}_{k-1}$ 统计独立。由预测残差定义式可得

$$\bar{\boldsymbol{V}}_k=\boldsymbol{B}_k\boldsymbol{\Phi}_{k,k-1}\hat{\boldsymbol{X}}_{k-1}-\boldsymbol{L}_k \tag{1.1.34}$$

类似式(1.1.16),可将 $\hat{\boldsymbol{X}}_{k-1}$ 表示为

$$\hat{\boldsymbol{X}}_{k-1}=\boldsymbol{P}_{\hat{X}_{k-1}}^{-1}\boldsymbol{D}_{\bar{X}_{k-1}}\bar{X}_{k-1}+\boldsymbol{P}_{\hat{X}_{k-1}}^{-1}\boldsymbol{B}_{k-1}^{\mathrm{T}}\boldsymbol{P}_{k-1}\boldsymbol{L}_{k-1} \tag{1.1.35}$$

式中,$\boldsymbol{P}_{\hat{X}_{k-1}}$ 是 $\hat{\boldsymbol{X}}_{k-1}$ 的权矩阵,且

$$\boldsymbol{P}_{\hat{X}_k}=\boldsymbol{P}_{\bar{X}_k}+\boldsymbol{B}_k^{\mathrm{T}}\boldsymbol{D}_{\Delta_k}^{-1}\boldsymbol{B}_k \tag{1.1.36}$$

将式(1.1.35)代入式(1.1.34),得

$$\bar{\boldsymbol{V}}_k=\boldsymbol{B}_k\boldsymbol{\Phi}_{k,k-1}\boldsymbol{P}_{\hat{X}_{k-1}}^{-1}\boldsymbol{D}_{\bar{X}_{k-1}}+\boldsymbol{B}_k\boldsymbol{\Phi}_{k,k-1}\boldsymbol{P}_{\hat{X}_{k-1}}^{-1}\boldsymbol{B}_{k-1}^{\mathrm{T}}\boldsymbol{P}_{k-1}\boldsymbol{L}_{k-1}-\boldsymbol{L}_k \tag{1.1.37}$$

同样由新息向量定义式可得

$$\bar{\boldsymbol{V}}_{k-1}=\boldsymbol{B}_{k-1}\bar{\boldsymbol{X}}_{k-1}-\boldsymbol{L}_{k-1} \tag{1.1.38}$$

由于观测噪声为白噪声,即有 $\boldsymbol{D}_{L_kL_{k-1}}=\boldsymbol{0}$,$\boldsymbol{D}_{\bar{X}_{k-1}L_{k-1}}=\boldsymbol{0}$,则有

$$\boldsymbol{D}_{\bar{V}_k\bar{V}_{k-1}}=\boldsymbol{B}_k\boldsymbol{\Phi}_{k,k-1}\boldsymbol{P}_{\hat{X}_{k-1}}^{-1}\boldsymbol{P}_{\bar{X}_{k-1}}\boldsymbol{D}_{\bar{X}_{k-1}}\boldsymbol{B}_{k-1}^{\mathrm{T}}-\boldsymbol{B}_k\boldsymbol{\Phi}_{k,k-1}\boldsymbol{P}_{\hat{X}_{k-1}}^{-1}\boldsymbol{B}_{k-1}^{\mathrm{T}}\boldsymbol{P}_{k-1}\boldsymbol{D}_{\Delta_{k-1}} \tag{1.1.39}$$

因为 $\boldsymbol{P}_{\bar{X}_{k-1}}$,$\boldsymbol{D}_{\bar{X}_{k-1}}=I$,$\boldsymbol{P}_{k-1}\boldsymbol{D}_{\Delta_{k-1}}=\boldsymbol{I}$,则式(1.1.39)为

$$\boldsymbol{D}_{\bar{V}_k\bar{V}_{k-1}}=\boldsymbol{B}_k\boldsymbol{\Phi}_{k,k-1}\boldsymbol{P}_{\hat{X}_{k-1}}^{-1}\boldsymbol{B}_{k-1}^{\mathrm{T}}-\boldsymbol{B}\boldsymbol{\Phi}_{k,k-1}\boldsymbol{P}_{\hat{X}_{k-1}}^{-1}\boldsymbol{B}_{k-1}^{\mathrm{T}}=\boldsymbol{0} \tag{1.1.40}$$

即

$$\bar{\boldsymbol{V}}_k\sim N(0,\boldsymbol{B}_k\boldsymbol{D}_{\bar{X}_k}\boldsymbol{B}_k^{\mathrm{T}}+\boldsymbol{D}_{\Delta_k}) \tag{1.1.41}$$

该性质说明当动态噪声 $\boldsymbol{\Omega}_k$ 和观测噪声 $\boldsymbol{\Delta}_k$ 服从正态分布,则新息向量也服从正态分布,这是新息向量检验的基础。

4.t_k 时刻观测向量 $\boldsymbol{L}_k$ 是状态初值 $\hat{\boldsymbol{X}}_0$ 和新息向量 $\bar{\boldsymbol{V}}_1$、$\bar{\boldsymbol{V}}_2$、…、$\bar{\boldsymbol{V}}_k$ 的线性组合

预测残差 $\bar{\boldsymbol{V}}_k$ 与观测向量 $\boldsymbol{L}_k$ 的关系式为

$$\boldsymbol{L}_k=\boldsymbol{B}_k\bar{\boldsymbol{X}}_k-\bar{\boldsymbol{V}}_k \tag{1.1.42}$$

将 $\bar{\boldsymbol{X}}_k$ 的表达式(1.1.12)展开,顾及式(1.1.23)得

$$\begin{aligned}\bar{\boldsymbol{X}}_k&=\boldsymbol{\Phi}_{k,k-1}\hat{\boldsymbol{X}}_{k-1}\\&=\boldsymbol{\Phi}_{k,k-1}(\bar{\boldsymbol{X}}_{k-1}-\boldsymbol{J}_{k-1}\bar{\boldsymbol{V}}_{k-1})\\&=\boldsymbol{\Phi}_{k,k-1}(\boldsymbol{\Phi}_{k-1,k-2}\hat{\boldsymbol{X}}_{k-2}-\boldsymbol{J}_{k-1}\bar{\boldsymbol{V}}_{k-1})\\&=\boldsymbol{\Phi}_{k,k-2}\hat{\boldsymbol{X}}_{k-2}-\boldsymbol{\Phi}_{k,k-1}\boldsymbol{J}_{k-1}\bar{\boldsymbol{V}}_{k-1}\\&=\cdots\end{aligned}$$

$$\bar{\boldsymbol{X}}_k=\boldsymbol{\Phi}_{k,0}\hat{\boldsymbol{X}}_0-\sum_{i=1}^{k-1}\boldsymbol{\Phi}_{k,i}\boldsymbol{J}_i\bar{\boldsymbol{V}}_i$$

将上式代入式(1.1.42),得

$$
\begin{aligned}
\boldsymbol{L}_k &= \boldsymbol{B}_k\left(\boldsymbol{\Phi}_{k,0}\hat{\boldsymbol{X}}_0 - \sum_{i=1}^{k-1}\boldsymbol{\Phi}_{k,i}\boldsymbol{J}_i\bar{\boldsymbol{V}}_i\right) - \bar{\boldsymbol{V}}_k \\
&= \boldsymbol{B}_k\boldsymbol{\Phi}_{k,0}\hat{\boldsymbol{X}}_0 - \boldsymbol{B}_k\sum_{i=1}^{k-1}\boldsymbol{\Phi}_{k,i}\boldsymbol{J}_i\bar{\boldsymbol{V}}_i - \bar{\boldsymbol{V}}_k
\end{aligned}
\tag{1.1.43}
$$

显然,$\boldsymbol{L}_k$ 变为初值 $\hat{\boldsymbol{X}}_0$ 与各次观测值新息向量的函数。

1.1.4 卡尔曼滤波计算步骤

卡尔曼滤波公式繁琐,形式复杂,为了方便因而将各符号定义和公式分别列成表 1.1和表 1.2。卡尔曼滤波计算步骤归纳如下:

(1)存储 t_{k-1} 时刻的状态估值向量 $\hat{\boldsymbol{X}}_{k-1}$ 和状态估值的协方差矩阵 $\boldsymbol{D}_{\hat{X}_k-1}$。

(2)计算 t_k 的状态转移矩阵 $\boldsymbol{\Phi}_{k,k-1}$ 和状态噪声的协方差矩阵 $\boldsymbol{D}_{\Omega_k}$。

(3)计算预测状态向量和协方差矩阵 $\bar{\boldsymbol{X}}_k=\boldsymbol{\Phi}_{k,k-1}\hat{\boldsymbol{X}}_{k-1}$,$\boldsymbol{D}_{\bar{X}_k}=\boldsymbol{\Phi}_{k,k-1}\boldsymbol{D}_{\hat{X}_{k-1}}\boldsymbol{\Phi}_{k,k-1}^{\mathrm{T}}+\boldsymbol{D}_{\Omega_k}$。

(4)计算 t_k 的观测量误差方程系数矩阵 $\boldsymbol{B}_k$ 和常数向量 $\boldsymbol{L}_k$。

(5)确定观测向量的协方差矩阵或权矩阵。

(6)计算新息向量及其协方差矩阵 $\bar{\boldsymbol{V}}_k=\boldsymbol{B}_k\bar{\boldsymbol{X}}_k-\boldsymbol{L}_k$,$\boldsymbol{D}_{\bar{V}_k}=\boldsymbol{B}_k\boldsymbol{D}_{\bar{X}_k}\boldsymbol{B}_k^{\mathrm{T}}+\boldsymbol{D}_{\Delta_k}$。

(7)计算增益矩阵 $\boldsymbol{J}_k=\boldsymbol{D}_k\boldsymbol{B}_k^{\mathrm{T}}(\boldsymbol{B}_k\boldsymbol{D}_{\bar{X}_k}\boldsymbol{B}_k^{\mathrm{T}}+\boldsymbol{D}_{\Delta_k})$。

(8)计算 t_k 时刻的状态估值向量估值及其协方差矩阵 $\hat{\boldsymbol{X}}_k=\hat{\boldsymbol{X}}_k-\boldsymbol{J}_k\hat{\boldsymbol{V}}_k$、$\boldsymbol{D}_{\hat{X}_k}$、$\boldsymbol{D}_{\hat{X}}=(\boldsymbol{I}-\boldsymbol{J}_k-\boldsymbol{B}_k)\boldsymbol{D}_{\bar{X}_k}$;令 $k=k+1$,回到(1)。

表 1.1 卡尔曼滤波变量定义及维数

变量	定义	维数
$\hat{\boldsymbol{X}}_{k-1}$	t_{k-1}时刻的状态向量估值	$m\times1$
$\boldsymbol{D}_{\hat{X}_{k-1}}$	t_{k-1}时刻的状态向量估值 $\hat{\boldsymbol{X}}_{k-1}$ 的协方差	$m\times m$
$\bar{\boldsymbol{X}}_k$	t_k 时刻的状态向量估值的一步预测值	$m\times1$
$\boldsymbol{D}_{\bar{X}_k}$	t_k 时刻的状态向量估值预测值 $\bar{\boldsymbol{X}}_k$ 的协方差	$m\times m$
$\hat{\boldsymbol{X}}_k$	t_k 时刻的状态向量估值	$m\times1$
$\boldsymbol{D}_{\hat{X}_k}$	t_k 时刻的状态向量估值 $\hat{\boldsymbol{X}}_k$ 的协方差	$m\times m$
$\boldsymbol{L}_k$	t_k 时刻的观测向量	$n_k\times1$
$\boldsymbol{\Phi}_{k,k-1}$	t_{k-1} 到 t_k 时刻的状态转移矩阵	$m\times m$
$\boldsymbol{B}_k$	t_k 时刻的观测设计矩阵	$n_k\times m$
$\boldsymbol{\Delta}_k$	t_k 时刻的观测噪声向量	$n_k\times1$
$\boldsymbol{\Omega}_k$	t_k 时刻的状态模型噪声向量	$m\times1$
$\boldsymbol{D}_{\Delta_k}$	t_k 时刻的观测噪声协方差矩阵	$n_k\times n_k$

续表

变量	定义	维数
$\boldsymbol{D}_{\Omega_k}$	t_k 时刻的状态模型噪声协方差矩阵	$m\times m$
$\boldsymbol{P}_k$	t_k 时刻的观测向量的权矩阵	$n_k\times n_k$
$\boldsymbol{P}_{\bar{X}_k}$	t_k 时刻的状态向量预测值的权矩阵	$m\times m$
$\boldsymbol{V}_k$	t_k 时刻的观测残差向量	$n_k\times 1$
$\bar{\boldsymbol{V}}_k$	t_k 时刻的新息向量	$n_k\times 1$
$\boldsymbol{D}_{\bar{V}_k}$	t_k 时刻的新息向量的协方差	$n_k\times 1$
$\boldsymbol{J}_k$	t_k 时刻的增益矩阵	$m\times n_k$

表 1.2 白噪声卡尔曼滤波公式

观测向量	$\boldsymbol{L}_1、\boldsymbol{L}_2、\cdots、\boldsymbol{L}_{n_k}$
已知量	$\boldsymbol{\Phi}_{k,k-1},\boldsymbol{B}_k,\boldsymbol{D}_{\Delta_k}$(或 $\boldsymbol{P}_k$),$\boldsymbol{D}_{\Omega_k}$
预测状态	$\bar{\boldsymbol{X}}_k=\boldsymbol{\Phi}_{k,k-1}\hat{\boldsymbol{X}}_{k-1}$
预测状态协方差矩阵	$\boldsymbol{D}_{\bar{X}_k}=\boldsymbol{\Phi}_{k,k-1}\boldsymbol{D}_{\hat{X}_{k-1}}\boldsymbol{\Phi}_{k,k-1}^{\mathrm{T}}+\boldsymbol{D}_{\Omega_k}$
新息向量	$\bar{\boldsymbol{V}}_k=\boldsymbol{B}_k\bar{\boldsymbol{X}}_k-\boldsymbol{L}_k$
新息向量协方差矩阵	$\boldsymbol{D}_{\bar{V}_k}=\boldsymbol{B}_k\boldsymbol{D}_{\bar{X}_k}\boldsymbol{B}_k^{\mathrm{T}}+\boldsymbol{D}_{\Delta_k}$
增益矩阵	$\boldsymbol{J}_k=\boldsymbol{D}_{\bar{X}_k}\boldsymbol{B}_k^{\mathrm{T}}(\boldsymbol{B}_k\boldsymbol{D}_{\bar{X}_k}\boldsymbol{B}_k^{\mathrm{T}}+\boldsymbol{D}_{\Delta_k})^{-1}$
状态估计向量	$\hat{\boldsymbol{X}}_k=\bar{\boldsymbol{X}}_k-\boldsymbol{J}_k\bar{\boldsymbol{V}}_k$
状态估计向量协方差矩阵	$\boldsymbol{D}_{\hat{X}_k}=(\boldsymbol{I}-\boldsymbol{J}_k\boldsymbol{B}_k)\boldsymbol{D}_{\bar{X}_k}$
残差向量	$\boldsymbol{V}_k=\boldsymbol{B}_k\hat{\boldsymbol{X}}_k-\boldsymbol{L}_k$
残差向量协方差矩阵	$\boldsymbol{D}_{V_k}=\boldsymbol{D}_{\Delta_k}-\boldsymbol{B}_k\boldsymbol{D}_{\hat{X}_k}\boldsymbol{B}_k^{\mathrm{T}}$
初始条件	$\hat{\boldsymbol{X}}_0=(\boldsymbol{B}_0^{\mathrm{T}}\boldsymbol{P}_0\boldsymbol{B}_0)^{-1}\boldsymbol{B}_0^{\mathrm{T}}\boldsymbol{P}_0\boldsymbol{L}_0,\boldsymbol{P}_0=\boldsymbol{D}_{\Delta_0}^{-1}$ $\boldsymbol{D}_{\hat{X}_0}=\hat{\sigma}_0^2(\boldsymbol{B}_0^{\mathrm{T}}\boldsymbol{P}_0\boldsymbol{B}_0)^{-1},\hat{\sigma}_0^2=\dfrac{\boldsymbol{V}_0^{\mathrm{T}}\boldsymbol{P}_0\boldsymbol{V}_0}{n_0-m}$

§1.2 动态模型与观测模型

动态定位的主要目的是确定载体的运动状态,包括某个瞬时载体的位置、速度和加速度。动态模型提供的信息可作为载体运动的先验信息,建立描述载体运动的动态方程至关重要。现在常用的动态模型有匀速模型(CV 模型)、匀加速模型

(CA 模型)和变加速模型三种。

1.2.1　CV 模型

在三维直角坐标系中,载体在时刻 t_k 的位置向量 $\boldsymbol{X}(t_k)=[X(t_k)\quad Y(t_k)\quad Z(t_k)]^{\mathrm{T}}$,速度向量分别为 $\dot{\boldsymbol{X}}(t_k)=[\dot{X}(t_k)\quad \dot{Y}(t_k)\quad \dot{Z}(t_k)]^{\mathrm{T}}$,若考虑传感器的钟差,则 $\boldsymbol{X}$ 和 $\dot{\boldsymbol{X}}$ 均为四维向量。假设载体做匀速运动,可采用 CV 模型。

CV 模型的状态方程可表达为

$$\begin{bmatrix} X(t_k) \\ Y(t_k) \\ Z(t_k) \\ \dot{X}(t_k) \\ \dot{Y}(t_k) \\ \dot{Z}(t_k) \end{bmatrix} = \begin{bmatrix} 1 & & & t_k-t_{k-1} & & \\ & 1 & & & t_k-t_{k-1} & \\ & & 1 & & & t_k-t_{k-1} \\ & & & 1 & & \\ & & & & 1 & \\ & & & & & 1 \end{bmatrix} \begin{bmatrix} X(t_{k-1}) \\ Y(t_{k-1}) \\ Z(t_{k-1}) \\ \dot{X}(t_{k-1}) \\ \dot{Y}(t_{k-1}) \\ \dot{Z}(t_{k-1}) \end{bmatrix} + \begin{bmatrix} W_{X(t_k)} \\ W_{Y(t_k)} \\ W_{Z(t_k)} \\ W_{\dot{X}(t_k)} \\ W_{\dot{Y}(t_k)} \\ W_{\dot{Z}(t_k)} \end{bmatrix} \tag{1.2.1}$$

令

$$\boldsymbol{X}_k=\begin{bmatrix} X(t_k) \\ Y(t_k) \\ Z(t_k) \\ \dot{X}(t_k) \\ \dot{Y}(t_k) \\ \dot{Z}(t_k) \end{bmatrix},\boldsymbol{\Phi}_{k,k-1}=\begin{bmatrix} 1 & & & \Delta t_k & & \\ & 1 & & & \Delta t_k & \\ & & 1 & & & \Delta t_k \\ & & & 1 & & \\ & & & & 1 & \\ & & & & & 1 \end{bmatrix},\boldsymbol{X}_{k-1}=\begin{bmatrix} X(t_{k-1}) \\ Y(t_{k-1}) \\ Z(t_{k-1}) \\ \dot{X}(t_{k-1}) \\ \dot{Y}(t_{k-1}) \\ \dot{Z}(t_{k-1}) \end{bmatrix},\boldsymbol{W}_k=\begin{bmatrix} W_{X(t_k)} \\ W_{Y(t_k)} \\ W_{Z(t_k)} \\ W_{\dot{X}(t_k)} \\ W_{\dot{Y}(t_k)} \\ W_{\dot{Z}(t_k)} \end{bmatrix}$$

则三维直角坐标系统中的 CV 模型的状态方程为

$$\boldsymbol{X}_k=\boldsymbol{\Phi}_{k,k-1}\boldsymbol{X}_{k-1}+\boldsymbol{W}_k \tag{1.2.2}$$

CV 模型的随机模型为

$$\boldsymbol{D}_{W(t_k)}=\begin{bmatrix} \boldsymbol{q}_1\Delta t_k+\frac{1}{3}\boldsymbol{S}_{22}\boldsymbol{q}_2 & \boldsymbol{S}_{23}\boldsymbol{q}_2 \\ \boldsymbol{S}_{32}\boldsymbol{q}_2 & \boldsymbol{S}_{33}\boldsymbol{q}_2 \end{bmatrix} \tag{1.2.3}$$

式中,$\boldsymbol{q}_1$、$\boldsymbol{q}_2$ 分别为位置和速度动态噪声的谱密度矩阵,它们均为 3×3 阶对角矩阵。而 $\boldsymbol{S}_{ij}$ 为

$$\boldsymbol{S}_{22}=\begin{bmatrix} S_{22}(1) & & \\ & S_{22}(2) & \\ & & S_{22}(3) \end{bmatrix}$$

$$\boldsymbol{S}_{23}=\begin{bmatrix} S_{23}(1) & & \\ & S_{23}(2) & \\ & & S_{23}(3) \end{bmatrix},\boldsymbol{S}_{32}=\boldsymbol{S}_{23}$$

$$\boldsymbol{S}_{33}=\begin{bmatrix} S_{33}(1) & & \\ & S_{33}(2) & \\ & & S_{33}(3) \end{bmatrix}$$

而 $S_{22}(i)=(-3+2\alpha_i\Delta t_k+4\mathrm{e}^{-\alpha_i\Delta t_k}-\mathrm{e}^{-2\alpha_i\Delta t_k})/2\alpha_i^3$，$S_{23}(i)=S_{32}(i)=(-1-2\mathrm{e}^{-\alpha_i\Delta t_k}-\mathrm{e}^{-2\alpha_i\Delta t_k})/2\alpha_i^2$，$S_{33}(i)=(1-\mathrm{e}^{-2\alpha_i\Delta t_k})/2\alpha_i$，$i=1、2、3$。其中 α_i 为前后历元相关长度的倒数。α_i 值越大，则相关长度越短，此时从 t_{k-1} 到 t_k 状态参数可以有较大的变化；α_i 值越小，则表明从 t_{k-1} 到 t_k 状态的相关性越强，即参数之间的改变量越小。当$\alpha_i\to 0$ 时，前后历元相关性极大，这时有

$$\boldsymbol{D}_{W(t_k)}=\begin{bmatrix} \boldsymbol{q}_1\Delta t_k+\frac{1}{3}\boldsymbol{q}_2\Delta t_k^2 & \frac{1}{2}\boldsymbol{q}_2\Delta t_k^2 \\ \frac{1}{2}\boldsymbol{q}_2\Delta t_k^2 & \boldsymbol{q}_2\Delta t_k \end{bmatrix} \tag{1.2.4}$$

以地理坐标表示的状态向量包括位置向量和速度向量，位置向量包括纬度 φ、经差 λ 和高差 h，速度向量包括 $\dot{\varphi}$、$\dot{\lambda}$ 和 $\dot{h}$，若考虑钟差 δt 和钟速 $\delta\dot{t}$，则位置向量和速度向量分别为

$$\boldsymbol{r}(t_k)=[\varphi(t_k)\quad \lambda(t_k)\quad h(t_k)\quad \delta t(t_k)]^{\mathrm{T}},\dot{\boldsymbol{r}}(t_k)=[\dot{\varphi}(t_k)\quad \dot{\lambda}(t_k)\quad \dot{h}(t_k)\quad \delta\dot{t}(t_k)]^{\mathrm{T}}$$

在地理坐标下的 CV 模型为

$$\begin{bmatrix} \boldsymbol{r}(t_k) \\ \dot{\boldsymbol{r}}(t_k) \end{bmatrix}=\begin{bmatrix} \boldsymbol{I} & \boldsymbol{D}_{\Delta t_k} \\ \boldsymbol{0} & \boldsymbol{I} \end{bmatrix}\begin{bmatrix} \boldsymbol{r}(t_{k-1}) \\ \dot{\boldsymbol{r}}(t_{k-1}) \end{bmatrix}+\boldsymbol{W}(t) \tag{1.2.5}$$

式中，$\boldsymbol{D}=\mathrm{diag}\left(\frac{1}{R},\frac{1}{R\cos\varphi},1,1\right)$，其中 R 为地球半径。

系统噪声协方差矩阵为

$$\boldsymbol{D}_{W(t_k)}=\begin{bmatrix} \boldsymbol{q}_1\Delta t_k+\boldsymbol{D}\boldsymbol{S}_{22}\boldsymbol{q}_2 & \boldsymbol{D}\boldsymbol{S}_{23}\boldsymbol{q}_2 \\ \boldsymbol{D}\boldsymbol{S}_{32}\boldsymbol{q}_2 & \boldsymbol{S}_{33}\boldsymbol{q}_2 \end{bmatrix} \tag{1.2.6}$$

1.2.2 CA 模型

假定载体处于稳定加速状态，则系统除了位置分量、速度分量，又增加了加速度分量，即

$$\ddot{\boldsymbol{X}}(t_k)=[\ddot{X}(t_k)\quad \ddot{Y}(t_k)\quad \ddot{Z}(t_k)]^{\mathrm{T}}$$

如此，载体的运动状态可以表示为

$$\begin{bmatrix} \boldsymbol{X}(t_k) \\ \dot{\boldsymbol{X}}(t_k) \\ \ddot{\boldsymbol{X}}(t_k) \end{bmatrix}=\begin{bmatrix} \boldsymbol{I} & \Delta t\boldsymbol{I} & \frac{1}{2}\Delta t^2\boldsymbol{I} \\ \boldsymbol{0} & \boldsymbol{I} & \Delta t\boldsymbol{I} \\ \boldsymbol{0} & \boldsymbol{0} & \boldsymbol{I} \end{bmatrix}\begin{bmatrix} \boldsymbol{X}(t_{k-1}) \\ \dot{\boldsymbol{X}}(t_{k-1}) \\ \ddot{\boldsymbol{X}}(t_{k-1}) \end{bmatrix}+\begin{bmatrix} \boldsymbol{0} \\ \boldsymbol{0} \\ \boldsymbol{I} \end{bmatrix}\boldsymbol{W}(t_k) \tag{1.2.7}$$

其系统噪声协方差矩阵为

$$\boldsymbol{D}_{W(t_k)}=\sigma_a^2\begin{bmatrix}\frac{\Delta t^4}{20} & \frac{\Delta t^3}{8} & \frac{\Delta t^2}{6}\\ \frac{\Delta t^3}{8} & \frac{\Delta t^2}{3} & \frac{\Delta t}{2}\\ \frac{\Delta t^2}{6} & \frac{\Delta t}{2} & 1\end{bmatrix} \tag{1.2.8}$$

若以地理坐标构建动态模型，则状态向量的加速度分量为

$$\ddot{\boldsymbol{r}}(t_k)=[\ddot{\varphi}(t_k)\quad \ddot{\lambda}(t_k)\quad \ddot{h}(t_k)]^{\mathrm{T}} \tag{1.2.9}$$

则载体的 CA 模型为

$$\begin{bmatrix}\boldsymbol{r}(t_k)\\ \dot{\boldsymbol{r}}(t_k)\\ \ddot{\boldsymbol{r}}(t_k)\end{bmatrix}=\begin{bmatrix}\boldsymbol{I} & \boldsymbol{SD} & \boldsymbol{UD}\\ & \boldsymbol{I} & \boldsymbol{S}\\ & & \boldsymbol{T}\end{bmatrix}\begin{bmatrix}\boldsymbol{r}(t_{k-1})\\ \dot{\boldsymbol{r}}(t_{k-1})\\ \ddot{\boldsymbol{r}}(t_{k-1})\end{bmatrix}+\begin{bmatrix}0\\0\\I\end{bmatrix}\boldsymbol{W}(t_k) \tag{1.2.10}$$

式中，$\boldsymbol{S}=\mathrm{diag}(S_i)=\mathrm{diag}\left(\frac{1-\Delta t_i}{\alpha_i}\right)$，$\boldsymbol{T}=\mathrm{diag}(T_i)=\mathrm{diag}(\mathrm{e}^{-\alpha_i\Delta t})$，$U=\mathrm{diag}(U_i)=\mathrm{diag}\left(\frac{\mathrm{e}^{-\alpha\Delta t}+\alpha_i\Delta t-1}{\alpha_i^2}\right)$。相应的系数噪声的协方差矩阵为

$$\boldsymbol{D}_{W(t_k)}=\sigma_a^2\begin{bmatrix}\boldsymbol{q}_1\Delta t+\frac{1}{3}\boldsymbol{D}^2\boldsymbol{S}_{22}\boldsymbol{q}_2\Delta t^3+\boldsymbol{D}^2\boldsymbol{S}_{11}\boldsymbol{q}_3 & \frac{1}{2}\boldsymbol{DUq}_2\Delta t^2+\boldsymbol{DS}_{12}\boldsymbol{q}_3 & \boldsymbol{DS}_{13}\boldsymbol{q}_3\\ \frac{1}{2}\boldsymbol{DUq}_2\Delta t^2+\boldsymbol{DS}_{21}\boldsymbol{q}_3 & \boldsymbol{q}_2\Delta t+\boldsymbol{S}_{22}\boldsymbol{q}_3 & \boldsymbol{S}_{23}\boldsymbol{q}_3\\ \boldsymbol{DS}_{31}\boldsymbol{q}_3 & \boldsymbol{S}_{32}\boldsymbol{q}_3 & \boldsymbol{S}_{33}\boldsymbol{q}_3\end{bmatrix} \tag{1.2.11}$$

式中，$\boldsymbol{q}_3$ 为加速度谱密度矩阵，$\boldsymbol{S}_{11}=\mathrm{diag}\left((1+2\alpha_i\Delta t_k-2\alpha_i^2\Delta t_k+\frac{2}{3}\alpha_i^3\Delta t^3-4\alpha_i\Delta t_k\mathrm{e}^{-\alpha_i\Delta t_k}-\mathrm{e}^{-2\alpha_i\Delta t_k})/2\alpha_i^5\right)$，$\boldsymbol{S}_{12}=\boldsymbol{S}_{21}=\mathrm{diag}\left((1-2\alpha_i\Delta t_k+\alpha_i^2\Delta t_k^2+2\alpha_i\Delta t_k\mathrm{e}^{-\alpha_i\Delta t_k}+\mathrm{e}^{-2\alpha_i\Delta t_k})/2\alpha_i^4\right)$，$\boldsymbol{S}_{13}=\boldsymbol{S}_{31}=\mathrm{diag}\left((1-2\alpha_i\Delta t_k\mathrm{e}^{-\alpha_i\Delta t_k}-\mathrm{e}^{-2\alpha_i\Delta t_k})/2\alpha_i^3\right)$。

1.2.3　变加速度模型

当载体作非匀加速度运动时，也可构造相应的变加速模型，即

$$\begin{bmatrix}\dot{\boldsymbol{X}}\\ \ddot{\boldsymbol{X}}\\ \dddot{\boldsymbol{X}}\end{bmatrix}=\begin{bmatrix}\boldsymbol{0} & \boldsymbol{I} & \boldsymbol{0}\\ \boldsymbol{0} & \boldsymbol{0} & \boldsymbol{I}\\ \boldsymbol{0} & \boldsymbol{0} & \boldsymbol{0}\end{bmatrix}\begin{bmatrix}\boldsymbol{X}\\ \dot{\boldsymbol{X}}\\ \dddot{\boldsymbol{X}}\end{bmatrix}+\begin{bmatrix}\boldsymbol{0}\\ \boldsymbol{0}\\ \boldsymbol{I}\end{bmatrix}\boldsymbol{a}(t_k)+\begin{bmatrix}\boldsymbol{0}\\ \boldsymbol{0}\\ \boldsymbol{I}\end{bmatrix}\boldsymbol{W}(t_k) \tag{1.2.12}$$

式中，$\boldsymbol{X}$、$\dot{\boldsymbol{X}}$和$\ddot{\boldsymbol{X}}$分别为载体的位置、速度和加速度向量，$\dddot{\boldsymbol{X}}$为扰动加速度向量，$\boldsymbol{a}(t_k)$为 t_k 时刻载体的加速度向量。

§1.3 模型误差探测、诊断与修复

卡尔曼滤波只有在函数模型和随机模型建立正确的情况下，才具有解的无偏性和方差最小性等优良性状。但是，函数模型经常出现偏差，随机模型的先验精度也很难准确预估，这样势必造成滤波结果出现偏差，甚至失真。动态系统模型误差处理理论是静态系统质量控制的开展，主要由模型误差探测、诊断和修正三部分组成。模型误差探测可以将探测区分为局部误差探测和整体误差探测，主要检验数学模型的局部有效性和整体有效性。局部误差探测又称为粗差探测，整体误差探测主要检验系统误差。模型误差诊断是在所有的备选假设中寻找最可能的模型误差和发生误差的最可能时间。模型误差诊断也可以分为单个误差诊断和多维误差诊断。在模型误差诊断的基础上，修正滤波状态的偏差。

1.3.1 模型误差探测

1. 模型误差统计检验量

通常应用预测残差检验模型误差。预测残差定义为观测值的预测值与实际观测值的差值，即

$$\overline{\boldsymbol{V}}_k=\boldsymbol{B}_k\overline{\boldsymbol{X}}_k-\boldsymbol{L}_k \tag{1.3.1}$$

式中

$$\overline{\boldsymbol{X}}_k=\boldsymbol{\Phi}_{k,k-1}\hat{\boldsymbol{X}}_{k-1} \tag{1.3.2}$$

如果观测误差服从正态分布，则预测残差也服从零数学期望的正态分布，其协方差矩阵为

$$\boldsymbol{D}_{\overline{V}_k}=\boldsymbol{D}_k+\boldsymbol{B}_k\boldsymbol{D}_{\overline{X}_k}\boldsymbol{B}_k^{\mathrm{T}} \tag{1.3.3}$$

式中，$\boldsymbol{D}_{\overline{V}_k}$、$\boldsymbol{D}_k$ 和$\boldsymbol{D}_{\overline{X}_k}$ 分别为$\overline{\boldsymbol{V}}_k$、$\boldsymbol{L}_k$ 和$\overline{\boldsymbol{X}}_k$ 的协方差矩阵。

实际上预测残差$\overline{\boldsymbol{V}}_k$ 也称为新息向量，因此预测残差$\overline{\boldsymbol{V}}_k$ 与观测残差$\boldsymbol{V}_k$ 的关系为

$$\boldsymbol{V}_k=(\boldsymbol{I}-\boldsymbol{B}_k\boldsymbol{J}_k)\overline{\boldsymbol{V}}_k \tag{1.3.4}$$

$$\overline{\boldsymbol{V}}_k=\boldsymbol{D}_{\overline{V}_k}\boldsymbol{P}_k\boldsymbol{V}_k \tag{1.3.5}$$

由此，可构造卡尔曼滤波模型误差的检验统计量为

$$H_0:\boldsymbol{V}_k\sim N(0,\boldsymbol{D}_{V_k}) \tag{1.3.6}$$

$$H_1:\boldsymbol{V}_k\sim N(\delta\boldsymbol{V}_k,\boldsymbol{D}_{V_k}) \tag{1.3.7}$$

式中，$\delta\boldsymbol{V}_k$ 为残差的均值，这说明预测残差的均值不为零。

2. 局部模型误差探测

假设在检验时刻 t_k 之前，没有显著的模型误差，对当前模型误差的统计检验量为

$$H_0^k: \bar{\boldsymbol{V}}_k \sim N(0, \boldsymbol{D}_{\bar{V}_k}) \tag{1.3.8}$$

$$H_1^k: \bar{\boldsymbol{V}}_k \sim N(\delta \bar{\boldsymbol{V}}_k, \boldsymbol{D}_{\bar{V}_k}) \tag{1.3.9}$$

为检验局部模型假设 H_0^k 的有效性，在备选假设 H_1^k 的条件下，预测残差均值 $\delta \bar{\boldsymbol{V}}_k$ 应不存在。为此可构造统计量为

$$T_L^k = \bar{\boldsymbol{V}}_k^{\mathrm{T}} \boldsymbol{P}_{\bar{V}_k} \bar{\boldsymbol{V}}_k \tag{1.3.10}$$

将局部误差检验统计量标准化，则有

$$\widetilde{T}_L^k = T_L^k / n_k \tag{1.3.11}$$

式中，n_k 为 t_k 时刻观测量个数。

若 t_k 时刻存在局部模型误差，则

$$\widetilde{T}_L^k \geqslant F_\alpha(n_k, \infty, 0) \tag{1.3.12}$$

式中，$\boldsymbol{F}_\alpha(n_k, \infty, 0)$ 表示置信水平为 α、自由度为 n_k 和 ∞ 的 F 分布。式(1.3.12)反映了观测模型和动力学模型的双重误差影响。

若将式(1.3.10)改写为

$$T_L^k = \bar{\boldsymbol{V}}_k^{\mathrm{T}} \boldsymbol{P}_{\bar{V}_k} \boldsymbol{D}_{\bar{V}_k} \boldsymbol{P}_{\bar{V}_k} \bar{\boldsymbol{V}}_k \tag{1.3.13}$$

将式(1.3.3)代入式(1.3.13)，得预测残差二次型为

$$\bar{\boldsymbol{V}}_k^{\mathrm{T}} \boldsymbol{P}_{\bar{V}_k} \bar{\boldsymbol{V}}_k = \boldsymbol{V}_k^{\mathrm{T}} \boldsymbol{P}_k \boldsymbol{V}_k + \boldsymbol{V}_k^{\mathrm{T}} \boldsymbol{P}_k \boldsymbol{B}_k \boldsymbol{D}_{\bar{X}_k} \boldsymbol{B}_k^{\mathrm{T}} \boldsymbol{P}_k \boldsymbol{V}_k \tag{1.3.14}$$

式中，第一项为观测误差对预测残差二次型的影响，第二项为预报误差对预测残差二次型的影响。如果模型预报非常准确，预报误差很小，在校验时忽略其影响，则有

$$\bar{\boldsymbol{V}}_k^{\mathrm{T}} \boldsymbol{P}_{\bar{V}_k} \bar{\boldsymbol{V}}_k \approx \boldsymbol{V}_k^{\mathrm{T}} \boldsymbol{P}_k \boldsymbol{V}_k \tag{1.3.15}$$

此时，局部误差检验统计量为

$$T_L^k \approx \boldsymbol{V}_k^{\mathrm{T}} \boldsymbol{P}_k \boldsymbol{V}_k \tag{1.3.16}$$

式(1.3.16)只校验观测模型的有效性，即若 $\widetilde{T}_L^k \geqslant F_\alpha(n_k, \infty, 0)$ 超限，则说明该时刻观测值有异常。

3. 整体模型误差探测

局部模型误差有效性检验统计量对整体误差不十分敏感，随着时间缓慢积累的模型误差，很容易通过局部模型误差有效性检验。为检验模型的整体有效性，可构造如下假设检验，即

$$H_0: \bar{\boldsymbol{V}} \sim N(0, \boldsymbol{D}_{\bar{V}}) \tag{1.3.17}$$

$$H_1: \bar{\boldsymbol{V}} \sim N(\delta \bar{\boldsymbol{V}}, \boldsymbol{D}_{\bar{V}}) \tag{1.3.18}$$

该预测残差为各观测历元预测残差组成的全程预测残差向量。如果检验从时刻 t_l 到时刻 t_k 的模型有效性，则可构造如下检验统计量，即

$$T_G^{l,k} = \sum_{j=l}^{k} \bar{\boldsymbol{V}}_k^{\mathrm{T}} \boldsymbol{P}_{\bar{V}_k} \bar{\boldsymbol{V}}_k \tag{1.3.19}$$

标准化后为

$$T_G^{l,k} = \sum_{j=l}^{k} \frac{\overline{\boldsymbol{V}}_j^{\mathrm{T}} \boldsymbol{P}_{\overline{V}_j} \boldsymbol{V}_j}{n_j} \tag{1.3.20}$$

若从时刻 t_l 到时刻 t_k 存在局部模型误差，则

$$\widetilde{T}_G^{l,k} \geqslant F_\alpha\left(\sum_{j=l}^{k} n_j, \infty, 0\right) \tag{1.3.21}$$

表明在从时刻 t_l 到时刻 t_k 的时段内，模型产生了未标定误差。

1.3.2 模型误差诊断

在测量数据处理或导航系统的质量控制中，发现异常数据只是质量控制的前提，而真正需要做的是确定误差发生的位置、时刻、原因、量级等问题。模型误差诊断可分为单个粗差诊断、多维模型误差诊断和整体模型误差诊断。模型误差诊断包括观测异常误差诊断和动力学模型异常误差诊断。下面只讨论观测异常误差的诊断。观测异常误差诊断原假设为观测值只含偶然误差，备选假设为

$$H_\alpha^k: \boldsymbol{L}_k = \boldsymbol{B}_k \boldsymbol{X}_k + \boldsymbol{C}_k \boldsymbol{\nabla} + \boldsymbol{\Delta}_k \tag{1.3.22}$$

式中，$\boldsymbol{\nabla}$为误差参数，$\boldsymbol{C}_k$ 为相应的系数矩阵。在观测方程中增加误差参数项$\boldsymbol{C}_k$，$\boldsymbol{\nabla}$参加解算，若 $\boldsymbol{\nabla}$为零，则不是无观测模型误差。

1. 单个粗差诊断

当观测值中只有 1 个粗差时，式(1.3.22)中 $\boldsymbol{\nabla}$的维数为 1，$\boldsymbol{C}_k$ 为一列向量，用 $\boldsymbol{c}_k$ 表示，构造统计量为

$$t^k = \frac{\boldsymbol{c}_k^{\mathrm{T}} \boldsymbol{D}_{\overline{V}_k}^{-1} \overline{\boldsymbol{V}}_k}{\left| \boldsymbol{c}_k^{\mathrm{T}} \boldsymbol{D}_{\overline{V}_k}^{-1} \boldsymbol{c}_k \right|^{\frac{1}{2}}} \tag{1.3.23}$$

检验时，先计算每个备选假设统计量 t^k，其中绝对值最大的 t^k 即为可能会有粗差的观测值。当接受 H_0^k 假设时，t^k 的分布为

$$H_0^k: t^k \sim N(0,1) \tag{1.3.24}$$

当接受 H_α^k 假设时，t^k 的分布为

$$H_\alpha^k: t^k \sim N\left(\boldsymbol{\nabla} \left| \boldsymbol{c}_k^{\mathrm{T}} \boldsymbol{D}_{\overline{V}_k}^{-1} \boldsymbol{c}_k \right|^{\frac{1}{2}}, 1\right) \tag{1.3.25}$$

求得 t^k 后，将其与临界值 $N_{\frac{\alpha}{2}}(0,1)$比较，若 $t^k \geqslant N_{\frac{\alpha}{2}}(0,1)$则相应观测量最可能存在异常误差。若 $t^k < N_{\frac{\alpha}{2}}(0,1)$，且前面局部探测式(1.3.12)检验后发现存在一个未标定的模型误差，则应该重新考虑备选假设的适宜性。

2. 多维模型误差诊断

如果误差向量不是一维而是多维，在某些应用中 $\boldsymbol{\nabla}$的维数可以是预知的，也可能是未知的。若 $\boldsymbol{\nabla}$的维数 r 未知，则必须构造检验过程，考虑 $n_k \times r$ 的$\boldsymbol{C}_k$ 矩阵，一般将所有可能的粗差都考虑进来构造$\boldsymbol{C}_k$ 矩阵，然后分别对 $\boldsymbol{C}_k$ 矩阵的每一列，计算相应的统计量 t^k。诊断 r 个 t^k 是否超出临界值 $N_{\frac{\alpha}{2}}(0,1)$。如果观测值不存在交

叉感染，则上述检验是有效的。但这种假设很难满足，于是实践中多维粗差的检测十分困难。解决交叉感染的检验问题可以采用迭代法，即每次删除一个可能的粗差，再对其余观测进行检验。

3. 整体模型误差诊断

若在误差探测阶段已在 t_k 历元发现模型存在整体异常，则应再对 $[l,k]$ 之间模型误差产生的可能性进行具体诊断分析。假设均值漂移模型为

$$H_\alpha^{l,k}: \boldsymbol{L}_i = \boldsymbol{B}_i \boldsymbol{X}_i + \boldsymbol{C}_i \boldsymbol{\nabla} + \boldsymbol{\Delta}_i \qquad (i=l,\cdots,k) \tag{1.3.26}$$

上述模型等价于如下假设，即

$$H_0^{l,k}: E(\overline{\boldsymbol{V}}^{l,k}) = 0 \tag{1.3.27}$$

$$H_\alpha^{l,k}: E(\overline{\boldsymbol{V}}^{l,k}) = \boldsymbol{C}_{l,k} \boldsymbol{\nabla} = \delta \overline{\boldsymbol{V}} \tag{1.3.28}$$

式中，$\boldsymbol{C}_{l,k}$为预测残差中可能含有异常的设计矩阵。整体检验统计量为

$$t^{l,k} = \frac{\sum_{i=l}^{k} \boldsymbol{c}_i^{\mathrm{T}} \boldsymbol{D}_{\overline{V}_i}^{-1} \overline{\boldsymbol{V}}_i}{\sum_{i=l}^{k} \left| \boldsymbol{c}_i^{\mathrm{T}} \boldsymbol{D}_{\overline{V}_i}^{-1} \boldsymbol{c}_i \right|^{\frac{1}{2}}} \tag{1.3.29}$$

式中，统计量 $t^{l,k}$必须计算 $k-l$ 次，即所有 $k>l$ 的统计量都必须计算。

1.3.3　模型误差修复

若在模型误差诊断阶段发现模型存在异常，则应对卡尔曼滤波模型进行调整，以消除或减弱模型误差。在对模型进行修复前，需要先对模型误差 $\boldsymbol{\nabla}$进行估计，在备选假设 $H_\alpha^{l,k}$ 的情况下，可直接从预测残差向量得到 r 阶 $\boldsymbol{\nabla}$ 向量的最优线性无偏估计，即

$$\hat{\boldsymbol{\nabla}}^{l,k} = \left(\sum_{i=l}^{k} \boldsymbol{c}_i^{\mathrm{T}} \boldsymbol{D}_{\overline{V}_i}^{-1} \boldsymbol{c}_i \right)^{-1} \left(\sum_{i=l}^{k} \boldsymbol{c}_i^{\mathrm{T}} \boldsymbol{D}_{\overline{V}_i}^{-1} \overline{\boldsymbol{V}}_i \right) \tag{1.3.30}$$

在单个模型误差诊断时，$l=k$，则误差估计值为

$$\hat{\boldsymbol{\nabla}}^k = t^k / (\boldsymbol{c}_i^{\mathrm{T}} \boldsymbol{D}_{\overline{V}_i}^{-1} \boldsymbol{c}_i)^{\frac{1}{2}} \tag{1.3.31}$$

对于多维误差诊断时，则误差估计值为

$$\hat{\boldsymbol{\nabla}}^{\mathrm{k}} = (\boldsymbol{c}_k^{\mathrm{T}} \boldsymbol{D}_{\overline{V}_k}^{-1} \boldsymbol{c}_k)^{-1} (\boldsymbol{c}_k^{\mathrm{T}} \boldsymbol{D}_{\overline{V}_k}^{-1} \overline{\boldsymbol{V}}_k) \tag{1.3.32}$$

计算出 t_k 时刻模型误差 $\boldsymbol{\nabla}$后，滤波状态为

$$\hat{\boldsymbol{X}}_k^{\alpha} = \hat{\boldsymbol{X}}_k^0 - \boldsymbol{J}_k \boldsymbol{C}_k \hat{\boldsymbol{\nabla}}_k \tag{1.3.33}$$

式中，$\hat{\boldsymbol{X}}_k^0$ 和$\hat{\boldsymbol{X}}_k^{\alpha}$ 分别为相应于 H_0^k 和 H_α^k 假设的状态滤波估值。相应的协方差矩阵为

$$\boldsymbol{D}_{\hat{X}_k^{\alpha}} = \boldsymbol{D}_{\hat{X}_k^0} + \boldsymbol{J}_k \boldsymbol{C}_k \boldsymbol{D}_{\hat{\nabla}_k} \boldsymbol{C}_k^{\mathrm{T}} \boldsymbol{J}_k^{\mathrm{T}} \tag{1.3.34}$$

新的状态估值向量$\hat{\boldsymbol{X}}_k^{\alpha}$ 及相应的协方差矩阵将作为 t_k 时刻的初始状态估值。如果 $l \neq k$，则必须先估计出$\hat{\boldsymbol{\nabla}}^k$，然后修正状态参数估值$\hat{\boldsymbol{X}}_k$ 及其相应的协方差矩阵。

§1.4 滤波随机模型的实时估计

卡尔曼滤波正确性依赖所建立的函数模型和随机模型的正确性，若滤波器在动态数据处理过程中依赖有模型误差的模型，则容易导致滤波发散。卡尔曼滤波的质量主要由三方面决定：建立状态方程的精确程度、观测方程的精确程度和随机模型的精确程度。然而，构建正确的先验协方差矩阵是十分困难的，现在常用的方法是模型误差协方差矩阵的自适应估计和开窗拟合法。

1.4.1 动态模型随机模型的实时估计

状态参数预报向量的改正数向量为

$$\boldsymbol{V}_{\overline{X}_k}=\hat{\boldsymbol{X}}_k-\overline{\boldsymbol{X}}_k \tag{1.4.1}$$

由于$\hat{\boldsymbol{X}}_k$ 与 $\boldsymbol{V}_{\overline{X}_k}$ 互相独立，将式(1.4.1)改写为

$$\overline{\boldsymbol{X}}_k=\hat{\boldsymbol{X}}_k-\boldsymbol{V}_{\overline{X}_k} \tag{1.4.2}$$

则有

$$\boldsymbol{D}_{\overline{X}_k}=\boldsymbol{D}_{\hat{X}_k}+\boldsymbol{D}_{V_{\overline{X}_k}} \tag{1.4.3}$$

将式(1.1.13)代入式(1.4.3)，则可导出

$$\boldsymbol{D}_{\Omega_k}=\boldsymbol{D}_{V_{\overline{X}_k}}+\boldsymbol{D}_{\hat{X}_k}-\boldsymbol{\Phi}_{k,k-1}\boldsymbol{D}_{\hat{X}_{k-1}}\boldsymbol{\Phi}_{k,k-1}^{\mathrm{T}} \tag{1.4.4}$$

然而，由式(1.4.4)估计$\boldsymbol{D}_{\Omega_k}$，需要 t_k 历元的状态参数估值的协方差矩阵$\boldsymbol{D}_{\hat{X}_k}$ 和 $\boldsymbol{D}_{V_{\overline{X}_k}}$，而求$\boldsymbol{D}_{\hat{X}_k}$ 和$\boldsymbol{D}_{V_{\overline{X}_k}}$ 又需要已知$\boldsymbol{D}_{\Omega_k}$。为了解决这个问题，可以直接估计$\boldsymbol{D}_{\Omega_k}$。

考虑到 $\boldsymbol{V}_{\overline{X}_k}$ 与$\overline{\boldsymbol{V}}_k$ 的关系，即

$$\boldsymbol{V}_{\overline{X}_k}=-\boldsymbol{J}_k\overline{\boldsymbol{V}}_k \tag{1.4.5}$$

则有

$$\boldsymbol{D}_{V_{\overline{X}_k}}=\boldsymbol{J}_k\boldsymbol{D}_{\overline{V}_k}\boldsymbol{J}_k^{\mathrm{T}} \tag{1.4.6}$$

在稳定情况下，可以直接由$\boldsymbol{D}_{V_{\overline{X}_k}}$ 代替$\boldsymbol{D}_{\Omega_k}$，即有

$$\boldsymbol{D}_{\Omega_k}=\boldsymbol{J}_k\boldsymbol{D}_{\overline{V}_k}\boldsymbol{J}_k^{\mathrm{T}} \tag{1.4.7}$$

1.4.2 观测模型随机模型的实时估计

观测噪声协方差矩阵实时估计方法有基于新息序列的自适应估计法(innovation based adaptive estimation，IAE)和基于观测残差序列的自适应估计法(residual based adaptive estimation，RAE)。

1. IAE 估计法

设观测误差近似服从正态分布，取前 N 次滤波的新息向量，求新息向量的方差，即

$$D_{\bar{V}_k} = \frac{1}{N}\sum_{j=0}^{N} \bar{V}_{k-j}\,\bar{V}_{k-j}^{\mathrm{T}} \tag{1.4.8}$$

顾及V_k 与$\bar{V}_k$ 的解析关系，则有

$$V_k = (I - B_k J_k)\bar{V}_k \tag{1.4.9}$$

V_k 与$\bar{V}_k$ 的协方差矩阵分别为

$$D_{V_k} = D_{\Delta_k} - B_k D_{\bar{X}_k} B_k^{\mathrm{T}} \tag{1.4.10}$$

$$D_{\bar{V}_k} = D_{\Delta_k} + B_k D_{\bar{X}_k} B_k^{\mathrm{T}} \tag{1.4.11}$$

因此，t_k 历元的观测值协方差矩阵为

$$D_{\Delta_k} = D_{\bar{V}_k} - B_k D_{\bar{X}_k} B_k^{\mathrm{T}} \tag{1.4.12}$$

2. RAE 估计法

类似于式(1.4.8)，首先估计观测残差向量V_k 的协方差矩阵D_{V_k}，即

$$D_{V_k} = \frac{1}{N}\sum_{j=0}^{N} V_{k-j}\,V_{k-j}^{\mathrm{T}} \tag{1.4.13}$$

由式(1.4.10)，即可得到 t_k 历元的观测值协方差矩阵为

$$D_{\Delta_k} = D_{V_k} + B_k D_{\bar{X}_k} B_k^{\mathrm{T}} \tag{1.4.14}$$

将式(1.4.13)代入式(1.4.14)求得D_{Δ_k} 后，即可求得 t_k 历元观测值的权矩阵。

比较 IAE 和 RAE 两种观测误差协方差矩阵的估计方法，不难得出：

(1)IAE 估计法中含有状态预报值$\bar{X}_k$ 的误差，若$\bar{X}_k$ 的误差较大，则$\bar{V}_k$ 的误差必然也大，由$\bar{V}_k$ 计算的D_{Δ_k} 的可靠性就差。

(2)RAE 法估计的D_{Δ_k} 实际是 t_{k-1} 历元的$D_{\Delta_{k-1}}$，因为在计算D_{V_k} 时还不知道V_k 的大小，所以只能使用$D_{\Delta_{k-1}}$ 来近似D_{Δ_k}，这种近似程度取决于 t_k 历元和 t_{k-1} 历元观测值精度的一致性。

(3)IAE 估计法中D_{Δ_k} 可能出现负定的现象。

(4)这两种方法要求存储 N 个历元的残差或新息向量，都增加了历史新息的存储，N 的大小也较难确定。

(5)这两种方法求D_{Δ_k} 用的都是历史数据，计算结果很难表征当前历元的观测信息精度。

§1.5　系统误差的处理方法

设 m 维线性状态变量和 n 维线性观测方程构成的动态系统为

$$\left.\begin{aligned} X_k &= \Phi_{k,k-1} X_{k-1} + \Psi_{k-1} U_{k-1} + \Omega_{k-1} \\ L_k &= B_k X_k + G_k Y_k + \Delta_k \end{aligned}\right\} \tag{1.5.1}$$

式中，$\{U_{k-1}\}$和$\{Y_k\}$都是已知的非随机序列，一般把U_{k-1}理解为系统输入量，把Y_k

理解为观测方程的模型误差。系统的随机模型为

$$\left.\begin{aligned}&E(\boldsymbol{\Omega}_k)=0\\&E(\boldsymbol{\Delta}_k)=0\\&\operatorname{cov}(\boldsymbol{\Omega}_k,\boldsymbol{\Omega}_j)=\boldsymbol{D}_{\Omega_k}\delta_{ij}\\&\operatorname{cov}(\boldsymbol{\Delta}_k,\boldsymbol{\Delta}_j)=\boldsymbol{D}_{\Delta_k}\delta_{ij}\\&\operatorname{cov}(\boldsymbol{\Omega}_k,\boldsymbol{\Delta}_j)=\boldsymbol{D}_{\Omega_{\Delta_k}}\delta_{ij}\end{aligned}\right\}\tag{1.5.2}$$

设在测量 $k-1$ 次以后，已经得到$\hat{\boldsymbol{X}}_{k-1}$的估计值。为了消除动态噪声与观测噪声之间的相关性，一般在动态方程的右边加上一个等于零的项，即

$$\begin{aligned}\hat{\boldsymbol{X}}_k&=\boldsymbol{\Phi}_{k,k-1}\hat{\boldsymbol{X}}_{k-1}+\boldsymbol{\Psi}_{k-1}\hat{\boldsymbol{U}}_{k-1}+\boldsymbol{\Omega}_{k-1}+\boldsymbol{J}_{k-1}(\boldsymbol{L}_{k-1}-\boldsymbol{B}_{k-1}\hat{\boldsymbol{X}}_{k-1}-\boldsymbol{G}_{k-1}\hat{\boldsymbol{Y}}_{k-1}-\boldsymbol{\Delta}_{k-1})\\&=(\boldsymbol{\Phi}_{k,k-1}-\boldsymbol{J}_{k-1}\boldsymbol{B}_{k-1})\hat{\boldsymbol{X}}_{k-1}+\boldsymbol{\Psi}_{k-1}\hat{\boldsymbol{U}}_{k-1}+\boldsymbol{J}_{k-1}(\boldsymbol{L}_{k-1}-\boldsymbol{G}_{k-1}\hat{\boldsymbol{Y}}_{k-1})+\\&\quad(\boldsymbol{\Omega}_{k-1}-\boldsymbol{J}_{k-1}\boldsymbol{\Delta}_{k-1})\\&=\widetilde{\boldsymbol{\Phi}}_{k,k-1}\hat{\boldsymbol{X}}_{k-1}+\boldsymbol{\Psi}_{k-1}\hat{\boldsymbol{U}}_{k-1}+\boldsymbol{J}_{k-1}(\boldsymbol{L}_{k-1}-\boldsymbol{G}_{k-1}\hat{\boldsymbol{Y}}_{k-1})+\widetilde{\boldsymbol{\Omega}}_{k-1}\end{aligned}\tag{1.5.3}$$

式(1.5.3)是原动态方程的变形，其中$\boldsymbol{\Psi}_{k-1}\hat{\boldsymbol{U}}_{k-1}+\boldsymbol{J}_{k-1}(\boldsymbol{L}_{k-1}-\boldsymbol{G}_{k-1}\hat{\boldsymbol{Y}}_{k-1})$可以认为是新的输入控制项，而观测方程不变。这时观测噪声$\{\boldsymbol{\Delta}_k\}$与变形后的动态噪声$\{\widetilde{\boldsymbol{\Omega}}_{k-1}\}$之间的协方差矩阵为

$$\operatorname{cov}(\widetilde{\boldsymbol{\Omega}}_k,\boldsymbol{\Delta}_l)=E((\boldsymbol{\Omega}_k-\boldsymbol{J}_k\boldsymbol{\Delta}_k)\boldsymbol{\Delta}_k^{\mathrm{T}})=(\boldsymbol{D}_{\Omega_k}-\boldsymbol{J}_k\boldsymbol{D}_{\Delta_k})\delta_{kl}\tag{1.5.4}$$

如果选取$\boldsymbol{J}_k=\boldsymbol{D}_{\Omega_k}\boldsymbol{D}_{\Delta_k}^{-1}$，则有 $\operatorname{cov}(\widetilde{\boldsymbol{\Omega}}_k,\boldsymbol{\Delta}_l)=0$，因此变形后的动态方程与观测方程互不相关。这样一步预测值$\overline{\boldsymbol{X}}_k$为

$$\overline{\boldsymbol{X}}_k=\widetilde{\boldsymbol{\Phi}}_{k,k-1}\hat{\boldsymbol{X}}_{k-1}+\boldsymbol{\Psi}_{k-1}\hat{\boldsymbol{U}}_{k-1}+\boldsymbol{J}_{k-1}(\boldsymbol{L}_{k-1}-\boldsymbol{G}_{k-1}\hat{\boldsymbol{Y}}_{k-1})\tag{1.5.5}$$

即

$$\overline{\boldsymbol{X}}_k=\boldsymbol{\Phi}_{k,k-1}\hat{\boldsymbol{X}}_{k-1}+\boldsymbol{\Psi}_{k-1}\hat{\boldsymbol{U}}_{k-1}+\boldsymbol{D}_{\Omega_k}\boldsymbol{D}_{\Delta_k}^{-1}(\boldsymbol{L}_{k-1}-\boldsymbol{B}_{k-1}\hat{\boldsymbol{X}}_{k-1}-\boldsymbol{G}_{k-1}\hat{\boldsymbol{Y}}_{k-1})\tag{1.5.6}$$

同样也可以导出协方差公式，即

$$\begin{aligned}\boldsymbol{D}_{\bar{X}_k}&=\widetilde{\boldsymbol{\Phi}}_{k,k-1}\boldsymbol{D}_{\hat{X}_{k-1}}\widetilde{\boldsymbol{\Phi}}_{k,k-1}^{\mathrm{T}}+E(\widetilde{\boldsymbol{\Omega}}_{k-1}\widetilde{\boldsymbol{\Omega}}_{k-1}^{\mathrm{T}})\\&=(\boldsymbol{\Phi}_{k,k-1}-\boldsymbol{J}_{k-1}\boldsymbol{B}_{k-1})\boldsymbol{D}_{\hat{X}_{k-1}}(\boldsymbol{\Phi}_{k,k-1}-\boldsymbol{J}_{k-1}\boldsymbol{B}_{k-1})^{\mathrm{T}}+\boldsymbol{D}_{\Omega_{k-1}}+\boldsymbol{J}_{k-1}\boldsymbol{D}_{\Delta_{k-1}}\boldsymbol{J}_{k-1}^{\mathrm{T}}\end{aligned}\tag{1.5.7}$$

根据极大验后公式可得

$$\hat{\boldsymbol{X}}_k=\overline{\boldsymbol{X}}_k+\boldsymbol{D}_{\overline{X}_k}\boldsymbol{B}_k^{\mathrm{T}}(\boldsymbol{B}_k\boldsymbol{D}_{\overline{X}_k}\boldsymbol{B}_k^{\mathrm{T}}+\boldsymbol{D}_{\Delta_k})^{-1}(\boldsymbol{L}_k-\boldsymbol{B}_k\overline{\boldsymbol{X}}_k-\boldsymbol{G}_{k-1}\hat{\boldsymbol{Y}}_{k-1})\tag{1.5.8}$$

令

$$\boldsymbol{J}_k=\boldsymbol{D}_{\overline{X}_k}\boldsymbol{B}_k^{\mathrm{T}}(\boldsymbol{B}_k\boldsymbol{D}_{\overline{X}_k}\boldsymbol{B}_k^{\mathrm{T}}+\boldsymbol{D}_{\Delta_k})^{-1}\tag{1.5.9}$$

则式(1.5.8)为

$$\hat{\boldsymbol{X}}_k=\overline{\boldsymbol{X}}_k+\boldsymbol{J}_k(\boldsymbol{L}_k-\boldsymbol{B}_k\overline{\boldsymbol{X}}_k-\boldsymbol{G}_{k-1}\hat{\boldsymbol{Y}}_{k-1})\tag{1.5.10}$$

式中，$\overline{\boldsymbol{X}}_k$ 是动态系统根据状态方程进行的一步预估值，$\boldsymbol{J}_k(\boldsymbol{L}_k-\boldsymbol{B}_k\overline{\boldsymbol{X}}_k)$是新观测值

对一步预估值$\overline{\boldsymbol{X}}_k$的修正值，$\boldsymbol{J}_k$为增益矩阵。

第k次滤波值的协方差矩阵为

$$\boldsymbol{D}_{\hat{X}_k}=\boldsymbol{D}_{\overline{X}_k}-\boldsymbol{J}_k\boldsymbol{B}_k\boldsymbol{D}_{\overline{X}_k}=(\boldsymbol{I}-\boldsymbol{J}_k\boldsymbol{B}_k)\boldsymbol{D}_{\overline{X}_k} \tag{1.5.11}$$

上述式(1.5.6)、式(1.5.9)、式(1.5.10)和式(1.5.11)就是附加系统参数的卡尔曼滤波递推公式。

§1.6 卡尔曼滤波的发散问题及其解决办法

1.6.1 卡尔曼滤波的发散问题

从理论上讲，随着观测数据的增加，卡尔曼滤波应该给出状态的最佳估值。但是，在实际应用中，由于滤波状态的估计与实际状态之间的误差，远远超出按滤波公式计算的方差所定出的范围。按公式定义的方差可以逐步趋近于零，而实际误差可能趋向无穷大，这种现象称为滤波发散。显然，当滤波发散时，滤波失去了获得最佳估值的作用。因此，在实际应用中必须克服这种现象。

引起滤波发散的原因是多样的，其主要原因是：

(1)对具体的物理系统了解得不准确或在滤波过程中物理系统发生突变，从而使推导的滤波公式的数学模型与实际物理系统的状态不相符合或不够精确；或者使描述实际物理系统的数学模型过于复杂，在简化数学模型时也带来不精确性。

(2)对动态噪声与观测噪声的统计性质缺乏了解，因而取得不合适。

(3)递推计算在有限字长的数字计算机上实现，每步都有舍入误差，从而使计算的估计误差协方差矩阵逐渐失去了正定性，甚至失去了对称性，造成计算值与理论值之间的偏差越来越大。

克服滤波发散现象有直接增加增益矩阵、限定误差的协方差和人为增加动态噪声的协方差、渐消记忆滤波法和限定记忆滤波法、自适应卡尔曼滤波等方法。

1. 直接增加增益矩阵

直接增加增益矩阵，可以对增益矩阵加一个固定量，不让它小于某个预先指定的量，还可以简单地对增益矩阵加一个固定量，或者用一种$\boldsymbol{\varepsilon}$方法，在离散情形下，把增益矩阵改写为

$$\boldsymbol{J}_k=(\boldsymbol{D}_{\overline{X}_k}+\boldsymbol{\varepsilon I})\boldsymbol{B}_k^{\mathrm{T}}(\boldsymbol{B}_k\boldsymbol{D}_{\overline{X}_k}\boldsymbol{B}_k^{\mathrm{T}}+\boldsymbol{D}_{\Delta_k})^{-1} \tag{1.6.1}$$

式中，$\boldsymbol{\varepsilon}$为某一常数。

对所有这些方法，都应给出一个适当的判断。

2. 限定误差的协方差和人为增加动态噪声的协方差

这种办法是利用某种方法，人为限定误差的协方差，或者人为增加动态噪声的协方差，以提高增益。但是，由于实际很难操作，这种方法的应用受到了限制。

3. 渐消记忆滤波法和限定记忆滤波法

在进行滤波时，设法加大新的观测数据的作用，并相对减少“过老”观测数据的影响。也就是说，随着时间的推移，用不准确的模型在长时间内进行滤波，过老的数据不应该再起作用了，这种克服发散的数据处理方法，称为渐消记忆滤波法。限定记忆滤波法则要求在求状态最佳估值时，只利用离时刻 k 最近的前 N 个观测值，而把其余的观测值完全甩掉，这里的 N 是根据物理系统的特性而预先规定的记忆长度。

4. 自适应卡尔曼滤波

自适应滤波的目的之一，是在利用观测数据进行递推滤波的同时，不断地由滤波本身去判断目标动态是否变化。当判断有变化时，要进一步决定是把这种变化看作随机干扰归到模型噪声中去，还是对原动态模型进行修正，使之适应目标变化了的动态。自适应滤波的另一个目的，是当模型噪声协方差矩阵和观测噪声协方差矩阵未知或不确切知道时，由滤波本身去不断估计或修正它们。当判断到目标有变化，决定把此变化看作随机干扰时，就要由滤波本身去估计由它产生的模型噪声的协方差矩阵。总之，自适应滤波的目的是利用滤波本身获得的某些信息自动改进滤波器的设计，以降低滤波误差。

1.6.2 渐消记忆滤波法

设动态系统的函数模型为

$$\left.\begin{aligned} \boldsymbol{X}_k &= \boldsymbol{\Phi}_{k,k-1}\boldsymbol{X}_{k-1} + \boldsymbol{\Omega}_{k-1} \\ \boldsymbol{L}_k &= \boldsymbol{B}_k\boldsymbol{X}_k + \boldsymbol{\Delta}_k \end{aligned}\right\} \tag{1.6.2}$$

式中，系统的动态噪声 $\boldsymbol{\Omega}_k$ 和观测噪声 $\boldsymbol{\Delta}_k$ 是互不相关的零均值白噪声或高斯白噪声序列，系统的随机模型为

$$\left.\begin{aligned} &E(\boldsymbol{\Omega}_k) = 0 \\ &E(\boldsymbol{\Delta}_k) = 0 \\ &\mathrm{cov}(\boldsymbol{\Omega}_k, \boldsymbol{\Omega}_j) = \boldsymbol{D}_{\Omega_k}\delta_{kj} \\ &\mathrm{cov}(\boldsymbol{\Delta}_k, \boldsymbol{\Delta}_j) = \boldsymbol{D}_{\Delta_k}\delta_{kj} \\ &\mathrm{cov}(\boldsymbol{\Omega}_k, \boldsymbol{\Delta}_j) = 0 \\ &\delta_{kj} = \begin{cases} 1, & k=j \\ 0, & k\neq j \end{cases} \end{aligned}\right\} \tag{1.6.3}$$

又设初始状态的统计性质为

$$E(\boldsymbol{X}_0) = \boldsymbol{\mu}_{X_0}, \qquad \boldsymbol{D}(\boldsymbol{X}_0) = \boldsymbol{D}_{X_0} \tag{1.6.4}$$

且 $\boldsymbol{X}_0$ 与 $\boldsymbol{\Omega}_k$、$\boldsymbol{\Delta}_k$ 都不相关，即

$$\mathrm{cov}(\boldsymbol{X}_0, \boldsymbol{\Omega}_k) = 0, \qquad \mathrm{cov}(\boldsymbol{X}_0, \boldsymbol{\Delta}_k) = 0 \tag{1.6.5}$$

根据渐消记忆滤波的基本思想，应用一种指数加权法来改造以上模型。也就是在求当前状态$\boldsymbol{X}_N$ 的最优滤波值时，把 N 以前动态噪声的协方差矩阵$\boldsymbol{D}_{X_0}$、$\boldsymbol{D}_{\Omega_0}$、$\boldsymbol{D}_{\Omega_1}$、…、$\boldsymbol{D}_{\Omega_{N-1}}$ 和观测噪声$\boldsymbol{D}_{\Delta_0}$、$\boldsymbol{D}_{\Delta_1}$、…、$\boldsymbol{D}_{\Delta_N}$ 分别换为下列矩阵，即

$$\exp\Big(\sum_{i=0}^{N-1}\boldsymbol{c}_i\Big)\boldsymbol{D}_{X_0},\exp\Big(\sum_{i=1}^{N-1}\boldsymbol{c}_i\Big)\boldsymbol{D}_{\Omega_0},\exp\Big(\sum_{i=2}^{N-1}\boldsymbol{c}_i\Big)\boldsymbol{D}_{\Omega_1},\cdots,\exp(\boldsymbol{c}_{N-1})\boldsymbol{D}_{\Omega_{N-2}},\boldsymbol{D}_{\Omega_{N-1}} \tag{1.6.6}$$

$$\exp\Big(\sum_{i=1}^{N-1}\boldsymbol{c}_i\Big)\boldsymbol{D}_{\Delta_1},\exp\Big(\sum_{i=2}^{N-1}\boldsymbol{c}_i\Big)\boldsymbol{D}_{\Delta_2},\cdots,\exp(\boldsymbol{c}_{N-1})\boldsymbol{D}_{\Delta_{N-1}},\boldsymbol{D}_{\Delta_N} \tag{1.6.7}$$

则动态系统就相当于由系统模型来替代，即

$$\left.\begin{aligned}&\boldsymbol{X}_k^N=\boldsymbol{\Phi}_{k,k-1}\boldsymbol{X}_{k-1}^N+\boldsymbol{\Omega}_{k-1}^N\\&\boldsymbol{L}_k=\boldsymbol{B}_k\boldsymbol{X}_k^N+\boldsymbol{\Delta}_k^N\\&k\leqslant N\end{aligned}\right\} \tag{1.6.8}$$

式中

$$\left.\begin{aligned}&E(\boldsymbol{\Omega}_k^N)=0,\quad E(\boldsymbol{\Omega}_k^N(\boldsymbol{\Omega}_k^N)^{\mathrm T})=\boldsymbol{D}_{\Omega_{k-1}}\exp\Big(\sum_{i=k}^{N-1}\boldsymbol{c}_i\Big)\delta_{kl}\\&E(\boldsymbol{\Delta}_k^N)=0,\quad E(\boldsymbol{\Delta}_k^N(\boldsymbol{\Delta}_k^N)^{\mathrm T})=\boldsymbol{D}_{\Delta_k}\exp\Big(\sum_{i=k}^{N-1}\boldsymbol{c}_i\Big)\delta_{kl}\\&E(\boldsymbol{X}_0^N)=\hat{\boldsymbol{X}}_0,\quad \mathrm{var}(\boldsymbol{X}_0^N)=\boldsymbol{D}_{X_0}\exp\Big(\sum_{i=0}^{N-1}\boldsymbol{c}_i\Big)\\&E(\boldsymbol{X}_0^N(\boldsymbol{\Delta}_k^N)^{\mathrm T})=0,\quad E(\boldsymbol{X}_0^N(\boldsymbol{\Omega}_k^N)^{\mathrm T})=0,\quad E(\boldsymbol{\Delta}_0^N(\boldsymbol{\Omega}_k^N)^{\mathrm T})=0\end{aligned}\right\} \tag{1.6.9}$$

对式(1.6.8)进行最优滤波，其时刻 N 的滤波值，就是式(1.6.2)在时刻 N 的渐消记忆滤波值，其递推公式为

$$\left.\begin{aligned}&\boldsymbol{X}_k^*=\boldsymbol{\Phi}_{k,k-1}\boldsymbol{X}_{k-1}^*+\boldsymbol{J}_k^*(\boldsymbol{L}_k-\boldsymbol{B}_k\boldsymbol{\Phi}_{k,k-1}\boldsymbol{X}_{k-1}^*)\\&\boldsymbol{J}_k^*=\boldsymbol{D}_{\bar{X}_k}^*\boldsymbol{B}_k^{\mathrm T}(\boldsymbol{B}_k+\boldsymbol{D}_{\Delta_k})^{-1}\\&\boldsymbol{D}_{\bar{X}_k}^*=\boldsymbol{\Phi}_{k,k-1}\boldsymbol{D}_{\hat{X}_{k-1}}^*\boldsymbol{\Phi}_{k,k-1}^{\mathrm T}\exp(\boldsymbol{c}_{k-1})+\boldsymbol{D}_{\Delta_{k-1}}\\&\boldsymbol{D}_{\hat{X}_k}^*=(\boldsymbol{I}-\boldsymbol{J}_k^*\boldsymbol{B}_k)\boldsymbol{D}_{\bar{X}_k}^*\end{aligned}\right\} \tag{1.6.10}$$

指数加权型的渐消记忆滤波与卡尔曼滤波的不同之处只是在求$\boldsymbol{D}_{\bar{X}_k}^*$ 时乘以一个大于 1 的因子 $\exp(\boldsymbol{c}_{k-1})$。通过增大每一步的$\boldsymbol{D}_{\bar{X}_k}^*$，因而增大了增益矩阵$\boldsymbol{J}_k^*$，也就是加大了新的观测数据$\boldsymbol{L}_k$ 的增益作用。

第2章　抗差自适应卡尔曼滤波

§2.1　抗差卡尔曼滤波

2.1.1　概　述

卡尔曼滤波理论是一种对动态系统进行数据处理的有效方法，它利用观测向量来估计随时间不断变化的状态向量。经典卡尔曼滤波假设动态噪声和观测噪声是零均值的白噪声，其函数模型和随机模型分别为

$$\left.\begin{aligned}\boldsymbol{X}_k&=\boldsymbol{\Phi}_{k,k-1}\boldsymbol{X}_{k-1}+\boldsymbol{\Omega}_k\\ \boldsymbol{L}_k&=\boldsymbol{B}_k\boldsymbol{X}_k+\boldsymbol{\Delta}_k\end{aligned}\right\}\tag{2.1.1}$$

$$\left.\begin{aligned}&E(\boldsymbol{\Omega}_k)=0\\ &E(\boldsymbol{\Delta}_k)=0\\ &\mathrm{cov}(\boldsymbol{\Omega}_k,\boldsymbol{\Omega}_j)=\boldsymbol{D}_{\Omega_k}\delta_{kj}\\ &\mathrm{cov}(\boldsymbol{\Delta}_k,\boldsymbol{\Delta}_j)=\boldsymbol{D}_{\Delta_k}\delta_{kj}\\ &\mathrm{cov}(\boldsymbol{\Omega}_k,\boldsymbol{\Delta}_j)=0\\ &E(\boldsymbol{X}_0)=\boldsymbol{\mu}_{X_0}\\ &\mathrm{var}(\boldsymbol{X}_0)=\boldsymbol{D}_{X_0}\\ &\mathrm{cov}(\boldsymbol{X}_0,\boldsymbol{\Omega}_k)=0\\ &\mathrm{cov}(\boldsymbol{X}_0,\boldsymbol{\Delta}_k)=0\end{aligned}\right\}\tag{2.1.2}$$

标准卡尔曼滤波假设观测向量及状态预测向量均服从正态分布，其解可以认为是最小二乘滤波解或最小方差滤波解，其解为

$$\hat{\boldsymbol{X}}_k=\bar{\boldsymbol{X}}_k+\boldsymbol{D}_{\bar{X}_k}\boldsymbol{B}_k^{\mathrm{T}}(\boldsymbol{B}_k\boldsymbol{D}_{\bar{X}_k}\boldsymbol{B}_k^{\mathrm{T}}+\boldsymbol{D}_{\Delta_k})^{-1}(\boldsymbol{L}_k-\boldsymbol{B}_k\bar{\boldsymbol{X}}_k)\tag{2.1.3}$$

式中，$\bar{\boldsymbol{X}}_k$ 是状态预报值，$\boldsymbol{D}_{\bar{X}_k}$ 状态预报值的方差，其计算式分别为

$$\bar{\boldsymbol{X}}_k=\boldsymbol{\Phi}_{k,k-1}\hat{\boldsymbol{X}}_{k-1}\tag{2.1.4}$$

$$\boldsymbol{D}_{\bar{X}_k}=\boldsymbol{\Phi}_{k,k-1}\boldsymbol{D}_{\hat{X}_{k-1}}\boldsymbol{\Phi}_{k,k-1}^{\mathrm{T}}+\boldsymbol{D}_{\Omega_k}\tag{2.1.5}$$

但是，如果动态噪声中含有异常噪声而不服从正态分布，式(2.1.2)中的 $E(\boldsymbol{\Omega}_k)\neq0$，相当于状态预报值 $\bar{\boldsymbol{X}}_k$ 受到异常干扰；观测噪声向量中含有异常噪声而不服从正态分布，式(2.1.2)中的 $E(\boldsymbol{\Delta}_k)\neq0$。相当于观测向量 $\boldsymbol{L}_k$ 受到异常干扰，这时卡尔曼滤波递推公式不但不能求出最优解，甚至造成滤波失败(发散)。抗差

卡尔曼滤波能够有效抵制观测噪声和动态噪声中粗差干扰，求得状态参数的可靠解。抗差卡尔曼滤波可以分为观测噪声 $\boldsymbol{\Delta}_k$ 含有粗差，动态噪声服从正态分布；观测噪声 $\boldsymbol{\Delta}_k$ 服从正态分布，动态噪声 $\boldsymbol{\Omega}_k$ 含有粗差；观测噪声 $\boldsymbol{\Delta}_k$ 和动态噪声 $\boldsymbol{\Omega}_k$ 均含有粗差三种不同方法。若观测向量和参数预报值均服从正态分布，卡尔曼滤波能给出状态的可靠解。当两者或其中之一带有粗差，卡尔曼滤波解将受到严重歪曲。但是，抗差卡尔曼滤波能够保证获得状态的可靠解。

如果式(2.1.2)中的 $\mathrm{cov}(\boldsymbol{\Omega}_k,\boldsymbol{\Omega}_j)\neq 0$(当 $k\neq j$ 时)，则线性卡尔曼滤波系统的状态噪声是有色噪声；如果式(2.1.2)中的 $\mathrm{cov}(\boldsymbol{\Delta}_k,\boldsymbol{\Delta}_j)\neq 0$(当 $k\neq j$ 时)，则线性卡尔曼滤波系统的观测噪声是有色噪声。GPS 载波相位三差观测噪声就是有色噪声，每个历元间隔内部三差观测值是相关的，相邻历元间隔的三差观测值也是相关的，而不相邻的三差观测值是独立的，因此，如果按历元间隔分组，则三差观测方程的协方差矩阵为分块三对角矩阵。采用三差观测方程进行卫星导航定位系统的动态定位或导航的优点就是不必求整周模糊度，周跳也成为孤值而容易被检验出来，但是必须解决观测噪声为有色噪声的抗差卡尔曼滤波的相关理论与算法。本章的中心内容就是推导在有色噪声条件下的抗差卡尔曼滤波公式，解决相关算法。

如果动态噪声和观测噪声皆为白噪声，且滤波初始值与动态噪声和观测噪声不相关，则抗差卡尔曼滤波可分三种情形：①动态噪声服从正态分布，观测噪声 $\boldsymbol{\Delta}_k$ 含有粗差，这种抗差被称为 LS-M 抗差方法；②动态噪声含有粗差，观测噪声 $\boldsymbol{\Delta}_k$ 服从正态分布，这种抗差被称为 M-LS 抗差方法；③动态噪声和观测噪声含有粗差，这种抗差被称为 M-M 抗差方法。

2.1.2　LS-M 抗差法

假设动态噪声服从正态分布，这时状态预报值 $\bar{\boldsymbol{X}}_k$ 服从正态分布，t_k 历元观测向量 $\boldsymbol{L}_k$ 各分量观测噪声互相独立，但可能含有粗差，且设观测噪声 $\boldsymbol{\Delta}_k$ 含有粗差，观测向量 $\boldsymbol{L}_k$ 服从污染分布。这时观测向量采用抗差估计，而对状态参数采用最小二乘估计，其估计原则为

$$\varphi=\boldsymbol{V}_k^{\mathrm{T}}\bar{\boldsymbol{P}}_k\boldsymbol{V}_k+(\hat{\boldsymbol{X}}_k-\bar{\boldsymbol{X}}_k)^{\mathrm{T}}\boldsymbol{P}_{\bar{X}_k}(\hat{\boldsymbol{X}}_k-\bar{\boldsymbol{X}}_k)=\min \tag{2.1.6}$$

式中，$\bar{\boldsymbol{P}}_k$ 为观测向量等价权矩阵，$\boldsymbol{P}_{\bar{X}_k}=\boldsymbol{D}_{\bar{X}_k}^{-1}$ 为 $\bar{\boldsymbol{X}}_k$ 的权矩阵。

对应于式(2.1.6)滤波解向量为

$$\hat{\boldsymbol{X}}_k=\bar{\boldsymbol{X}}_k+\boldsymbol{D}_{\bar{X}_k}\boldsymbol{B}_k^{\mathrm{T}}(\boldsymbol{B}_k\boldsymbol{D}_{\bar{X}_k}\boldsymbol{B}_k^{\mathrm{T}}+\bar{\boldsymbol{P}}_k^{-1})^{-1}(\boldsymbol{L}_k-\boldsymbol{B}_k\bar{\boldsymbol{X}}_k) \tag{2.1.7}$$

相应的验后协方差矩阵为

$$\boldsymbol{D}_{\hat{X}_k}=\sigma_0^2(\boldsymbol{B}_k^{\mathrm{T}}\bar{\boldsymbol{P}}_k\boldsymbol{B}_k+\boldsymbol{P}_{\bar{X}_k})^{-1} \tag{2.1.8}$$

令

$$\bar{\boldsymbol{J}}_k=\boldsymbol{D}_{\bar{X}_k}\boldsymbol{B}_k^{\mathrm{T}}(\boldsymbol{B}_k\boldsymbol{D}_{\bar{X}_k}\boldsymbol{B}_k^{\mathrm{T}}+\bar{\boldsymbol{P}}_k^{-1})^{-1} \tag{2.1.9}$$

则

$$\hat{\boldsymbol{X}}_k=\bar{\boldsymbol{X}}_k+\bar{\boldsymbol{J}}_k(\boldsymbol{L}_k-\boldsymbol{B}_k\bar{\boldsymbol{X}}_k) \tag{2.1.10}$$

构成迭代形式为

$$\hat{\boldsymbol{X}}_k^{(i+1)}=\bar{\boldsymbol{X}}_k+\bar{\boldsymbol{J}}_k^{(i)}(\boldsymbol{L}_k-\boldsymbol{B}_k\bar{\boldsymbol{X}}_k) \tag{2.1.11}$$

式中

$$\bar{\boldsymbol{J}}_k^{(i)}=\boldsymbol{D}_{\bar{X}_k}\boldsymbol{B}_k^{\mathrm{T}}(\boldsymbol{B}_k\boldsymbol{D}_{\bar{X}_k}\boldsymbol{B}_k^{\mathrm{T}}+(\bar{\boldsymbol{P}}_k^{-1})^{(i)})^{-1} \tag{2.1.12}$$

$$\boldsymbol{V}_k^{(i+1)}=\boldsymbol{B}_k\hat{\boldsymbol{X}}_k^{(i+1)}-\boldsymbol{L}_k \tag{2.1.13}$$

经过几次迭代可获得参数的可靠解。

现有多种构造抗差等价权函数的方法，如丹麦法、Huber 函数法和 IGG 法等。

1. 丹麦法

$$\bar{P}_i=\begin{cases}P_i, & |v_i|\leqslant c\\ P_i\exp\left(1-\left(\dfrac{v_i}{c}\right)^2\right), & |v_i|>c\end{cases} \tag{2.1.14}$$

式中，c 为常数。

2. Huber 函数法

$$\bar{P}_i=\begin{cases}P_i, & |v_i|\leqslant c\\ \dfrac{c}{|v_i|+k}P_i, & |v_i|>c\end{cases} \tag{2.1.15}$$

3. IGG 法

IGG 法是基于测量误差的有界性提出来的，它对测量抗差估计比较有效。其等价权因子取为

$$\bar{P}_i=\begin{cases}P_i, & |u_i|<k_0\\ \dfrac{k_0}{|u_i|}P_i, & k_0\leqslant|u_i|<k_1\\ 0, & k_1\leqslant|u_i|\end{cases} \tag{2.1.16}$$

式中，$u_i=\dfrac{v_i}{\sigma}$，$k_0=1.5$，$k_1=2.5$（淘汰点）。

2.1.3 M-LS 抗差法

观测噪声 $\boldsymbol{\Delta}_k$ 服从正态分布，动态噪声 $\boldsymbol{\Omega}_k$ 含有粗差，这时状态预报值 $\bar{\boldsymbol{X}}_k$ 服从污染分布，观测向量 $\boldsymbol{L}_k$ 服从正态分布。这种情形下，抗差滤波应满足下面的极值原则

$$\varphi=\boldsymbol{V}_k^{\mathrm{T}}\boldsymbol{P}_k\boldsymbol{V}_k+(\hat{\boldsymbol{X}}_k-\bar{\boldsymbol{X}}_k)^{\mathrm{T}}\bar{\boldsymbol{P}}_{\bar{X}_k}(\hat{\boldsymbol{X}}_k-\bar{\boldsymbol{X}}_k)=\min \tag{2.1.17}$$

式中，$\bar{\boldsymbol{P}}_{\bar{X}_k}$ 为 $\bar{\boldsymbol{X}}_k$ 的抗差等价权矩阵。

对 $\boldsymbol{X}_k$ 求极值得改正数方程为

$$\boldsymbol{B}_k^{\mathrm{T}}\boldsymbol{P}_k\boldsymbol{V}_k+\bar{\boldsymbol{P}}_{\bar{X}_k}\left(\hat{\boldsymbol{X}}_k-\bar{\boldsymbol{X}}_k\right)=\boldsymbol{0} \tag{2.1.18}$$

将误差方程式代入后得法方程为

$$\left(\boldsymbol{B}_k^{\mathrm{T}}\boldsymbol{P}_k\boldsymbol{B}_k+\bar{\boldsymbol{P}}_{\bar{X}_k}\right)\hat{\boldsymbol{X}}_k-\left(\boldsymbol{B}_k^{\mathrm{T}}\boldsymbol{P}_k\boldsymbol{L}_k+\bar{\boldsymbol{P}}_{\bar{X}_k}\bar{\boldsymbol{X}}_k\right)=\boldsymbol{0} \tag{2.1.19}$$

其解向量为

$$\hat{\boldsymbol{X}}_k=\left(\boldsymbol{B}_k^{\mathrm{T}}\boldsymbol{P}_k\boldsymbol{B}_k+\bar{\boldsymbol{P}}_{\bar{X}_k}\right)^{-1}\left(\boldsymbol{B}_k^{\mathrm{T}}\boldsymbol{P}_k\boldsymbol{L}_k+\bar{\boldsymbol{P}}_{\bar{X}_k}\bar{\boldsymbol{X}}_k\right) \tag{2.1.20}$$

相应的验后协方差矩阵为

$$\boldsymbol{D}_{\hat{X}_k}=\sigma_0^2\left(\boldsymbol{B}_k^{\mathrm{T}}\boldsymbol{P}_k\boldsymbol{B}_k+\bar{\boldsymbol{P}}_{\bar{X}_k}\right)^{-1} \tag{2.1.21}$$

根据矩阵反演公式得 $\hat{\boldsymbol{X}}_k$ 的递推解为

$$\hat{\boldsymbol{X}}_k=\bar{\boldsymbol{X}}_k+\bar{\boldsymbol{D}}_{\bar{X}_k}\boldsymbol{B}_k^{\mathrm{T}}(\boldsymbol{B}_k\bar{\boldsymbol{D}}_{\bar{X}_k}\boldsymbol{B}_k^{\mathrm{T}}+\boldsymbol{P}_k^{-1})^{-1}(\boldsymbol{L}_k-\boldsymbol{B}_k\bar{\boldsymbol{X}}_k) \tag{2.1.22}$$

令

$$\bar{\boldsymbol{J}}_k=\bar{\boldsymbol{D}}_{\bar{X}_k}\boldsymbol{B}_k^{\mathrm{T}}(\boldsymbol{B}_k\bar{\boldsymbol{D}}_{\bar{X}_k}\boldsymbol{B}_k^{\mathrm{T}}+\boldsymbol{P}_k^{-1})^{-1} \tag{2.1.23}$$

则

$$\hat{\boldsymbol{X}}_k=\bar{\boldsymbol{X}}_k+\bar{\boldsymbol{J}}_k(\boldsymbol{L}_k-\boldsymbol{B}_k\bar{\boldsymbol{X}}_k) \tag{2.1.24}$$

构成迭代形式为

$$\hat{\boldsymbol{X}}_k^{(i+1)}=\bar{\boldsymbol{X}}_k+\bar{\boldsymbol{J}}_k^{(i)}(\boldsymbol{L}_k-\boldsymbol{B}_k\bar{\boldsymbol{X}}_k) \tag{2.1.25}$$

式中

$$\bar{\boldsymbol{J}}_k^{(i)}=\bar{\boldsymbol{D}}_{\bar{X}_k}^{(i)}\boldsymbol{B}_k^{\mathrm{T}}(\boldsymbol{B}_k\bar{\boldsymbol{D}}_{\bar{X}_k^{(i)}}\boldsymbol{B}_k^{\mathrm{T}}+\boldsymbol{P}_k^{-1})^{-1} \tag{2.1.26}$$

$$\boldsymbol{V}_k^{(i+1)}=\boldsymbol{B}_k\hat{\boldsymbol{X}}_k^{(i+1)}-\boldsymbol{L}_k \tag{2.1.27}$$

现在的问题是如何构造等价协方差矩阵 $\bar{\boldsymbol{D}}_{\bar{X}_k}$。协方差矩阵 $\bar{\boldsymbol{D}}_{\bar{X}_k}$ 作为动态参数预报值 $\bar{\boldsymbol{X}}_k$ 的精度指标应能够反映预报值的离散程度，如果预报精度高、可靠性好，则方差应该小。因此可以适当扩大异常预报量的方差以降低异常预报量对滤波结果的影响。但是，因为参数预报值 $\bar{\boldsymbol{X}}_k$ 是相关的，本身是一个整体，各元素之间的相关性一般是固定的，因此在调整异常预报值的同时，也要调整与之相关联的协方差元素，确保调整后的方差和协方差仍保持原有的相关系数不变。设

$$\bar{\boldsymbol{D}}_{\bar{X}_k}=\begin{bmatrix}\bar{\sigma}_1^2 & \bar{\sigma}_{12} & \cdots & \bar{\sigma}_{1m}\\ \bar{\sigma}_{21} & \bar{\sigma}_2^2 & \cdots & \bar{\sigma}_{2m}\\ \vdots & \vdots & & \vdots\\ \bar{\sigma}_{m1} & \bar{\sigma}_{m2} & \cdots & \bar{\sigma}_m^2\end{bmatrix}=\begin{bmatrix}\lambda_{11}\sigma_1^2 & \lambda_{12}\sigma_{12} & \cdots & \lambda_{1m}\sigma_{1m}\\ \lambda_{21}\sigma_{21} & \lambda_{22}\sigma_2^2 & \cdots & \lambda_{2m}\sigma_{2m}\\ \vdots & \vdots & & \vdots\\ \lambda_{m1}\sigma_{m1} & \lambda_{m2}\sigma_{m2} & \cdots & \lambda_{mm}\sigma_m^2\end{bmatrix} \tag{2.1.28}$$

式中，σ_i^2 为 $\bar{\boldsymbol{X}}_k$ 中第 i 个元素的方差(为了简单起见，未出现 $\bar{\boldsymbol{X}}_k$ 元素下标，下同)，σ_{ij} 为 $\bar{\boldsymbol{X}}_k$ 中第 i 个元素和第 j 元素的协方差，$\bar{\sigma}_i^2$ 为 $\bar{\boldsymbol{X}}_k$ 中第 i 个元素的等价方差，$\bar{\sigma}_{ij}$ 为 $\bar{\boldsymbol{X}}_k$ 中第 i 个元素和第 j 元素的等价协方差，λ_{ii} 为方差膨胀因子，如果不改变各元素之间的相关性，则有

$$\lambda_{ij}=\sqrt{\lambda_{ii}\lambda_{jj}} \tag{2.1.29}$$

方差膨胀因子 λ_{ii} 的大小取决于预报值 $\bar{\boldsymbol{X}}_k$ 与估值 $\hat{\boldsymbol{X}}_k$ 的差值，设 $\bar{\boldsymbol{X}}_k$ 第 i 个元素差值为 $V_{\bar{X}_{k_i}}$，设 $V_{\bar{X}_{k_i}}$ 的标准化向量为 $\widetilde{\boldsymbol{V}}_{\bar{X}_{k_i}}$，则方差膨胀因子为

$$\lambda_{ii}=\begin{cases}1, & |\widetilde{\boldsymbol{V}}_{\bar{X}_{k_i}}|\leqslant c\\ \dfrac{|\widetilde{\boldsymbol{V}}_{\bar{X}_{k_i}}|}{c}, & |\widetilde{\boldsymbol{V}}_{\bar{X}_{k_i}}|>c\end{cases} \tag{2.1.30}$$

式中，c 的取值范围为 1.5～3.0。

2.1.4 M-M 抗差法

假设 $\boldsymbol{t}_k$ 历元观测噪声 $\boldsymbol{\Delta}_k$ 和动态噪声 $\boldsymbol{\Omega}_k$ 均含有粗差，这时状态预报值 $\bar{\boldsymbol{X}}_k$ 和观测向量 $\boldsymbol{L}_k$ 均服从污染分布，则相应的估计原则为

$$\varphi=\boldsymbol{V}_k^{\mathrm{T}}\bar{\boldsymbol{P}}_k\boldsymbol{V}_k+(\hat{\boldsymbol{X}}_k-\bar{\boldsymbol{X}}_k)^{\mathrm{T}}\bar{\boldsymbol{P}}_{\bar{X}_k}(\hat{\boldsymbol{X}}_k-\bar{\boldsymbol{X}}_k)=\min \tag{2.1.31}$$

式中，$\bar{\boldsymbol{P}}_k$ 和 $\bar{\boldsymbol{P}}_{\bar{X}_k}$ 分别为观测值 $\boldsymbol{L}_k$ 和 $\bar{\boldsymbol{X}}_k$ 的抗差等价权矩阵。类似前面推导，可得法方程为

$$(\boldsymbol{B}_k^{\mathrm{T}}\bar{\boldsymbol{P}}_k\boldsymbol{B}_k+\bar{\boldsymbol{P}}_{\bar{X}_k})\hat{\boldsymbol{X}}_k-(\boldsymbol{B}_k^{\mathrm{T}}\bar{\boldsymbol{P}}_k\boldsymbol{L}_k+\bar{\boldsymbol{P}}_{\bar{X}_k}\bar{\boldsymbol{X}}_k)=\boldsymbol{0} \tag{2.1.32}$$

其解向量为

$$\hat{\boldsymbol{X}}_k=(\boldsymbol{B}_k^{\mathrm{T}}\bar{\boldsymbol{P}}_k\boldsymbol{B}_k+\bar{\boldsymbol{P}}_{\bar{X}_k})^{-1}(\boldsymbol{B}_k^{\mathrm{T}}\bar{\boldsymbol{P}}_k\boldsymbol{L}_k+\bar{\boldsymbol{P}}_{\bar{X}_k}\bar{\boldsymbol{X}}_k) \tag{2.1.33}$$

相应的验后协方差矩阵为

$$\boldsymbol{D}_{\hat{X}_k}=\sigma_0^2(\boldsymbol{B}_k^{\mathrm{T}}\bar{\boldsymbol{P}}_k\boldsymbol{B}_k+\bar{\boldsymbol{P}}_{\bar{X}_k})^{-1} \tag{2.1.34}$$

根据矩阵反演公式得 $\boldsymbol{X}_k$ 的递推解为

$$\hat{\boldsymbol{X}}_k=\bar{\boldsymbol{X}}_k+\widetilde{\boldsymbol{J}}_k(\boldsymbol{L}_k-\boldsymbol{B}_k\bar{\boldsymbol{X}}_k) \tag{2.1.35}$$

式中

$$\widetilde{\boldsymbol{J}}_k=\bar{\boldsymbol{D}}_{\bar{X}_k}\boldsymbol{B}_k^{\mathrm{T}}(\boldsymbol{B}_k\bar{\boldsymbol{D}}_{\bar{X}_k}\boldsymbol{B}_k^{\mathrm{T}}+\bar{\boldsymbol{P}}_k^{-1})^{-1} \tag{2.1.36}$$

构成迭代形式为

$$\hat{\boldsymbol{X}}_k^{(i+1)}=\bar{\boldsymbol{X}}_k+\widetilde{\boldsymbol{J}}_k^{(i)}(\boldsymbol{L}_k-\boldsymbol{B}_k\bar{\boldsymbol{X}}_k) \tag{2.1.37}$$

式中

$$\widetilde{\boldsymbol{J}}_k^{(i)}=\bar{\boldsymbol{D}}_{\bar{X}_k}^{(i)}\boldsymbol{B}_k^{\mathrm{T}}(\boldsymbol{B}_k\bar{\boldsymbol{D}}_{\bar{X}_k}^{(i)}\boldsymbol{B}_k^{\mathrm{T}}+(\bar{\boldsymbol{P}}_k^{-1})^{(i)})^{-1} \tag{2.1.38}$$

$$\boldsymbol{V}_k^{(i+1)}=\boldsymbol{B}_k\hat{\boldsymbol{X}}_k^{(i+1)}-\boldsymbol{L}_k \tag{2.1.39}$$

经过几次迭代可获得参数的可靠解。

§2.2 自适应卡尔曼滤波

自适应卡尔曼滤波的目的是在利用观测数据进行递推滤波的同时，不断地由滤波本身去判断目标动态是否发生变化。在判断有变化时，要进一步确定是把这种变化看作随机干扰，归到模型噪声中去，还是修正原动态模型，使动态模型适应

目标运动的改变。自适应卡尔曼滤波的另一个目的，是当模型噪声方差矩阵 $\boldsymbol{D}_{\Omega}$ 和量测噪声方差矩阵 $\boldsymbol{D}_{\Delta}$ 未知或理解得不确切时，由滤波本身去不断估计或修正它们。当判断到目标动态有变化，且决定把此变化看作随机干扰时，就要由滤波本身去估计由它产生的模型噪声方差矩阵。总之，自适应卡尔曼滤波的目的，是利用自身获得的信息来改进滤波器的设计，以降低滤波误差。

2.2.1　极大验后自适应卡尔曼滤波

设动态系统的函数模型为

$$\left.\begin{aligned}\boldsymbol{X}_k&=\boldsymbol{\Phi}_{k,k-1}\boldsymbol{X}_{k-1}+\boldsymbol{\Omega}_{k-1}\\ \boldsymbol{L}_k&=\boldsymbol{B}_k\boldsymbol{X}_k+\boldsymbol{\Delta}_k\end{aligned}\right\}\tag{2.2.1}$$

式中，初始状态的统计性质为 $E(\boldsymbol{X}_0)=\boldsymbol{\mu}_{X_0}$，$D(\boldsymbol{X}_0)=\boldsymbol{D}_{X_0}$，$\{\boldsymbol{\Omega}_k\}$ 和 $\{\boldsymbol{\Delta}_k\}$ 是互相独立、且与 $\boldsymbol{X}_0$ 互不相关的零均值平稳正态白噪声序列，$\mathrm{cov}(\boldsymbol{\Omega}_k,\boldsymbol{\Omega}_j)=\boldsymbol{D}_{\Omega_k}\delta_{kj}$，$\mathrm{cov}(\boldsymbol{\Delta}_k,\boldsymbol{\Delta}_j)=\boldsymbol{D}_{\Delta_k}\delta_{kj}$，而 $\boldsymbol{D}_{\Omega_k}$ 和 $\boldsymbol{D}_{\Delta_k}$ 是未知的非负定矩阵。

在上述假设下，$\{\boldsymbol{X}_k\}$ 与 $\{\boldsymbol{L}_k\}$ 都是正态随机序列，如果 $\boldsymbol{D}_{\Omega_k}$ 和 $\boldsymbol{D}_{\Delta_k}$ 是已知的，则 $\boldsymbol{X}_k$ 基于 $\boldsymbol{L}_k$ 的最优滤波由下式给出，即

$$\hat{\boldsymbol{X}}_k=\bar{\boldsymbol{X}}_k+\boldsymbol{J}_k(\boldsymbol{L}_k-\boldsymbol{B}_k\bar{\boldsymbol{X}}_k)\tag{2.2.2}$$

其中一步预报为

$$\bar{\boldsymbol{X}}_k=\boldsymbol{\Phi}_{k,k-1}\hat{\boldsymbol{X}}_{k-1}\tag{2.2.3}$$

增益矩阵为

$$\boldsymbol{J}_k=\boldsymbol{D}_{\bar{X}_k}\boldsymbol{B}_k^{\mathrm{T}}(\boldsymbol{B}_k\boldsymbol{D}_{\bar{X}_k}\boldsymbol{B}_k^{\mathrm{T}}+\boldsymbol{D}_{\Delta_k})^{-1}\tag{2.2.4}$$

一步预报误差方差矩阵为

$$\boldsymbol{D}_{\bar{X}_k}=\boldsymbol{\Phi}_{k,k-1}\boldsymbol{D}_{\hat{X}_{k-1}}\boldsymbol{\Phi}_{k,k-1}^{\mathrm{T}}+\boldsymbol{D}_{\Omega_k}\tag{2.2.5}$$

滤波误差方差矩阵为

$$\boldsymbol{D}_{\hat{X}_k}=(\boldsymbol{I}-\boldsymbol{J}_k\boldsymbol{B}_k)\boldsymbol{D}_{\bar{X}_k}\tag{2.2.6}$$

观测量的一步预报为

$$\bar{\boldsymbol{L}}_k=\boldsymbol{B}_k\bar{\boldsymbol{X}}_k\tag{2.2.7}$$

观测量的新息为

$$\tilde{\boldsymbol{L}}_k=\boldsymbol{L}_k-\bar{\boldsymbol{L}}_k\tag{2.2.8}$$

观测量的一步预报误差方差矩阵为

$$\boldsymbol{D}_{\tilde{L}_k}=\boldsymbol{B}_k\boldsymbol{D}_{\bar{X}_k}\boldsymbol{B}_k^{\mathrm{T}}+\boldsymbol{D}_{\Delta_{k-1}}\tag{2.2.9}$$

暂时把式(2.2.1)中的未知参数不加区分地总记为向量 $\boldsymbol{\alpha}$，并设它的先验概率密度为 $p(\boldsymbol{\alpha})$，求 $\boldsymbol{X}_k$ 与 $\boldsymbol{\alpha}$ 基于观测量 $\boldsymbol{L}_1$、$\boldsymbol{L}_2$、…、$\boldsymbol{L}_k$ 的极大验后估计 $\hat{\boldsymbol{X}}_k$ 与 $\hat{\boldsymbol{\alpha}}$。$\hat{\boldsymbol{\alpha}}$ 是下列方程的根（陶本藻，2007），则

$$\mathrm{tr}\left(\boldsymbol{D}_{X_k}^{-1}\frac{\partial\boldsymbol{D}_{X_k}}{\partial\alpha(i)}\right)+\sum_{l=1}^{k}\mathrm{tr}\{(\boldsymbol{D}_{\tilde{L}_l}^{-1}-\boldsymbol{D}_{\tilde{L}_l}^{-1}\tilde{\boldsymbol{L}}_l\tilde{\boldsymbol{L}}_l^{\mathrm{T}}\boldsymbol{D}_{\tilde{L}_l}^{-1})\frac{\partial\boldsymbol{D}_{\tilde{L}_l}}{\partial\alpha(i)}-$$

$$2\boldsymbol{D}_{\tilde{L}_l}^{-1}\tilde{\boldsymbol{L}}_l\,\frac{\partial\,\hat{\boldsymbol{X}}_{L_l}^{\mathrm{T}}}{\partial\,\alpha(i)}\boldsymbol{B}_l^{\mathrm{T}}\}-2\,\frac{1}{p(\boldsymbol{\alpha})}\,\frac{\partial\,p(\boldsymbol{\alpha})}{\partial\,\alpha(i)}=0 \qquad (2.2.10)$$

式(2.2.10)是非线性的，可以采用牛顿迭代法求出近似根，但计算量十分庞大，为了简化，可以对式(2.2.1)采取如下补充假定：

(1)系统是定常的，即 $\boldsymbol{\Phi}_{k,k-1}\equiv\boldsymbol{\varphi},\boldsymbol{B}_k=\boldsymbol{B}$。

(2)系统是一致完全可控制的和一致完全可观测的，因此它的最优滤波系统是一致渐进稳定的。

(3)滤波处稳定条件下，方差矩阵为

$$\boldsymbol{D}_{\hat{X}_k}^{-1}\approx\boldsymbol{D}_{\hat{X}}^{-1},\quad \boldsymbol{D}_{\bar{X}_k}^{-1}\approx\boldsymbol{M}=\boldsymbol{\varphi}\boldsymbol{D}_{\hat{X}}^{-1}\boldsymbol{\varphi}^{\mathrm{T}}+\boldsymbol{D}_{\Omega}$$

$$\boldsymbol{D}_{\tilde{L}_l}^{-1}\approx\boldsymbol{D}_{\tilde{L}}^{-1}=\boldsymbol{B}\boldsymbol{M}\boldsymbol{B}^{\mathrm{T}}+\boldsymbol{D}_{\Delta},\quad \boldsymbol{J}_l\approx\boldsymbol{J}=\boldsymbol{M}\boldsymbol{B}^{\mathrm{T}}\boldsymbol{D}_{\tilde{L}}^{-1}$$

(4)由于未知参数 $\boldsymbol{\alpha}$ 没有任何验前的统计数据，于是式(2.2.10)左边的最后一项等于 0。

(5)当 k 充分大时，式(2.2.10)左边的第一项远小于第二项，因此可以忽略第一项。

在这些补充假定之下，式(2.2.10)变为

$$\sum_{l=1}^{k}\mathrm{tr}\{(\boldsymbol{D}_{\tilde{L}}^{-1}-\boldsymbol{D}_{\tilde{L}}^{-1}\tilde{\boldsymbol{L}}_l\tilde{\boldsymbol{L}}_l^{\mathrm{T}}\boldsymbol{D}_{\tilde{L}}^{-1})\,\frac{\partial\,\boldsymbol{D}_{\tilde{L}}}{\partial\,\alpha(i)}-2\boldsymbol{D}_{\tilde{L}}^{-1}\tilde{\boldsymbol{L}}_l\,\frac{\partial\,\hat{\boldsymbol{X}}_{L_l}^{\mathrm{T}}}{\partial\,\alpha(i)}\boldsymbol{B}^{\mathrm{T}}\}=0\quad (i=1,2,\cdots,n) \qquad (2.2.11)$$

对于多数滤波问题，动态噪声的协方差矩阵 $\boldsymbol{D}_{\Omega}$ 往往能严格确定，因此需要用自适应滤波来估计或修正增益矩阵 $\boldsymbol{J}_k$。观测量的预报误差协方差矩阵 $\boldsymbol{D}_{\tilde{L}}^{-1}$ 和增益矩阵 $\boldsymbol{J}_k$ 可以通过式(2.2.11)得出确定的估值，而由此可以导出 $\boldsymbol{D}_{\Omega}$ 和 $\boldsymbol{D}_{\Delta}$ 的估值。如果限定 $\boldsymbol{\alpha}$ 是矩阵 $\boldsymbol{D}_{\tilde{L}}\boldsymbol{J}_k$ 中的元素，这时 $\bar{\boldsymbol{X}}_l$ 只依赖于增益矩阵 $\boldsymbol{J}_k$，而不依赖于测量的预报误差协方差矩阵 $\boldsymbol{D}_{\tilde{L}}^{-1}$，对 $\boldsymbol{D}_{\tilde{L}}^{-1}$ 中元素微分时，式(2.2.11)可以进一步简化，并可以解出方差 $\boldsymbol{D}_{\tilde{L}}^{-1}$ 的估计为

$$\boldsymbol{D}_{\tilde{L}_k}=\frac{1}{k}\sum_{l=1}^{k}\tilde{\boldsymbol{L}}_l\tilde{\boldsymbol{L}}_l^{\mathrm{T}} \qquad (2.2.12)$$

也可以采用递推计算公式，即

$$\boldsymbol{D}_{\tilde{L}_k}=\frac{k-1}{k}\boldsymbol{D}_{\tilde{L}_{k-1}}+\frac{1}{k}\tilde{\boldsymbol{L}}_l\tilde{\boldsymbol{L}}_l^{\mathrm{T}},\quad \boldsymbol{D}_{\tilde{L}_0}=0 \qquad (2.2.13)$$

同样可以导出增益矩阵 $\boldsymbol{J}_k$ 元素 $\boldsymbol{J}_k(i,j)$ 的递推公式，即

$$\left.\begin{array}{l}\boldsymbol{J}_k(i,j)=\boldsymbol{J}_{k-1}(i,j)+\delta_k^{-1}(i,j)\,\lambda_k(i,j)\\ \boldsymbol{J}_0(i,j)=0\\ i=1,2,\cdots,n\qquad j=1,2,\cdots,m\end{array}\right\} \qquad (2.2.14)$$

式中

$$\left.\begin{aligned}&\delta_k(i,j)=\delta_{k-1}(i,j)+\frac{\partial\bar{\boldsymbol{X}}_k^{\mathrm{T}}}{\partial\boldsymbol{J}_k(i,j)}\boldsymbol{B}^{\mathrm{T}}\boldsymbol{D}_{\tilde{L}_k}^{-1}\boldsymbol{B}\ \frac{\partial\bar{\boldsymbol{X}}_k^{\mathrm{T}}}{\partial\boldsymbol{J}_k(i,j)}\\&\delta_0(i,j)=0\\&\lambda_k(i,j)=\lambda_{k-1}(i,j)+\frac{\partial\bar{\boldsymbol{X}}_k^{\mathrm{T}}}{\partial\boldsymbol{J}_k(i,j)}\boldsymbol{B}^{\mathrm{T}}\boldsymbol{D}_{\tilde{L}_k}^{-1}\tilde{\boldsymbol{L}}_k\\&\lambda_0(i,j)=0\end{aligned}\right\}\tag{2.2.15}$$

而

$$\tilde{\boldsymbol{L}}_k=\boldsymbol{L}_k-\boldsymbol{B}\boldsymbol{\varphi}\hat{\boldsymbol{X}}_{k-1}\tag{2.2.16}$$

上述各式就是按极大验后估计推导出来的一套自适应卡尔曼滤波公式。

2.2.2 极大似然自适应卡尔曼滤波

设动态系统的函数模型为

$$\left.\begin{aligned}\boldsymbol{X}_k&=\boldsymbol{\Phi}_{k,k-1}\boldsymbol{X}_{k-1}+\boldsymbol{\Omega}_{k-1}\\\boldsymbol{L}_k&=\boldsymbol{B}_k\boldsymbol{X}_k+\boldsymbol{\Delta}_k\end{aligned}\right\}\tag{2.2.17}$$

式中，初始状态的统计性质为 $E(\boldsymbol{X}_0)=\boldsymbol{\mu}_{X_0}$，$D(\boldsymbol{X}_0)=\boldsymbol{D}_{X_0}$，$\{\boldsymbol{\Omega}_k\}$ 和 $\{\boldsymbol{\Delta}_k\}$ 是互相独立、且与 $\boldsymbol{X}_0$ 互不相关的零均值平稳正态白噪声序列，$\mathrm{cov}(\boldsymbol{\Omega}_k,\boldsymbol{\Omega}_j)=\boldsymbol{D}_{\Omega_k}\delta_{kj}$，$\mathrm{cov}(\boldsymbol{\Delta}_k,\boldsymbol{\Delta}_j)=\boldsymbol{D}_{\Delta_k}\delta_{kj}$，而 $\boldsymbol{D}_{\Omega_k}$ 和 $\boldsymbol{D}_{\Delta_k}$ 是未知的非负定矩阵。

极大似然估计是对系统观测量出现概率最大的角度进行估计，其特点是不仅考虑新息的变化，而且考虑新息协方差矩阵 $\boldsymbol{D}_{L_k}$ 的变化。因此，根据标准的卡尔曼滤波方程，新息序列 $\tilde{\boldsymbol{L}}_k$ 的协方差矩阵为

$$\boldsymbol{D}_{\tilde{L}_k}=\boldsymbol{B}_k\boldsymbol{D}_{\bar{X}_k}\boldsymbol{B}_k^{\mathrm{T}}+\boldsymbol{D}_{\Delta_{k-1}}\tag{2.2.18}$$

而状态估计误差协方差的一次预测矩阵为

$$\boldsymbol{D}_{\bar{X}_k}=\boldsymbol{\Phi}_{k,k-1}\boldsymbol{D}_{\hat{X}_{k-1}}\boldsymbol{\Phi}_{k,k-1}^{\mathrm{T}}+\boldsymbol{D}_{\Omega_k}\tag{2.2.19}$$

以上两式分别对自适应调整参数 α_k 求偏导，可得

$$\left.\begin{aligned}&\frac{\partial\boldsymbol{D}_{\tilde{L}_k}}{\partial\alpha_k}=\frac{\partial\boldsymbol{D}_{\Delta_{k-1}}}{\partial\alpha_k}+\boldsymbol{B}_k\frac{\partial\boldsymbol{D}_{\bar{X}_k}}{\partial\alpha_k}\boldsymbol{B}_k^{\mathrm{T}}\\&\frac{\partial\boldsymbol{D}_{\bar{X}_k}}{\partial\alpha_k}=\boldsymbol{\Phi}_{k,k-1}\frac{\partial\boldsymbol{D}_{\hat{X}_{k-1}}}{\partial\alpha_k}\boldsymbol{\Phi}_{k,k-1}^{\mathrm{T}}+\frac{\partial\boldsymbol{D}_{\Omega_k}}{\partial\alpha_k}\end{aligned}\right\}\tag{2.2.20}$$

如果滤波器已经处于稳定状态，理论上状态估计误差的协方差基本为常值，式(2.2.20)可以进一步化简为

$$\left.\begin{aligned}&\frac{\partial\boldsymbol{D}_{\bar{X}_k}}{\partial\alpha_k}=\frac{\partial\boldsymbol{D}_{\Omega_k}}{\partial\alpha_k}\\&\frac{\partial\boldsymbol{D}_{\tilde{L}_k}}{\partial\alpha_k}=\frac{\partial\boldsymbol{D}_{\Delta_{k-1}}}{\partial\alpha_k}+\boldsymbol{B}_k\ \frac{\partial\boldsymbol{D}_{\Omega_k}}{\partial\alpha_k}\boldsymbol{B}_k^{\mathrm{T}}\end{aligned}\right\}\tag{2.2.21}$$

将式(2.2.21)代入极大似然估计准则中，展开可得

$$\sum_{i=i_0}^{k}\mathrm{tr}\left(\left(\boldsymbol{D}_{\tilde{L}_i}^{-1}-\boldsymbol{D}_{\tilde{L}_i}^{-1}\tilde{\boldsymbol{L}}_i\tilde{\boldsymbol{L}}_i^{\mathrm{T}}\boldsymbol{D}_{\tilde{L}_i}^{-1}\right)\left(\frac{\partial \boldsymbol{D}_{\Delta_{i-1}}}{\partial \alpha_i}+\boldsymbol{B}_i\frac{\partial \boldsymbol{D}_{\Omega_i}}{\partial \alpha_i}\boldsymbol{B}_i^{\mathrm{T}}\right)\right)=0 \tag{2.2.22}$$

式(2.2.22)含有 m 个方程，可以对新息序列的协方差矩阵 $\boldsymbol{D}_{L_k}$ 进行实时估计，进而对 $\boldsymbol{D}_{\Omega}$、$\boldsymbol{D}_{\Delta}$ 进行实时调整。

1. 观测噪声协方差矩阵 $\boldsymbol{D}_{\Delta}$ 的估计

首先假设 $\boldsymbol{D}_{\Omega}$ 矩阵是完全已知的，与自适应调整参数无关。调整参数 α_k 为对应观测量的协方差值，即 $\alpha_i=D_{\Delta_{ii}}$。因此，式(2.2.22)可以简化为

$$\sum_{i=i_0}^{k}\mathrm{tr}((\boldsymbol{D}_{\tilde{L}_i}^{-1}-\boldsymbol{D}_{\tilde{L}_i}^{-1}\tilde{\boldsymbol{L}}_i\tilde{\boldsymbol{L}}_i^{\mathrm{T}}\boldsymbol{D}_{\tilde{L}_i}^{-1})(\boldsymbol{I}+\boldsymbol{0}))=0 \tag{2.2.23}$$

可以进一步变形为

$$\sum_{i=i_0}^{k}\mathrm{tr}(\boldsymbol{D}_{\tilde{L}_i}^{-1}(\boldsymbol{D}_{\tilde{L}_i}-\tilde{\boldsymbol{L}}_i\tilde{\boldsymbol{L}}_i^{\mathrm{T}})\boldsymbol{D}_{\tilde{L}_i}^{-1})=0 \tag{2.2.24}$$

由于信息序列的协方差矩阵为正定矩阵，所以有

$$\hat{\boldsymbol{D}}_{\tilde{L}_i}=\frac{1}{k}\sum_{i=0}^{k}\tilde{\boldsymbol{L}}_i\tilde{\boldsymbol{L}}_i^{\mathrm{T}} \tag{2.2.25}$$

可以得到 $\boldsymbol{D}_{\Delta}$ 矩阵的实时估计值为

$$\hat{\boldsymbol{D}}_{\Delta_k}=\hat{\boldsymbol{D}}_{\tilde{L}_i}-\boldsymbol{B}_k\boldsymbol{D}_{\bar{X}_k}\boldsymbol{B}_k^{\mathrm{T}} \tag{2.2.26}$$

2. 动态噪声协方差矩阵 $\boldsymbol{D}_{\Omega}$ 的估计

假设 $\boldsymbol{D}_{\Delta}$ 矩阵是完全已知的，与自适应调整参数无关。令 $\alpha_i=D_{\Omega_{ii}}$。同样可以导出动态噪声协方差矩阵 $\boldsymbol{D}_{\Omega}$ 的实时估计为

$$\hat{\boldsymbol{D}}_{\Omega_k}=\boldsymbol{J}_k\hat{\boldsymbol{D}}_{\tilde{L}_k}\boldsymbol{J}_k^{\mathrm{T}}+\boldsymbol{D}_{\Delta_k}-\boldsymbol{\Phi}_k\boldsymbol{D}_{\Delta_{k-1}}\boldsymbol{\Phi}_k^{\mathrm{T}} \tag{2.2.27}$$

如果忽略动态估计误差协方差矩阵的变化，式(2.2.27)近似为

$$\hat{\boldsymbol{D}}_{\Omega_k}=\boldsymbol{J}_k\hat{\boldsymbol{D}}_{\tilde{L}_k}\boldsymbol{J}_k^{\mathrm{T}} \tag{2.2.28}$$

也可以同时对观测噪声 $\boldsymbol{D}_{\Delta}$ 和动态噪声 $\boldsymbol{D}_{\Omega}$ 进行估计，其结果与单独调整相一致，这里不再叙述。

2.2.3 抗差自适应卡尔曼滤波

抗差自适应卡尔曼滤波原则为

$$\boldsymbol{V}_k^{\mathrm{T}}\bar{\boldsymbol{P}}_k\boldsymbol{V}_k+\alpha_k(\hat{\boldsymbol{X}}_k-\bar{\boldsymbol{X}}_k)^{\mathrm{T}}\boldsymbol{P}_{\bar{X}_k}(\hat{\boldsymbol{X}}_k-\bar{\boldsymbol{X}}_k)=\min \tag{2.2.29}$$

式中，$\boldsymbol{V}_k$ 是第 t_k 观测历元观测值残差向量，$\bar{\boldsymbol{P}}_k$ 为观测向量 $\boldsymbol{L}_k$ 的等价权矩阵，可以按 2.1 节的系列方案获得。$\alpha_k(0<\alpha_k\leqslant 1)$为自适应因子，$\boldsymbol{P}_{\bar{X}_k}=\boldsymbol{D}_{\bar{X}_k}^{-1}$ 为预测状态向量 $\bar{\boldsymbol{X}}_k$ 的权矩阵，则参数抗差自适应卡尔曼滤波解为

$$\hat{\boldsymbol{X}}_k=(\boldsymbol{B}_k^{\mathrm{T}}\bar{\boldsymbol{P}}_k\boldsymbol{B}_k+\alpha_k\boldsymbol{P}_{\bar{X}_k})^{-1}(\alpha_k\boldsymbol{P}_{\bar{X}_k}+\boldsymbol{B}_k^{\mathrm{T}}\bar{\boldsymbol{P}}_k\boldsymbol{L}_k) \tag{2.2.30}$$

式(2.2.30)也可以表示为

$$\hat{\boldsymbol{X}}_k=\bar{\boldsymbol{X}}_k+\bar{\boldsymbol{J}}_k(\boldsymbol{L}_k-\boldsymbol{B}_k\bar{\boldsymbol{X}}_k) \tag{2.2.31}$$

式中，$\bar{\boldsymbol{J}}_k$ 为等价增益矩阵，即

$$\bar{\boldsymbol{J}}_k=\frac{1}{\alpha_k}\boldsymbol{D}_{\bar{X}_k}\boldsymbol{B}_k^{\mathrm{T}}\left(\frac{1}{\alpha_k}\boldsymbol{B}_k\boldsymbol{D}_{\bar{X}_k}\boldsymbol{B}_k^{\mathrm{T}}+\bar{\boldsymbol{D}}_{\Delta_k}\right)^{-1} \tag{2.2.32}$$

状态向量的验后协方差矩阵为

$$\boldsymbol{D}_{\hat{X}_k}=\frac{1}{\alpha_k}(\boldsymbol{I}-\boldsymbol{J}_k\boldsymbol{B}_k)\boldsymbol{D}_{\bar{X}_k} \tag{2.2.33}$$

随着自适应因子 α_k 和观测等价权矩阵$\bar{\boldsymbol{P}}_k$ 的不同，可以得到不同的滤波解。

(1)若 $\alpha_k=0$ 且$\bar{\boldsymbol{D}}_{\Delta_k}=\boldsymbol{D}_{\Delta_k}$ 或$\bar{\boldsymbol{P}}_k=\boldsymbol{P}_k$，则有

$$\hat{\boldsymbol{X}}_k=(\boldsymbol{B}_k^{\mathrm{T}}\boldsymbol{P}_k\boldsymbol{B}_k)^{-1}\boldsymbol{B}_k^{\mathrm{T}}\boldsymbol{P}_k\boldsymbol{L}_k \tag{2.2.34}$$

式(2.2.34)为最小二乘解，即状态参数由 t_k 历元的观测向量估计，不使用任何动力学模型信息，这要求观测信息丰富，保证有多余观测，且保证观测数据未受污染。

(2)若 $\alpha_k=1$ 且$\bar{\boldsymbol{D}}_{\Delta_k}=\boldsymbol{D}_{\Delta_k}$ 或$\bar{\boldsymbol{P}}_k=\boldsymbol{P}_k$，则得到标准卡尔曼滤波解，即

$$\hat{\boldsymbol{X}}_k=\bar{\boldsymbol{X}}_k+\boldsymbol{J}_k(\boldsymbol{L}_k-\boldsymbol{B}_k\bar{\boldsymbol{X}}_k) \tag{2.2.35}$$

$$\boldsymbol{J}_k=\boldsymbol{D}_{\bar{X}_k}\boldsymbol{B}_k^{\mathrm{T}}(\boldsymbol{B}_k\boldsymbol{D}_{\bar{X}_k}\boldsymbol{B}_k^{\mathrm{T}}+\boldsymbol{D}_{\Delta_k})^{-1} \tag{2.2.36}$$

(3)若 $0<\alpha_k<1$ 且$\bar{\boldsymbol{D}}_{\Delta_k}=\boldsymbol{D}_{\Delta_k}$ 或$\bar{\boldsymbol{P}}_k=\boldsymbol{P}_k$，则得到自适应卡尔曼滤波解，即

$$\hat{\boldsymbol{X}}_k=(\boldsymbol{B}_k^{\mathrm{T}}\boldsymbol{P}_k\boldsymbol{B}_k+\alpha_k\boldsymbol{P}_{\bar{X}_k})^{-1}(\alpha_k\boldsymbol{P}_{\bar{X}_k}+\boldsymbol{B}_k^{\mathrm{T}}\boldsymbol{P}_k\boldsymbol{L}_k) \tag{2.2.37}$$

(4)若 $\alpha_k=0$ 且观测等价权矩阵为 $\bar{\boldsymbol{P}}_k$，则得最小二乘抗差解，即

$$\hat{\boldsymbol{X}}_k=(\boldsymbol{B}_k^{\mathrm{T}}\bar{\boldsymbol{P}}_k\boldsymbol{B}_k)^{-1}\boldsymbol{B}_k^{\mathrm{T}}\bar{\boldsymbol{P}}_k\boldsymbol{L}_k \tag{2.2.38}$$

(5)若 $\alpha_k=1$，则得到抗差卡尔曼滤波解(M-LS)，即

$$\hat{\boldsymbol{X}}_k=(\boldsymbol{B}_k^{\mathrm{T}}\bar{\boldsymbol{P}}_k\boldsymbol{B}_k+\boldsymbol{P}_{\bar{X}_k})^{-1}(\boldsymbol{P}_{\bar{X}_k}+\boldsymbol{B}_k^{\mathrm{T}}\bar{\boldsymbol{P}}_k\boldsymbol{L}_k) \tag{2.2.39}$$

(6)若观测向量$\boldsymbol{L}_k$ 和状态预测向量$\bar{\boldsymbol{X}}_k$ 的协方差矩阵由 Sage 开窗法获得，分别表示为$\hat{\boldsymbol{D}}_{\Delta_k}$ 和$\hat{\boldsymbol{D}}_{\bar{X}_k}$，即

$$\hat{\boldsymbol{D}}_{\Delta_k}=\frac{1}{N}\sum_{i=1}^{N}\bar{\boldsymbol{V}}_{k-i}\bar{\boldsymbol{V}}_{k-i}^{\mathrm{T}}-\boldsymbol{B}_k\boldsymbol{D}_{\bar{X}_k}\boldsymbol{B}_k^{\mathrm{T}} \tag{2.2.40}$$

$$\hat{\boldsymbol{D}}_{\bar{X}_k}=\frac{1}{N}\sum_{i=1}^{N}\Delta\boldsymbol{X}_{k-i}\Delta\boldsymbol{X}_{k-i}^{\mathrm{T}} \tag{2.2.41}$$

式中，$\bar{\boldsymbol{V}}_k$ 为预测残差向量，$\Delta\boldsymbol{X}_k$ 为状态不符值向量，表达式为

$$\bar{\boldsymbol{V}}_k=\boldsymbol{B}_k\bar{\boldsymbol{X}}_k-\boldsymbol{L}_k \tag{2.2.42}$$

$$\Delta\boldsymbol{X}_k=\hat{\boldsymbol{X}}_k-\bar{\boldsymbol{X}}_k \tag{2.2.43}$$

则自适应抗差卡尔曼滤波变成了 Sage 自适应滤波。

2.2.4　误差判别统计量

1. 状态不符值统计量

假设在 t_k 观测历元观测向量$\boldsymbol{L}_k$，则由观测信息可以获得状态参数的估计为

$$\tilde{\boldsymbol{X}}_k=(\boldsymbol{B}_k^{\mathrm{T}}\bar{\boldsymbol{P}}_k\boldsymbol{B}_k)^{-1}\boldsymbol{B}_k^{\mathrm{T}}\bar{\boldsymbol{P}}_k\boldsymbol{L}_k \tag{2.2.44}$$

由式(2.2.44)状态参数估计向量$\widetilde{\boldsymbol{X}}_k$与预测状态向量$\overline{\boldsymbol{X}}_k$之间的不符值可构成统计量，即

$$\Delta\widetilde{\boldsymbol{X}}_k=\frac{\|\hat{\boldsymbol{X}}_k-\overline{\boldsymbol{X}}_k\|}{\sqrt{\operatorname{tr}(\boldsymbol{D}_{\overline{X}_k})}} \tag{2.2.45}$$

式中，tr(•)表示矩阵的迹，而

$$\|\hat{\boldsymbol{X}}_k-\overline{\boldsymbol{X}}_k\|=\sqrt{\Delta\widetilde{X}_{k_1}^2+\Delta\widetilde{X}_{k_2}^2+\cdots+\Delta\widetilde{X}_{k_m}^2} \tag{2.2.46}$$

利用状态不符值统计量的前提是当前观测历元的观测值数量要大于待估参数的个数，而且由于统计量不能反映动力学模型误差，所以要求参数估计求得的$\widetilde{\boldsymbol{X}}_k$要尽可能精确，统计量$\Delta\widetilde{\boldsymbol{X}}_k$仅反映模型的整体误差，任何状态分量的扰动都被看作是整体模型的扰动。

2. 预测残差统计量

若观测值$\boldsymbol{L}_k$可靠，预测残差向量$\overline{\boldsymbol{V}}_k$将反映预测状态向量$\overline{\boldsymbol{X}}_k$的误差，因此，可以构造基于$\overline{\boldsymbol{V}}_k$的统计量，即

$$\Delta\overline{\boldsymbol{V}}_k=\left(\frac{\overline{\boldsymbol{V}}_k^{\mathrm{T}}\overline{\boldsymbol{V}}_k}{\operatorname{tr}(\boldsymbol{D}_{\overline{V}_k})}\right)^{\frac{1}{2}} \tag{2.2.47}$$

利用预测残差统计量构造自适应因子，不需要在滤波前计算状态向量参考值，不要求观测值的数量大于状态参数的个数，$\Delta\overline{\boldsymbol{V}}_k$与$\Delta\widetilde{\boldsymbol{X}}_k$相比，可能含有更多的测量误差。

3. 方差分量比统计量

如果将$\boldsymbol{L}_k$和$\overline{\boldsymbol{X}}_k$看作是$t_k$观测历元的两组观测向量，利用赫尔默特方差估计，可获得验后方差为

$$\hat{\sigma}_{0_k}^2=\frac{\boldsymbol{V}_k^{\mathrm{T}}\boldsymbol{P}_{\Delta_k}\boldsymbol{V}_k}{r_{\Delta_k}} \tag{2.2.48}$$

$$\hat{\sigma}_{0\overline{X}_k}^2=\frac{\boldsymbol{V}_{\overline{X}_k}^{\mathrm{T}}\boldsymbol{P}_{\overline{X}_k}\boldsymbol{V}_{\overline{X}_k}}{r_{\overline{X}_k}} \tag{2.2.49}$$

式中，$\hat{\sigma}_{0_k}^2$和$\hat{\sigma}_{0\overline{X}_k}^2$分别为$\boldsymbol{L}_k$和$\overline{\boldsymbol{X}}_k$的方差分量；$r_{\Delta_k}$和$r_{\overline{X}_k}$分别为$\boldsymbol{L}_k$和$\overline{\boldsymbol{X}}_k$的多余观测分量；$\boldsymbol{V}_k$和$\boldsymbol{V}_{\overline{X}_k}$分别为$\boldsymbol{L}_k$和$\overline{\boldsymbol{X}}_k$的残差向量。

由方差比表示的模型误差统计量为

$$S_{\overline{X}_k}=\frac{\hat{\sigma}_{0\overline{X}_k}^2}{\hat{\sigma}_{0_k}^2} \tag{2.2.50}$$

方差比统计量$S_{\overline{X}_k}$的计算需要有多余观测分量，否则该统计量不能有效地反映模型误差，由于计算$\boldsymbol{V}_k$和$\boldsymbol{V}_{\overline{X}_k}$，需要先计算$\hat{\boldsymbol{X}}_k$，因此需要采用迭代算法。

2.2.5 自适应因子 α_k 的计算模型

(1)三段函数表示的自适应因子α_k的计算模型为

$$\alpha_k=\begin{cases}1, & \Delta\widetilde{\boldsymbol{X}}_k\leqslant c_0\\ \dfrac{c_0}{\Delta\widetilde{\boldsymbol{X}}_k}\left(\dfrac{c_1-\Delta\widetilde{\boldsymbol{X}}_k}{c_1-c_0}\right), & c_0<\Delta\widetilde{\boldsymbol{X}}_k\leqslant c_1\\ 0, & \Delta\widetilde{\boldsymbol{X}}_k>c_1\end{cases}\tag{2.2.51}$$

式中，c_0 和 c_1 是两个特定的阈值，通常取值为 $c_0=1.0\sim1.5$，$c_1=3.0\sim4.5$。显然，$\Delta\widetilde{\boldsymbol{X}}_k$ 值增大，α_k 值减小，当 $\Delta\widetilde{\boldsymbol{X}}_k$ 大于淘汰阈值 c_1 时，自适应因子 α_k 降为 0。

(2)两段函数表示的自适应因子 α_k 的计算模型为

$$\alpha_k=\begin{cases}1, & \Delta\widetilde{\boldsymbol{X}}_k\leqslant c\\ \dfrac{c}{\Delta\widetilde{X}_k} & \Delta\widetilde{\boldsymbol{X}}_k>c,\end{cases}\tag{2.2.52}$$

式中，c 阈值为常量，其最优值为 1.0。

(3)指数函数表示的自适应因子 α_k 的计算模型为

$$\alpha_k=\begin{cases}1, & \Delta\widetilde{\boldsymbol{X}}_k\leqslant c\\ \mathrm{e}^{-(\Delta\widetilde{X}_k-c)^2}, & \Delta\widetilde{\boldsymbol{X}}_k>c\end{cases}\tag{2.2.53}$$

式中，c 阈值为常量。

当然，也可以用另外两个误差判别统计量 $\Delta\overline{\boldsymbol{V}}_k$ 和 $\boldsymbol{S}_{\overline{X}_k}$ 构造类似的自适应因子。

§2.3　卡尔曼滤波在变形监测中的应用

变形监测是监测变形体安全性的重要手段，其基本任务就是通过对变形体测量，获取其动态位移信息并进行分析、判断，对变形体安危状况做出预报，使人们能及时做好有关方面的预防措施，从而极大地减少因建筑物变形或滑坡等地质灾害造成的损失。

变形监测是一个动态过程，把变形体看作一个动态系统，将一次观测值作为系统的输入，可以用卡尔曼滤波模型来描述这一系统。动态系统的状态方程以监测点的位置、速率和加速率参数为状态向量，并加进系统的动态噪声。其滤波方程是一组递推计算公式，计算过程是一个不断预测、修正的过程。在求解时，优点是不需要保留用过的观测序列，当得到新的观测数据时，可随时计算新的滤波值，便于实时处理新的滤波值，输出新的观测成果。卡尔曼滤波把参数估计和预报有机地结合起来，因此特别适合变形监测数据的动态处理。

某煤矿采空区上方布设了五个水平变形监测点，对其进行了水平变形监测，观测值为等时间间隔。现将其中一点的水平径向原始观测值列于表 2.1 中，进行经典卡尔曼滤波处理和抗差自适应卡尔曼滤波处理，其中状态参数的初始值由前两期的观测结果确定，从第二期开始进行滤波处理。

设状态方程和观测误差方程分别为

$$\boldsymbol{X}_k=\boldsymbol{\Phi}_{k,k-1}\boldsymbol{X}_{k-1}+\boldsymbol{\Omega}_k \tag{2.3.1}$$

$$\boldsymbol{L}_k=\boldsymbol{B}_k\boldsymbol{X}_k+\boldsymbol{\Delta}_k \tag{2.3.2}$$

式中，$\boldsymbol{L}_k$ 为观测向量，其协方差矩阵为$\boldsymbol{D}_k$；$\boldsymbol{B}_k$ 为设计矩阵；$\boldsymbol{\Delta}_k$ 为观测误差向量；$\boldsymbol{X}_k$ 为状态参数向量；$\boldsymbol{X}_{k-1}$为 $k-1$ 历元的状态向量，其估计值为$\hat{\boldsymbol{X}}_{k-1}$，$\hat{\boldsymbol{X}}_{k-1}$的残差向量为$\boldsymbol{V}_{\hat{X}_{k-1}}$；$\boldsymbol{\Omega}_k$为状态方程误差向量，相应矩阵为$\boldsymbol{D}_{\Omega_k}$；$\boldsymbol{\Phi}_{k,k-1}$为状态转移矩阵。假设在 k 历元增加新观测$\boldsymbol{L}_k$，相应 $k-1$ 历元的状态向量$\boldsymbol{X}_{k-1}$的滤波值为$\hat{\boldsymbol{X}}_{k-1}$，相应观测误差方程和状态误差方程分别为

$$\boldsymbol{V}_k=\boldsymbol{B}_k\hat{\boldsymbol{X}}_k-\boldsymbol{L}_k \tag{2.3.3}$$

$$\boldsymbol{V}_{\overline{X}_k}=\hat{\boldsymbol{X}}_k-\boldsymbol{\Phi}_{k,k-1}\hat{\boldsymbol{X}}_{k-1} \tag{2.3.4}$$

抗差自适应滤波的基本原理为

$$\varphi=\boldsymbol{V}_k^{\mathrm{T}}\boldsymbol{D}_k^{-1}\boldsymbol{V}_k+\alpha_k\boldsymbol{V}_{\overline{X}}^{\mathrm{T}}\boldsymbol{D}_{\overline{X}}^{-1}\boldsymbol{V}_{\overline{X}_k}=\min \tag{2.3.5}$$

式中，α_k 为自适应因子，$\boldsymbol{D}_k^{-1}$ 为观测量 $\boldsymbol{L}_{k_i}$ 的权元素。自适应抗差滤波的解为

$$\hat{\boldsymbol{X}}_k=\overline{\boldsymbol{X}}_k+\boldsymbol{J}_k(\boldsymbol{L}_k-\boldsymbol{B}_k\overline{\boldsymbol{X}}_k) \tag{2.3.6}$$

式中，$\overline{\boldsymbol{X}}_k$ 为 k 时刻状态参数预测向量，并且$\overline{\boldsymbol{X}}_k=\boldsymbol{\Phi}_{k,k-1}\hat{\boldsymbol{X}}_{k-1}$，$\overline{\boldsymbol{X}}_k$ 的协方差矩阵为 $\boldsymbol{D}_{\overline{X}_k}=\boldsymbol{\Phi}_{k,k-1}\boldsymbol{D}_{\hat{X}_{k-1}}\boldsymbol{\Phi}_{k,k-1}^{\mathrm{T}}+\boldsymbol{D}_{\Omega_k}$，$\boldsymbol{D}_k^{-1}$ 为观测向量的等价权矩阵，$\boldsymbol{D}_{\overline{X}_k}^{-1}$为$\overline{\boldsymbol{X}}_k$ 的权矩阵；$\boldsymbol{J}_k$ 为增益矩阵，若 α_k 为自适应因子，则

$$\boldsymbol{J}_k=\frac{1}{\alpha_k}\boldsymbol{D}_{\overline{X}_k}\boldsymbol{B}_k^{\mathrm{T}}\left(\boldsymbol{B}_k\boldsymbol{D}_{\overline{X}_k}\boldsymbol{B}_k^{\mathrm{T}}+\boldsymbol{D}_k\right)^{-1} \tag{2.3.7}$$

$$\boldsymbol{D}_{\hat{X}_k}=(\boldsymbol{I}-\boldsymbol{J}_k\boldsymbol{B}_k)\boldsymbol{D}_{\overline{X}_k} \tag{2.3.8}$$

在式(2.3.8)中，当 $\alpha_k=1$ 时，抗差自适应卡尔曼滤波就是经典卡尔曼滤波。自适应因子 α_k 由观测信息与状态预测信息不符值确定，具有实时自适应功能，它作用于预测状态向量$\overline{\boldsymbol{X}}_k$ 的协方差矩阵，一般取值为 0～1。通过 Huber 函数来确定其取值，其具体公式为

$$\alpha_k=\begin{cases}1, & |\Delta\widetilde{\boldsymbol{X}}_k|\leqslant c\\ \dfrac{c}{|\Delta\widetilde{X}_k|}, & |\Delta\widetilde{\boldsymbol{X}}_k|>c\end{cases} \tag{2.3.9}$$

式中，c_0 可取 1.0～1.5，c_1 可取 3.0～8.0。

$$\Delta\widetilde{\boldsymbol{X}}_k=\frac{\|\hat{\boldsymbol{X}}_k-\overline{\boldsymbol{X}}_k\|}{\sqrt{\mathrm{tr}(\boldsymbol{Q}_{\hat{X}_{k,k-1}})}} \tag{2.3.10}$$

自适应因子 α_k 的值也可取指数形式，即

$$\alpha_k=\begin{cases}1, & |\Delta\widetilde{\boldsymbol{X}}_k|\leqslant c\\ \mathrm{e}^{-(|\widetilde{X}_k|-c)^2}, & |\Delta\widetilde{\boldsymbol{X}}_k|>c\end{cases} \tag{2.3.11}$$

式中，c 为常数，一般取 1.5。显然，随着$|\Delta\widetilde{\boldsymbol{X}}_k|$的增大，$\alpha_k$ 减小。

在式(2.3.11)中,自适应因子 α_k 由位置的最小二乘抗差解和预报位置差异来确定,主要用来抑制状态预报误差对滤波值的影响。

设计了四个处理方案:①不含粗差,采用经典卡尔曼滤波求解;②在第一次初始值预报时,加入 6 mm 的误差,即 $X_0=[97.69\ \text{mm}\ 0.47\ \text{mm/d}]$(以下两个方案相同),采用两段函数自适应因子法抗差自适应滤波求含粗差的解;③采用指数函数自适应因子法抗差自适应滤波求含粗差的解;④用经典卡尔曼滤波求含粗差的解。各方案的求解结果如表 2.1 所示。

表 2.1　变形观测数据

期数	1	2	3	4	5	6	7	8	9	10
观测值	92.690	93.160	92.830	97.1190	92.210	92.150	91.860	91.280	90.900	90.340
方案 1	92.808	93.126	92.917	97.1145	92.18	92.113	91.884	91.337	90.898	90.356
方案 2	92.948	92.941	93.087	97.1188	92.164	92.1	91.881	91.338	90.898	90.356
方案 3	92.690	93.160	92.830	97.1188	92.605	92.191	91.851	91.313	90.893	90.358
方案 4	94.308	92.698	92.542	97.1162	92.204	92.134	91.888	91.335	90.896	90.356
方案 1 差值	−0.118	0.034	−0.087	−0.055	0.030	0.037	−0.024	−0.057	0.012	−0.016
方案 2 差值	0.258	−0.219	0.257	0.098	−0.046	−0.05	0.021	0.058	−0.002	0.016
方案 3 差值	0.000	0.000	0.000	−0.002	0.395	0.041	−0.009	0.033	−0.007	0.018
方案 4 差值	1.6175	−0.462	−0.288	−0.028	−0.006	−0.016	0.028	0.055	−0.014	0.016
方案 1 中误差	0.607	0.229	0.590	0.370	0.201	0.249	0.161	0.384	0.084	0.109
方案 2 中误差	0.579	0.580	0.639	0.491	0.306	0.327	0.153	0.368	0.085	0.118
方案 3 中误差	0.547	0.547	0.545	0.542	0.649	0.274	0.066	0.229	0.121	0.129
方案 4 中误差	8.353	3.157	1.945	0.186	0.044	0.108	0.192	0.375	0.092	0.107
期数	11	12	13	14	15	16	17	18	19	20
观测值	89.690	89.090	88.760	88.540	88.300	88.180	87.960	87.850	87.490	87.070
方案 1	89.709	89.088	88.717	88.508	88.297	88.166	87.970	87.840	87.521	87.079
方案 2	89.710	89.088	88.717	88.508	88.297	88.166	87.970	87.840	87.521	87.092
方案 3	89.711	89.088	88.717	88.508	88.297	88.166	87.970	87.840	87.521	87.092
方案 4	89.710	89.088	88.717	88.508	88.297	88.166	87.970	87.840	87.521	87.092
方案 1 差值	−0.020	0.002	0.043	0.032	0.003	0.014	−0.010	0.010	−0.031	−0.022
方案 2 差值	0.011	−0.002	−0.043	−0.032	−0.003	−0.014	0.010	−0.010	0.031	0.022
方案 3 差值	0.021	−0.002	−0.043	−0.032	−0.003	−0.014	0.010	−0.010	0.031	0.022
方案 4 差值	0.020	−0.002	−0.043	−0.032	−0.003	0.000	0.000	0.000	0.000	0.013
方案 1 中误差	0.133	0.014	0.291	0.218	0.021	0.095	0.066	0.070	0.210	0.150
方案 2 中误差	0.141	0.016	0.290	0.225	0.023	0.101	0.071	0.075	0.218	0.158
方案 3 中误差	0.150	0.014	0.291	0.225	0.023	0.101	0.071	0.075	0.218	0.158
方案 4 中误差	0.133	0.014	0.291	0.218	0.021	0.095	0.066	0.070	0.210	0.150

计算结果表明经典卡尔曼滤波是一种高效滤波,其计算速度快、精度高,在变

形监测测量工程中得到广泛应用。当观测值存在粗差时，如果不引入抗差自适应滤波，对有粗差值的后面相邻几处值的结果有很大影响；引入抗差自适应卡尔曼滤波后，解算的结果得到明显改善。采用两段函数自适应因子法抗差自适应卡尔曼滤波结果与指数函数自适应因子法抗差自适应卡尔曼滤波结果基本相同。当观测值和状态向量有粗差时，经典卡尔曼滤波偏差较大，抗差自适应卡尔曼滤波能有效抵制异常数据对动态系统参数估值的影响。在观测数据不含有粗差时，抗差自适应卡尔曼滤波在数据处理时与经典卡尔曼滤波结果一致。抗差自适应卡尔曼滤波在变形监测工程中可以达到较高的精度，满足工程应用需要，而且能够实时、快速地处理大量动态变形数据，有效地改善动态变形监测数据的精度。粗差值对相邻的预测值产生较大的影响，但随着新数据的不断测量、状态的不断预测和修正，粗差值影响会逐渐减小。

§2.4 卡尔曼滤波在车辆动态定位中的应用

2.4.1 状态方程的建立

由于陆地车辆是在二维平面内运动，且电子地图中的道路网采用的是局部平面坐标系，因此车辆定位时状态向量可取为

$$\boldsymbol{X}=[\boldsymbol{e}\quad \dot{\boldsymbol{e}}\quad \ddot{\boldsymbol{e}}\quad \boldsymbol{n}\quad \dot{\boldsymbol{n}}\quad \ddot{\boldsymbol{n}}]^{\mathrm{T}} \tag{2.4.1}$$

式中，$\boldsymbol{e}$ 和 $\boldsymbol{n}$ 分别为车辆东向和北向位置分量，$\dot{\boldsymbol{e}}$ 和 $\dot{\boldsymbol{n}}$ 分别为车辆东向和北向速度分量，$\ddot{\boldsymbol{e}}$ 和 $\ddot{\boldsymbol{n}}$ 分别为车辆东向和北向加速度分量。根据牛顿运动定律，即

$$\left.\begin{aligned} s&=s_0+vt+at^2/2 \\ v&=v_0+at \end{aligned}\right\} \tag{2.4.2}$$

可知：位置、速度均可由加速度推导出来，车辆行使变化过程可以归结为加速度的变化过程，即车辆加速度的变化特点直接影响车辆行使的特点，因此在建立运动系统状态模型中，必须正确描述加速度的变化过程。车辆行使过程中的加速度可以分解为东向加速度 $\ddot{\boldsymbol{e}}$ 和北向加速度 $\ddot{\boldsymbol{n}}$，车辆整个行使过程中两个方向的加速度变化过程都可看作连续、有界、零均值的平稳随机过程。车辆行使过程中存在大量的转弯、加速、减速、停车等机动过程，因此车辆行使过程中的加速度应利用机动加速度的“当前”统计模型来描述。

对系统状态变化过程采用机动载体的“当前”统计模型，并通过典型的离散化处理，建立组合导航系统总体状态方程，假设数据采样周期为 Δt，得到系统的离散状态方程为

$$\boldsymbol{X}_k=\boldsymbol{\Phi}_{k,k-1}\boldsymbol{X}_k+\boldsymbol{\Omega}_{k-1} \tag{2.4.3}$$

式中，$\boldsymbol{X}_k=[\boldsymbol{e}_k\quad \dot{\boldsymbol{e}}_k\quad \ddot{\boldsymbol{e}}_k\quad \boldsymbol{n}_k\quad \dot{\boldsymbol{n}}_k\quad \ddot{\boldsymbol{n}}_k]^{\mathrm{T}}$ 为状态向量，$\boldsymbol{\Phi}_{k,k-1}$ 为状态转移矩阵，$\boldsymbol{\Omega}_k\sim$

$N(0,Q_k)$为动态噪声向量，其中

$$\boldsymbol{\Phi}_{k,k-1}=\begin{bmatrix}1 & \Delta t & \frac{1}{2}\Delta t^2 & 0 & 0 & 0\\ 0 & 1 & \Delta t & 0 & 0 & 0\\ 0 & 0 & 1 & 0 & 0 & 0\\ 0 & 0 & 0 & 1 & \Delta t & \frac{1}{2}\Delta t^2\\ 0 & 0 & 0 & 0 & 1 & \Delta t\\ 0 & 0 & 0 & 0 & 0 & 1\end{bmatrix} \tag{2.4.4}$$

2.4.2　观测方程的建立

导航型卫星接收机的输出量为载体的位置 e_{obs}和 n_{obs}，在 k 时刻的观测方程为

$$\boldsymbol{L}'_k=\begin{bmatrix}e_{\text{obs}}\\ n_{\text{obs}}\end{bmatrix}_k=\boldsymbol{B}'_k\hat{\boldsymbol{X}}_k+\begin{bmatrix}\Delta_e\\ \Delta_n\end{bmatrix} \tag{2.4.5}$$

式中，$\boldsymbol{B}'_k=\begin{bmatrix}1 & 0 & 0 & 0 & 0 & 0\\ 0 & 0 & 0 & 1 & 0 & 0\end{bmatrix}$为系数矩阵，$\boldsymbol{\Delta}_k=[\Delta_1\quad\Delta_2]^{\mathrm{T}}\sim \boldsymbol{N}(0,\boldsymbol{D}'_k)$为观测误差，且与 w_k 不相关。

在城市高楼区、林荫道、涵洞、深山峡谷内有多路径影响及较差的卫星几何分布，导航定位常常失效。即使提供的位置信息可用，其定位精度也是较差的。由此可见，单独依赖卫星定位很难满足陆地车辆导航的要求。航位推算（dead reckoning，DR）是一种常用的车辆定位技术，在短时间内能够保持较高的精度，且其有效性不受外界影响。当卫星导航信号丢失时，给定车辆的初始位置，能输出连续的定位信息。但航位推算航向和距离传感器的误差较大，随时间积累，该方法仅能确定相对位置。因此，航位推算方法不能长时间单独使用。航位推算与卫星导航定位系统组合起来，航位推算在短时间能够提供较高的定位精度，可确保移动车辆在丢失卫星信号时仍能有效地确定车辆所在的位置。卫星定位可用来限制航位推算误差的增长且卫星定位和航位推算存在很强的互补关系。综合利用两者的优点构成组合定位系统，则整个系统的精度、性能和可靠性会较单一系统有大的改善。

航位推算系统包括陀螺仪和里程计，k 时刻陀螺仪的输出是角速度 ω_k，里程计的输出量为在采样周期内行进的距离 s_k，建立观测方程为

$$\boldsymbol{L}''_k=\begin{bmatrix}\omega_k\\ s_k\end{bmatrix}=\begin{bmatrix}F_1(\hat{\boldsymbol{X}}_k)\\ F_2(\hat{\boldsymbol{X}}_k)\end{bmatrix}=\begin{bmatrix}\dfrac{\dot{n}_k\ddot{e}_k-\dot{e}_k\ddot{n}_k}{\dot{e}_k^2+\dot{n}_k^2}\\ \Delta t\varphi\sqrt{\dot{e}_k^2+\dot{n}_k^2}\end{bmatrix}+\begin{bmatrix}\varepsilon_{\omega_k}\\ \varepsilon_{s_k}\end{bmatrix} \tag{2.4.6}$$

式中，Δt 为采样时间间隔，φ 为里程计的标定系数，$\boldsymbol{\varepsilon}_k=\begin{bmatrix}\varepsilon_{\omega_k} & \varepsilon_{s_k}\end{bmatrix}^{\mathrm{T}}\sim \boldsymbol{N}(0,\boldsymbol{D}''_k)$为测量误差。由于式(2.4.6)为非线性的，在扩展卡尔曼滤波对其估计时，需要进行线

性化处理。将式(2.4.6)在$\overline{\boldsymbol{X}}_k$附近泰勒级数展开，并只保留一次项，得

$$\boldsymbol{L}''_k=\begin{bmatrix} b_{11} & b_{12} & b_{13} & b_{14} & b_{15} & b_{16} \\ b_{21} & b_{22} & b_{23} & b_{24} & b_{25} & b_{26} \end{bmatrix}\begin{bmatrix} \boldsymbol{e} \\ \dot{\boldsymbol{e}} \\ \ddot{\boldsymbol{e}} \\ \boldsymbol{n} \\ \dot{\boldsymbol{n}} \\ \ddot{\boldsymbol{n}} \end{bmatrix}+\begin{bmatrix} \varepsilon_{\omega_k} \\ \varepsilon_{s_k} \end{bmatrix} \tag{2.4.7}$$

令

$$\boldsymbol{B}''_k=\begin{bmatrix} b_{11} & b_{12} & b_{13} & b_{14} & b_{15} & b_{16} \\ b_{21} & b_{22} & b_{23} & b_{24} & b_{25} & b_{26} \end{bmatrix}$$

则观测方程为

$$\widetilde{\boldsymbol{L}}''_k=\boldsymbol{B}''_k\hat{\boldsymbol{X}}_k+\boldsymbol{\varepsilon}_k \tag{2.4.8}$$

式中

$$\left.\begin{aligned}
& b_{11}=\frac{\partial F_1}{\partial \boldsymbol{e}}=0,b_{12}=\frac{\partial F_1}{\partial \dot{\boldsymbol{e}}}=\frac{\ddot{\boldsymbol{n}}_k\dot{\boldsymbol{e}}_k^2-\dot{\boldsymbol{n}}_k^2\ddot{\boldsymbol{n}}_k+2\dot{\boldsymbol{n}}_k\dot{\boldsymbol{e}}_k\ddot{\boldsymbol{e}}_k}{(\dot{\boldsymbol{e}}_k^2+\dot{\boldsymbol{n}}_k^2)^2},b_{13}=\frac{\partial F_1}{\partial \ddot{\boldsymbol{e}}}=\frac{\dot{\boldsymbol{n}}_k}{\dot{\boldsymbol{e}}_k^2+\dot{\boldsymbol{n}}_k^2} \\
& b_{14}=\frac{\partial F_1}{\partial \boldsymbol{n}}=0,b_{15}=\frac{\partial F_1}{\partial \dot{\boldsymbol{n}}}=\frac{\ddot{\boldsymbol{e}}_k\dot{\boldsymbol{e}}_k^2-\dot{\boldsymbol{n}}_k^2\ddot{\boldsymbol{e}}_k+2\dot{\boldsymbol{n}}_k\dot{\boldsymbol{e}}_k\ddot{\boldsymbol{n}}_k}{(\dot{\boldsymbol{e}}_k^2+\dot{\boldsymbol{n}}_k^2)^2},b_{16}=\frac{\partial F_1}{\partial \ddot{\boldsymbol{e}}}=-\frac{\dot{\boldsymbol{e}}_k}{\dot{\boldsymbol{e}}_k^2+\dot{\boldsymbol{n}}_k^2} \\
& b_{21}=\frac{\partial F_2}{\partial \boldsymbol{e}}=0,b_{22}=\frac{\partial F_1}{\partial \dot{\boldsymbol{e}}}=\frac{2\Delta t\boldsymbol{\varphi}\,\dot{\boldsymbol{e}}_k}{\sqrt{\dot{\boldsymbol{e}}_k^2+\dot{\boldsymbol{n}}_k^2}},b_{23}=\frac{\partial F_1}{\partial \ddot{\boldsymbol{e}}}=0 \\
& b_{24}=\frac{\partial F_2}{\partial \boldsymbol{n}}=0,b_{25}=\frac{\partial F_1}{\partial \dot{\boldsymbol{n}}}=\frac{2\Delta t\boldsymbol{\varphi}\,\dot{\boldsymbol{n}}_k}{\sqrt{\dot{\boldsymbol{e}}_k^2+\dot{\boldsymbol{n}}_k^2}},b_{13}=\frac{\partial F_1}{\partial \ddot{\boldsymbol{n}}}=0 \\
& \widetilde{\boldsymbol{L}}''_k=\boldsymbol{L}''_k-\begin{pmatrix} F_1(\hat{\boldsymbol{X}}_{k,k-1}) \\ F_2(\hat{\boldsymbol{X}}_{k,k-1}) \end{pmatrix}+\boldsymbol{B}''_k\hat{\boldsymbol{X}}_{k,k-1}
\end{aligned}\right\} \tag{2.4.9}$$

2.4.3　GPS/DR 组合系统中滤波计算

(1)对航位推算(DR)系统进行滤波。

预报

$$\left.\begin{aligned}
& \overline{\boldsymbol{X}}_k^{\mathrm{DR}}=\boldsymbol{\Phi}_{k,k-1}\hat{\boldsymbol{X}}_{k-1}^{\mathrm{DR}} \\
& \boldsymbol{D}_{\overline{X}_k}^{\mathrm{DR}}=\boldsymbol{\Phi}_{k,k-1}\boldsymbol{D}_{\hat{X}_{k-1}}^{\mathrm{DR}}\boldsymbol{\Phi}_{k,k-1}^{\mathrm{T}}+\boldsymbol{D}_{\Omega_{k-1}}
\end{aligned}\right\} \tag{2.4.10}$$

更新

$$\left.\begin{aligned}
& \boldsymbol{J}_{\mathrm{DR}}=\boldsymbol{D}_{\overline{X}_k}^{\mathrm{DR}}\boldsymbol{B}''^{\mathrm{T}}_k\boldsymbol{D}_{\overline{X}_{k-1}}^{\mathrm{DR}}\boldsymbol{B}''^{\mathrm{T}}_k+\boldsymbol{D}''_k)^{-1} \\
& \hat{\boldsymbol{X}}_k^{\mathrm{DR}}=\overline{\boldsymbol{X}}_k^{\mathrm{DR}}+\boldsymbol{J}_{\mathrm{DR}}(\widetilde{\boldsymbol{L}}''_k-\boldsymbol{B}''_k\overline{\boldsymbol{X}}_k^{\mathrm{DR}}) \\
& \boldsymbol{D}_{\hat{X}_k}^{\mathrm{DR}}=(\boldsymbol{I}-\boldsymbol{J}_{\mathrm{DR}}\boldsymbol{B}''_k)\boldsymbol{D}_{\overline{X}_k}^{\mathrm{DR}}
\end{aligned}\right\} \tag{2.4.11}$$

(2)对卫星导航定位系统(GNSS)进行滤波。

预报:利用 DR 滤波结果$\hat{\boldsymbol{X}}_k^{\mathrm{DR}}$中的速度和加速度及 $k-1$ 时刻 GNSS/DR 滤波结果$\hat{\boldsymbol{X}}_{k-1}$中的位置,对卫星定位系统中的状态参数及其协方差进行预报,即

$$\left.\begin{aligned}\overline{\boldsymbol{X}}_k&=\overline{\boldsymbol{\Phi}}_{k,k-1}\hat{\boldsymbol{X}}_{k-1}^{\mathrm{new}}\\ \boldsymbol{D}_{\overline{X}_k}&=\overline{\boldsymbol{\Phi}}_{k,k-1}\boldsymbol{D}_{\hat{X}_{k-1}}^{\mathrm{new}}\overline{\boldsymbol{\Phi}}_{k,k-1}^{\mathrm{T}}\end{aligned}\right\}\tag{2.4.12}$$

式中

$$\hat{\boldsymbol{X}}_{k-1}^{\mathrm{new}}=[\hat{\boldsymbol{e}}_{k-1}\ \hat{\dot{\boldsymbol{e}}}_k^{\mathrm{DR}}\ \hat{\ddot{\boldsymbol{e}}}_k^{\mathrm{DR}}\ \hat{\boldsymbol{n}}_{k-1}\ \hat{\dot{\boldsymbol{n}}}_k^{\mathrm{DR}}\ \hat{\ddot{\boldsymbol{n}}}_k^{\mathrm{DR}}]^{\mathrm{T}},\boldsymbol{\Phi}=\begin{bmatrix}\overline{\boldsymbol{\Phi}}_1&\\&\overline{\boldsymbol{\Phi}}_2\end{bmatrix}$$

$$\overline{\boldsymbol{\Phi}}_1=\overline{\boldsymbol{\Phi}}_2=\begin{bmatrix}1&\Delta t&\dfrac{\Delta t^2}{2}\\&1&\\&&1\end{bmatrix},\boldsymbol{D}_{\hat{X}_{k-1}}^{\mathrm{new}}=\begin{bmatrix}\boldsymbol{D}_1&\\&\boldsymbol{D}_2\end{bmatrix}$$

其中

$$\boldsymbol{D}_1=\begin{bmatrix}D_{k-1}^{\mathrm{DR}}(1,1)&0&0\\0&D_k^{\mathrm{DR}}(2,2)&D_k^{\mathrm{DR}}(2,3)\\0&D_k^{\mathrm{DR}}(3,2)&D_k^{\mathrm{DR}}(3,3)\end{bmatrix}$$

$$\boldsymbol{D}_2=\begin{bmatrix}D_{k-1}^{\mathrm{DR}}(4,4)&0&0\\0&D_k^{\mathrm{DR}}(5,5)&D_k^{\mathrm{DR}}(5,6)\\0&D_k^{\mathrm{DR}}(6,5)&D_k^{\mathrm{DR}}(6,6)\end{bmatrix}$$

更新

$$\left.\begin{aligned}\boldsymbol{J}_{\mathrm{GNSS}}&=\boldsymbol{D}_{\overline{X}_k}\boldsymbol{B}'^{\mathrm{T}}_k(\boldsymbol{B}'_k\boldsymbol{D}_{\overline{X}_k}\boldsymbol{B}'^{\mathrm{T}}_k+\boldsymbol{D}'_k)^{-1}\\ \hat{\boldsymbol{X}}_k&=\overline{\boldsymbol{X}}_k+\boldsymbol{J}_{\mathrm{GNSS}}(\boldsymbol{L}'_k-\boldsymbol{B}'_k\overline{\boldsymbol{X}}_k)\\ \boldsymbol{D}_{\hat{X}_k}&=(\boldsymbol{I}-\boldsymbol{J}_{\mathrm{GNSS}}\boldsymbol{B}'_k)\boldsymbol{D}_{\overline{X}_k}\end{aligned}\right\}\tag{2.4.13}$$

$$\boldsymbol{D}_k=\begin{bmatrix}2\sigma_{\ddot{e}}^2\boldsymbol{Q}_{e_k}&\\&2\sigma_{\ddot{n}}^2\boldsymbol{Q}_{n_k}\end{bmatrix}\tag{2.4.14}$$

其中

$$\boldsymbol{Q}_{e_k}=\boldsymbol{Q}_{n_k}=\begin{bmatrix}\Delta t^5/20&\Delta t^4/8&\Delta t^3/6\\\Delta t^4/8&\Delta t^3/3&\Delta t^2/2\\\Delta t^3/6&\Delta t^2/2&\Delta t\end{bmatrix}$$

东向和北向机动加速度方差 $\sigma_{a_e}^2$、$\sigma_{a_n}^2$ 可由以下自适应算法来确定,$\bar{a}_e$、$\bar{a}_n$ 分别为车辆东向和北向机动加速度分量的“当前”均值,在每一个采样周期内为常数(以东向为例,北向类同)。具体公式为

$$\sigma_{\ddot{e}}^{2}=\begin{cases}\left(\dfrac{4}{\pi}-1\right)\left(\ddot{\boldsymbol{e}}_{\max}-\hat{\ddot{\boldsymbol{e}}}_{k-1}\right)^{2}, & \hat{\ddot{e}}_{e_k-1}>0\\ \left(\dfrac{4}{\pi}-1\right)\left(\ddot{\boldsymbol{e}}_{-\max}+\hat{\ddot{\boldsymbol{e}}}_{k-1}\right)^{2}, & \hat{\ddot{e}}_{e_k-1}<0\end{cases}$$

$$\sigma_{\ddot{e}}^{2}=\begin{cases}\left(\dfrac{4}{\pi}-1\right)\left(\ddot{\boldsymbol{e}}_{\max}-\hat{\ddot{\boldsymbol{e}}}_{k,k-1}\right)^{2}, & \hat{\ddot{e}}_{k,k-1}>0\\ \left(\dfrac{4}{\pi}-1\right)\left(\ddot{\boldsymbol{e}}_{-\max}+\hat{\ddot{\boldsymbol{e}}}_{k,k-1}\right)^{2}, & \hat{\ddot{e}}_{k,k-1}<0\end{cases}$$

2.4.4 算例与分析

为了验证所提方案模型的效果，以孙小荣硕士提供的试验数据为例，试验中所使用的卫星导航定位设备为 GSU-15 型 OEM 接收机，采用与之配套的航位推算系统是 EWTZ9G 型陀螺仪和车载里程仪。试验路线：北京航空航天大学原体育馆门口出发，绕主楼广场一周后，经学院路至西直门，沿北二环向东至鼓楼桥，再沿鼓楼外大街向北、沿北土城西路向西、沿花园东路和新街口外大街向南重返二环，并沿鼓楼外大街重行至安华桥，再沿北三环向西回学院路，最后从学知口绕花园路、花园北路回到北京航空航天大学逸夫馆。试验路线的选择充分考虑了卫星导航阻塞环境和航位推算漂移情况。

在试验中，系统不包括主滤波器（公共参考系统），只采用卫星导航和航位推算两个局部传感器，这样系统计算量小，滤波速度很快。

仿真初始条件选取为

$$\alpha_{\ddot{e}}=\alpha_{\ddot{n}}=0.1,\alpha_{\varepsilon_{\omega}}=100,\ddot{\boldsymbol{e}}_{\max}=1\text{g},\ddot{\boldsymbol{e}}_{-\max}=-1\text{g}\ ,D_1=\text{diag}(200,200)$$

$$D_2=\text{diag}(5,1),D(0)=\text{diag}(20^2,1^2,0.2^2,20^2,1^2,0.2^2)$$

由于航位推算的观测方程是非线性的，线性化后采用迭代卡尔曼滤波。Sage 滤波法采用的窗口宽度为 $m=10$。

试验数据和模型如前所述，共进行了 6 个方案的解算和比较。方案 1，独立卫星导航定位；方案 2，自适应卫星导航定位；方案 3，独立航位推算定位；方案 4，卫星定位和航位推算联合定位；方案 5，基于观测信息的动态自适应滤波方法；方案 6，基于观测信息的动态抗差自适应滤波方法（在预报值上加扰动）。

由于 e 方向和 n 方向误差图类同，在此只列出 e 方向误差图（图 2.1 至图 2.6）。图中横轴表示历元，单位为 s，竖轴表示 e 方向误差，单位为 m。在历元 1 975～1 985 和3 140～3 150 处车辆拐弯，方案 5、6 在历元 1 975～1 985 和 3 140～3 150 处给状态预报值的 e 方向和 n 方向位置分量人为添加了 50 m 的扰动。表 2.2 为各种方法均方差（RMS）的比较。

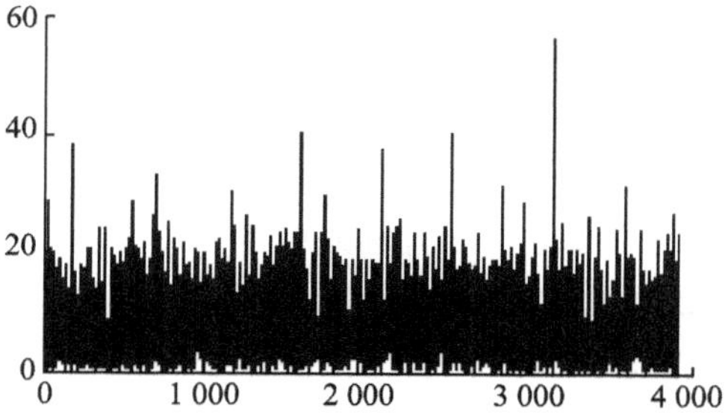

图 2.1　方案 1

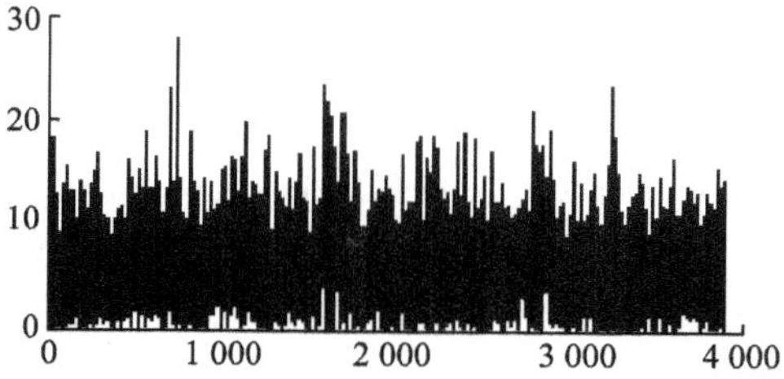

图 2.2　方案 2

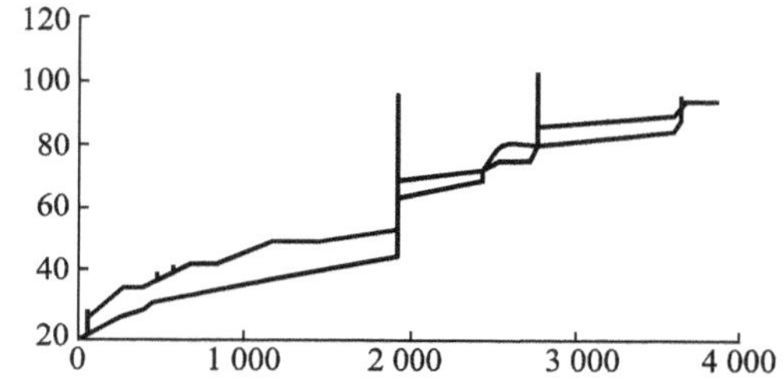

图 2.3　方案 3

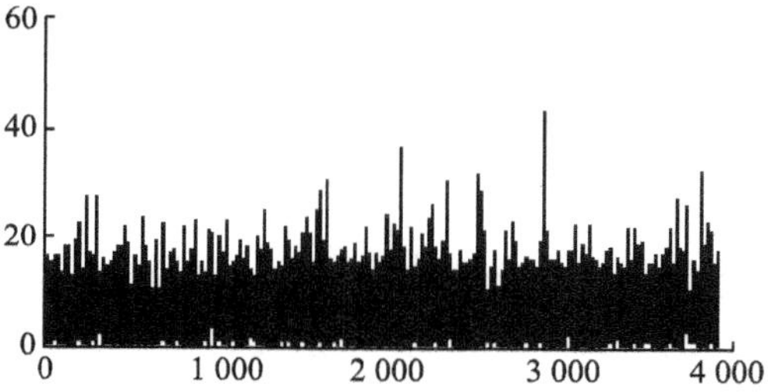

图 2.4　方案 4

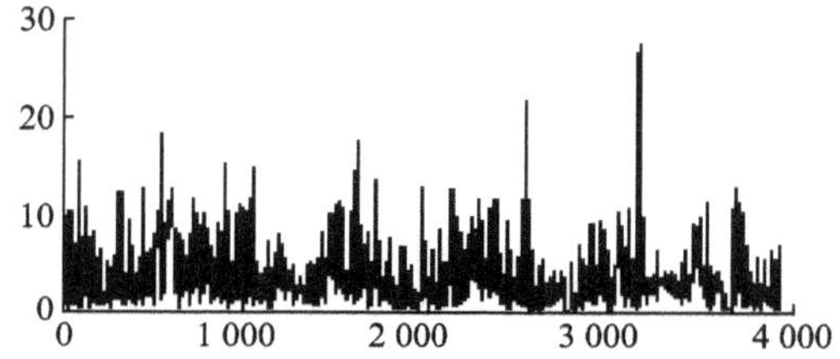

图 2.5　方案 5

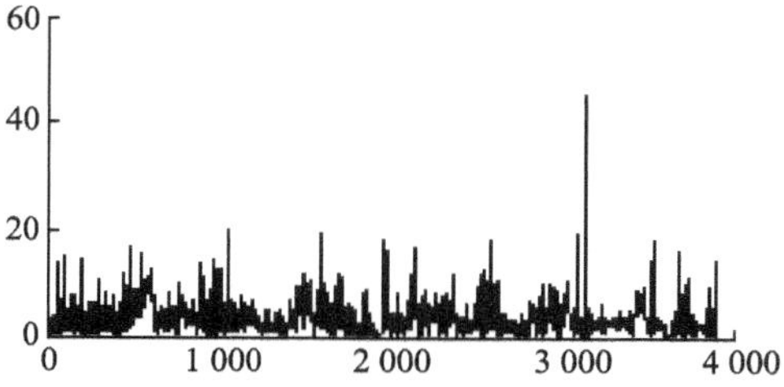

图 2.6　方案 6

表 2.2　各种方法均方差(RMS)比较

均方差	方案 1	方案 2	方案 3	方案 4	方案 5	方案 6
σ_e	8.83	6.89	65.04	7.81	5.23	5.01
σ_n	8.88	6.93	63.97	7.72	4.93	4.49

从理论分析和计算结果,可以看出:

(1)方案 3 中航位推算系统精度较低,且误差随时间不断积累,呈发散趋势,基本无法单独使用;方案 2 的滤波精度要好于方案 1,说明当前统计模型虽然在一定程度上能抵制状态扰动的影响,但当前统计模型有时并不能很好地控制状态异常对状态估值的影响,即不能真正的实现“自适应”,通过自适应因子合理利用动力学预报信息,实现了真正意义上的自适应,进一步提高了单独卫星定位导航解的精度和可靠性。

(2)卫星导航定位与航位推算定位(方案4)组合系统的定位精度要高于单独卫星定位(方案1)、航位推算(方案3)系统的定位精度,但要低于自适应卫星定位定位(方案2),说明卫星定位本身具有不随时间累积的定位误差,通过自适应因子合理利用动力学预报信息,进一步提高了单独卫星定位导航解的精度和可靠性。

(3) 对方案5和方案6在预报值的位置分量上人为加扰动,方案6对载体在历元之间的异常扰动具有较强的抑制作用,但对方案5有较大的影响。说明在特别大的扰动处,当前统计模型不能很好地控制状态异常对参数估值的影响。进一步验证了本文所提的自适应当前统计滤波模型的正确性。

综上可知,当载体状态发生异常扰动时,基于当前统计模型的联邦滤波融合解的容错性较差,不能很好地抑制异常影响。而基于观测信息的动态自适应当前统计模型融合方法不仅计算简单、易于实现,而且实时、合理地控制了异常扰动对融合导航解的影响,且没有重复使用动力学模型信息,解决了各子滤波器之间的相关性问题。即使载体有大的扰动,也会得到较好的滤波结果。其融合导航解具有较强的自适应性,增强了系统的容错能力和可靠性。总之,该方法兼顾了函数模型和随机模型的选择,在组合导航融合算法中,不失为一种行之有效的方法。

第3章　有色噪声卡尔曼滤波

§3.1　含有色噪声的卡尔曼滤波

白噪声滤波是指不同时刻的动态噪声互相独立、不同时刻的观测噪声互相独立、同时刻的动态噪声与观测噪声互相独立，其随机模型如式(1.1.5)所示。有色噪声滤波是指不同时刻(经常是相邻时刻)的动态噪声相关或观测噪声相关，或者同一时刻动态噪声与观测噪声相关，随机模型为式(1.1.6)至式(1.1.10)的各种情形，都称为有色噪声。有色噪声滤波比白噪声滤波要复杂得多。

3.1.1　白噪声驱动下的有色噪声滤波

1. 状态噪声为有色噪声的卡尔曼滤波

设动态离散系统函数模型为

$$\left.\begin{aligned}\boldsymbol{X}_k&=\boldsymbol{\Phi}_{k,k-1}\boldsymbol{X}_{k-1}+\boldsymbol{\Omega}_k\\ \boldsymbol{L}_k&=\boldsymbol{B}_k\boldsymbol{X}_k+\boldsymbol{\Delta}_k\end{aligned}\right\}\tag{3.1.1}$$

状态噪声为有色噪声、观测噪声为白噪声的随机模型为

$$\left.\begin{aligned}&E(\boldsymbol{\Omega}_k)=0\\ &E(\boldsymbol{\Delta}_k)=0\\ &\operatorname{cov}(\boldsymbol{\Omega}_k,\boldsymbol{\Omega}_j)=\boldsymbol{D}_{\Omega_k}\delta_{kj}\\ &\operatorname{cov}(\boldsymbol{\Delta}_k,\boldsymbol{\Delta}_j)=\boldsymbol{D}_{\Delta_k}\\ &\operatorname{cov}(\boldsymbol{\Omega}_k,\boldsymbol{\Delta}_j)=0\end{aligned}\right\}\tag{3.1.2}$$

假设状态噪声$\boldsymbol{\Omega}_k$满足方程

$$\boldsymbol{\Omega}_k=\boldsymbol{\Gamma}_{k,k-1}\boldsymbol{\Omega}_{k-1}+\xi_k\tag{3.1.3}$$

式中，$\boldsymbol{\Gamma}_{k,k-1}$为系数矩阵，$\xi_k$为零均值白噪声序列。

则状态方程为

$$\left.\begin{aligned}&\begin{bmatrix}\boldsymbol{X}_k\\ \boldsymbol{\Omega}_k\end{bmatrix}=\begin{bmatrix}\boldsymbol{\Phi}_{k,k-1} & \boldsymbol{I}\\ \boldsymbol{0} & \boldsymbol{\Gamma}_{k,k-1}\end{bmatrix}\begin{bmatrix}\boldsymbol{X}_{k-1}\\ \boldsymbol{\Omega}_{k-1}\end{bmatrix}+\begin{bmatrix}\boldsymbol{0}\\ \xi_k\end{bmatrix}\\ &\boldsymbol{L}_k=[\boldsymbol{B}_k\quad \boldsymbol{0}]\begin{bmatrix}\boldsymbol{X}_k\\ \boldsymbol{\Omega}_k\end{bmatrix}+\boldsymbol{\Delta}_k\end{aligned}\right\}\tag{3.1.4}$$

令

$$\boldsymbol{Y}_k=\begin{bmatrix}\boldsymbol{X}_k\\ \boldsymbol{\Omega}_k\end{bmatrix},\widetilde{\boldsymbol{\Phi}}_{k,k-1}=\begin{bmatrix}\boldsymbol{\Phi}_{k,k-1} & \boldsymbol{I}\\ \boldsymbol{0} & \boldsymbol{\Gamma}_{k,k-1}\end{bmatrix},\widetilde{\boldsymbol{B}}_k=[\boldsymbol{B}_k\quad \boldsymbol{0}],\widetilde{\boldsymbol{\Omega}}_k=\begin{bmatrix}\boldsymbol{0}\\ \xi_k\end{bmatrix} \tag{3.1.5}$$

式(3.1.4)可以简写为

$$\left.\begin{aligned}\boldsymbol{Y}_k&=\widetilde{\boldsymbol{\Phi}}_{k,k-1}\boldsymbol{Y}_{k-1}+\widetilde{\boldsymbol{\Omega}}_k\\ \boldsymbol{L}_k&=\widetilde{\boldsymbol{B}}_k\boldsymbol{Y}_k+\boldsymbol{\Delta}_k\end{aligned}\right\} \tag{3.1.6}$$

动态方程和观测方程均满足高斯白噪声序列要求，可按标准卡尔曼滤波求得状态参数解。上述变有色噪声为白噪声的卡尔曼滤波仍有两个问题：①将状态有色噪声转变为白噪声的系数矩阵$\boldsymbol{\Gamma}_{k,k-1}$一般是未知的，$\xi_k$ 的协方差矩阵也难以确定；②状态噪声向量扩展后，增加了滤波维数，势必造成解算负担。

2. 观测噪声为有色噪声的卡尔曼滤波

观测噪声为有色噪声，动态噪声为白噪声时的滤波随机模型为

$$\left.\begin{aligned}&E(\boldsymbol{\Omega}_k)=0\\ &E(\boldsymbol{\Delta}_k)=0\\ &\mathrm{cov}(\boldsymbol{\Omega}_k,\boldsymbol{\Omega}_j)=\boldsymbol{D}_{\Omega_k}\\ &\mathrm{cov}(\boldsymbol{\Delta}_k,\boldsymbol{\Delta}_j)=\boldsymbol{D}_{\Delta_k}\delta_{kj}\\ &\mathrm{cov}(\boldsymbol{\Omega}_k,\boldsymbol{\Delta}_j)=0\end{aligned}\right\} \tag{3.1.7}$$

假设观测噪声$\boldsymbol{\Delta}_k$ 满足方程

$$\boldsymbol{\Delta}_k=\boldsymbol{\Lambda}_{k,k-1}\boldsymbol{\Delta}_{k-1}+\boldsymbol{\eta}_k \tag{3.1.8}$$

式中，$\boldsymbol{\Lambda}_{k,k-1}$为系数矩阵；$\boldsymbol{\eta}_k$ 为零均值白噪声序列。

则状态方程和观测方程为

$$\left.\begin{aligned}\begin{bmatrix}\boldsymbol{X}_k\\ \boldsymbol{\Delta}_k\end{bmatrix}&=\begin{bmatrix}\boldsymbol{\Phi}_{k,k-1} & \boldsymbol{0}\\ \boldsymbol{0} & \boldsymbol{\Lambda}_{k,k-1}\end{bmatrix}\begin{bmatrix}\boldsymbol{X}_{k-1}\\ \boldsymbol{\Delta}_{k-1}\end{bmatrix}+\begin{bmatrix}\boldsymbol{\Omega}_k\\ \boldsymbol{\eta}_k\end{bmatrix}\\ \boldsymbol{L}_k&=[\boldsymbol{B}_k\quad \boldsymbol{I}]\begin{bmatrix}\boldsymbol{X}_k\\ \boldsymbol{\Delta}_k\end{bmatrix}\end{aligned}\right\} \tag{3.1.9}$$

令

$$\boldsymbol{Z}_k=\begin{bmatrix}\boldsymbol{X}_k\\ \boldsymbol{\Delta}_k\end{bmatrix},\hat{\boldsymbol{\Phi}}_{k,k-1}=\begin{bmatrix}\boldsymbol{\Phi}_{k,k-1} & \boldsymbol{0}\\ \boldsymbol{0} & \boldsymbol{\Gamma}_{k,k-1}\end{bmatrix},\hat{\boldsymbol{B}}_k=[\boldsymbol{B}_k\quad \boldsymbol{I}],\hat{\boldsymbol{\Omega}}_k=\begin{bmatrix}\boldsymbol{\Omega}_k\\ \boldsymbol{\eta}_k\end{bmatrix} \tag{3.1.10}$$

式(3.1.9)可以简写为

$$\left.\begin{aligned}\boldsymbol{Z}_k&=\hat{\boldsymbol{\Phi}}_{k,k-1}\boldsymbol{Z}_{k-1}+\hat{\boldsymbol{\Omega}}_k\\ \boldsymbol{L}_k&=\hat{\boldsymbol{B}}_k\boldsymbol{Z}_k\end{aligned}\right\} \tag{3.1.11}$$

由于式(3.1.11)的观测方程无观测误差，或者说观测方程噪声协方差矩阵为零，这显然不能进行卡尔曼滤波计算。可考虑用同类观测值差分方法来消除有色噪声问题。

3.1.2　有色噪声拟合

在动态定位中，动态噪声和观测噪声如果带有有色噪声都会影响系统的状态估计，随着时间的延续，有色噪声将具有累积性。下面尝试对观测有色噪声和状态有色噪声进行拟合。先将有色噪声的函数模型描述为 AR 模型，分别利用最小二乘原理和抗差估计原理，讨论有色观测噪声模型参数的拟合和预报，再利用经有色噪声修正后的观测信息和状态预报信息进行卡尔曼滤波。通过有色噪声建模、拟合和对实际误差的修正，使数据中仅仅含有白噪声或近似于白噪声。

1. 有色噪声的最小二乘拟合

当观测误差或动态模型误差不是白噪声时，就需要对有色噪声进行拟合，设 t_k 时刻的残差为

$$\boldsymbol{V}_k=\varphi_1\boldsymbol{V}_{k-1}+\varphi_2\boldsymbol{V}_{k-2}+\cdots+\varphi_m\boldsymbol{V}_{k-m}+\boldsymbol{\Delta}_k \tag{3.1.12}$$

对于整个残差序列，式(3.1.12)可以写成误差方程的矩阵形式，即

$$\boldsymbol{e}=\boldsymbol{A\varphi}-\boldsymbol{V} \tag{3.1.13}$$

式中

$$\underset{n\times 1}{\boldsymbol{V}}=\begin{bmatrix}V_{m+1}\\V_{m+2}\\\vdots\\V_{m+n}\end{bmatrix},\varphi=\begin{bmatrix}\varphi_1\\\varphi_2\\\vdots\\\varphi_m\end{bmatrix},\boldsymbol{A}=\begin{bmatrix}V_m & V_{m-1} & \cdots & V_1\\V_{m+1} & V_m & \cdots & V_2\\\vdots & \vdots & & \vdots\\V_{m+n-1} & V_{m+n-2} & \cdots & V_n\end{bmatrix}$$

其中，$\boldsymbol{V}$ 为伪观测向量，$\boldsymbol{e}$ 为 $\boldsymbol{V}$ 的残差向量，$\boldsymbol{A}$ 为新的设计矩阵，由最小二乘原理可以解算未知参数向量 $\boldsymbol{\varphi}$ 的估值 $\hat{\boldsymbol{\varphi}}$，即

$$\hat{\boldsymbol{\varphi}}=(\boldsymbol{A}^{\mathrm{T}}\boldsymbol{A})^{-1}\boldsymbol{A}^{\mathrm{T}}\boldsymbol{V} \tag{3.1.14}$$

相应的协方差矩阵为

$$\boldsymbol{D}_{\hat{\varphi}}=\hat{\boldsymbol{\sigma}}_0^2\,(\boldsymbol{A}^{\mathrm{T}}\boldsymbol{A})^{-1} \tag{3.1.15}$$

式中

$$\hat{\boldsymbol{\sigma}}_0^2=\frac{\boldsymbol{e}^{\mathrm{T}}\boldsymbol{e}}{n-m} \tag{3.1.16}$$

2. 有色噪声的抗差估计

当个别观测值带有粗差时，最小二乘估计的精度会明显降低，抗差估计可以降低带有粗差观测值的权重，也就是用等价权 $\bar{P}_i$ 代替 P_i，等价权函数可以有多种，在 2.1 节中介绍了三种，下面再介绍一种三段定权法，即

$$\bar{P}_i=\begin{cases}P_i, & \tilde{e}_i=\left|\dfrac{e_i}{\sigma_{e_i}}\right|\leqslant k_0\\ \dfrac{k_0P_i}{|\tilde{e}_i|}\left[\dfrac{k_1-|\tilde{e}_i|}{k_1-k_0}\right], & k_0<\tilde{e}_i\leqslant k_1\\ 0, & \tilde{e}>k_1\end{cases} \tag{3.1.17}$$

式中，$\tilde{e}_i$ 为标准化粗差，k_0 和 k_1 为两个常量，且它们的取值区间为 $k_0 \in (1.5, 2.5)$，$k_1 \in (3.0, 8.5)$。

参数 $\hat{\boldsymbol{\varphi}}$ 的初始值为

$$\hat{\boldsymbol{\varphi}}^{(0)} = (\boldsymbol{A}^{\mathrm{T}}\boldsymbol{P}\boldsymbol{A})^{-1}\boldsymbol{A}^{\mathrm{T}}\boldsymbol{P}\boldsymbol{V} \tag{3.1.18}$$

参数的迭代值为

$$\hat{\boldsymbol{\varphi}}^{(k)} = (\boldsymbol{A}^{\mathrm{T}}\ \overline{\boldsymbol{P}}^{(k-1)}\boldsymbol{A})^{-1}\boldsymbol{A}^{\mathrm{T}}\ \overline{\boldsymbol{P}}^{(k-1)}\boldsymbol{V} \tag{3.1.19}$$

计算有色噪声模型参数的抗差估计过程如下：

(1)首先应用抗差估计计算可靠的残差向量 $\boldsymbol{V}$，利用此残差向量和相应的方差因子获得残差向量 $\boldsymbol{V}$ 的等价权矩阵。

(2)将残差向量 $\boldsymbol{V}$ 视为观测向量，将其协方差等价权矩阵的逆矩阵作为其权矩阵，建立计算有色噪声的数学模型，计算 AR 模型的初始参数估值。

(3)通过迭代计算来估计参数 $\hat{\boldsymbol{\varphi}}$ 的抗差解。

3. 顾及有色噪声的状态参数估计

假设通过最小二乘估计或抗差估计获得了 AR 模型的参数，那么有色观测噪声的预报值可表达为

$$\overline{\boldsymbol{V}}_k = \hat{\varphi}_1 \boldsymbol{V}_{k-1} + \hat{\varphi}_2 \boldsymbol{V}_{k-2} + \cdots \tag{3.1.20}$$

同时也可以得到改进的观测值，即

$$\overline{\boldsymbol{L}}_k = \boldsymbol{L}_k + \overline{\boldsymbol{V}}_k \tag{3.1.21}$$

如果将有色状态噪声的预报值表述为

$$\overline{\boldsymbol{V}}_{\overline{X}_k} = \hat{\lambda}_1 \boldsymbol{V}_{\overline{X}_{k-1}} + \hat{\lambda}_2 \boldsymbol{V}_{\overline{X}_{k-2}} + \cdots \tag{3.1.22}$$

那么改进的状态参数预报值为

$$\overline{\overline{\boldsymbol{X}}}_k = \overline{\boldsymbol{X}}_k + \overline{\boldsymbol{V}}_{\overline{X}_k} \tag{3.1.23}$$

经过有色噪声拟合后的状态方程和观测误差方程为

$$\overline{\overline{\boldsymbol{X}}}_k = \boldsymbol{\Phi}_{k,k-1}\hat{\boldsymbol{X}}_{k-1} + \overline{\boldsymbol{V}}_{\overline{X}_k} + \boldsymbol{\Omega}_k \tag{3.1.24}$$

$$\boldsymbol{V}_k = \boldsymbol{B}_k \hat{\boldsymbol{X}}_k - \overline{\boldsymbol{L}}_k \tag{3.1.25}$$

状态方程也可以写成状态误差方程，即

$$\boldsymbol{V}_{\overline{\overline{X}}_k} = \overline{\boldsymbol{X}}_k - \overline{\overline{\boldsymbol{X}}}_k \tag{3.1.26}$$

通过使用标准卡尔曼滤波算法，即可获得状态参数估值 $\hat{\boldsymbol{X}}_k$ 及其协方差矩阵。

3.1.3　噪声相关的卡尔曼滤波算法

相邻历元误差相关包括相邻历元状态误差相关、观测误差不相关，状态误差不相关、观测误差相关，状态误差和观测误差均相关三种情况。相邻历元误差相关的卡尔曼滤波称为有色噪声滤波。

卡尔曼滤波的状态方程和观测方程分别为

$$\boldsymbol{X}_k = \boldsymbol{\Phi}_{k,k-1}\boldsymbol{X}_{k-1} + \boldsymbol{\Omega}_k \tag{3.1.27}$$

$$\boldsymbol{L}_k = \boldsymbol{B}_k \boldsymbol{X}_k + \boldsymbol{\Delta}_k \tag{3.1.28}$$

设相邻三个历元状态误差向量为$\boldsymbol{\Omega}_{k-1}$、$\boldsymbol{\Omega}_k$、$\boldsymbol{\Omega}_{k+1}$，其协方差矩阵为

$$\begin{bmatrix} \boldsymbol{D}_{\Omega_{k-1,k-1}} & \boldsymbol{D}_{\Omega_{k-1,k}} & \boldsymbol{0} \\ \boldsymbol{D}_{\Omega_{k,k-1}} & \boldsymbol{D}_{\Omega_{k,k}} & \boldsymbol{D}_{\Omega_{k,k+1}} \\ \boldsymbol{0} & \boldsymbol{D}_{\Omega_{k+1,k}} & \boldsymbol{D}_{\Omega_{k+1,k+1}} \end{bmatrix} \tag{3.1.29}$$

式(3.1.29)表明相邻历元状态误差相关，即协方差不等于零，而不相邻历元误差独立，协方差等于零。

设相邻三个历元观测误差向量为$\boldsymbol{\Delta}_{k-1}$、$\boldsymbol{\Delta}_k$、$\boldsymbol{\Delta}_{k+1}$，其协方差矩阵为

$$\begin{bmatrix} \boldsymbol{D}_{\Delta_{k-1,k-1}} & \boldsymbol{D}_{\Delta_{k-1,k}} & \boldsymbol{0} \\ \boldsymbol{D}_{\Delta_{k,k-1}} & \boldsymbol{D}_{\Delta_{k,k}} & \boldsymbol{D}_{\Delta_{k,k+1}} \\ \boldsymbol{0} & \boldsymbol{D}_{\Delta_{k+1,k}} & \boldsymbol{D}_{\Delta_{k+1,k+1}} \end{bmatrix} \tag{3.1.30}$$

式(3.1.30)表明相邻历元观测误差相关，即协方差不等于零，而不相邻历元误差独立，协方差等于零。

1. 相邻历元动态噪声相关的卡尔曼滤波

卡尔曼滤波首先需要计算状态预报值 $\overline{\boldsymbol{X}}_k$ 及其协方差矩阵，即

$$\overline{\boldsymbol{X}}_k = \boldsymbol{\Phi}_{k,k-1} \hat{\boldsymbol{X}}_{k-1} \tag{3.1.31}$$

$$\begin{aligned} \boldsymbol{D}_{\overline{X}_k} &= [\boldsymbol{\Phi}_{k,k-1} \quad \boldsymbol{I}] \begin{bmatrix} \boldsymbol{D}_{\hat{X}_{k-1}} & \boldsymbol{D}_{\hat{X}_{k-1}\Omega_k} \\ \boldsymbol{D}_{\Omega_k \hat{X}_{k-1}} & \boldsymbol{D}_{\Omega_k} \end{bmatrix} \begin{bmatrix} \boldsymbol{\Phi}_{k,k-1}^{\mathrm{T}} \\ \boldsymbol{I} \end{bmatrix} \\ &= \boldsymbol{\Phi}_{k,k-1} \boldsymbol{D}_{\hat{X}_{k-1}} \boldsymbol{\Phi}_{k,k-1}^{\mathrm{T}} + \boldsymbol{D}_{\Omega_k \hat{X}_{k-1}} \boldsymbol{\Phi}_{k,k-1}^{\mathrm{T}} + \boldsymbol{\Phi}_{k,k-1} \boldsymbol{D}_{\hat{X}_{k-1}\Omega_k} + \boldsymbol{D}_{\Omega_k} \end{aligned} \tag{3.1.32}$$

式中，$\boldsymbol{D}_{\hat{X}_{k-1}\Omega_k} = \boldsymbol{D}_{\Omega_k \hat{X}_{k-1}}^{\mathrm{T}}$ 是由于$\boldsymbol{D}_{\Omega_{k-1}\Omega_k} \neq 0$ 造成$\hat{\boldsymbol{X}}_{k-1}$ 与$\boldsymbol{\Omega}_k$ 的协方差$\boldsymbol{D}_{\hat{X}_{k-1}\Omega_k} \neq 0$。由于

$$\begin{aligned} \hat{\boldsymbol{X}}_{k-1} &= \overline{\boldsymbol{X}}_{k-1} + \boldsymbol{J}_{k-1}(\boldsymbol{L}_{k-1} - \boldsymbol{B}_{k-1}\overline{\boldsymbol{X}}_{k-1}) \\ &= (\boldsymbol{I} - \boldsymbol{J}_{k-1}\boldsymbol{B}_{k-1})\overline{\boldsymbol{X}}_{k-1} + \boldsymbol{J}_{k-1}\boldsymbol{L}_{k-1} \\ &= (\boldsymbol{I} - \boldsymbol{J}_{k-1}\boldsymbol{B}_{k-1})(\widetilde{\boldsymbol{X}}_{k-1} - \boldsymbol{\Omega}_{k-1}) + \boldsymbol{J}_{k-1}\boldsymbol{L}_{k-1} \end{aligned} \tag{3.1.33}$$

则有

$$\begin{aligned} \boldsymbol{D}_{\hat{X}_{k-1}\Omega_k} &= [\boldsymbol{I} - \boldsymbol{J}_{k-1}\boldsymbol{B}_{k-1} \quad \boldsymbol{0}] \begin{bmatrix} \boldsymbol{D}_{\Omega_{k-1}} & \boldsymbol{D}_{\Omega_{k-1,k}} \\ \boldsymbol{D}_{\Omega_{k,k-1}} & \boldsymbol{D}_{\Omega_k} \end{bmatrix} \begin{bmatrix} \boldsymbol{0} \\ \boldsymbol{I} \end{bmatrix} \\ &= (\boldsymbol{I} - \boldsymbol{J}_{k-1}\boldsymbol{B}_{k-1}) \boldsymbol{D}_{\Omega_{k-1,k}} \end{aligned} \tag{3.1.34}$$

将式(3.1.34)代入式(3.1.32)，则可计算$\boldsymbol{D}_{\overline{X}_k}$。

由此，相邻历元状态噪声相关情况下第 k 历元状态估值为

$$\hat{\boldsymbol{X}}_k = \overline{\boldsymbol{X}}_k + \boldsymbol{D}_{\overline{X}_k} \boldsymbol{B}_k^{\mathrm{T}} (\boldsymbol{B}_k \boldsymbol{D}_{\overline{X}_k} \boldsymbol{B}_k^{\mathrm{T}} + \boldsymbol{D}_{\Delta_k})^{-1} (\boldsymbol{L}_k - \boldsymbol{B}_k \overline{\boldsymbol{X}}_k) \tag{3.1.35}$$

令

$$\boldsymbol{J}_k = \boldsymbol{D}_{\overline{X}_k} \boldsymbol{B}_k^{\mathrm{T}} (\boldsymbol{B}_k \boldsymbol{D}_{\overline{X}_k} \boldsymbol{B}_k^{\mathrm{T}} + \boldsymbol{D}_{\Delta_k})^{-1} \tag{3.1.36}$$

则式(3.1.33)为

$$\hat{\boldsymbol{X}}_k=\overline{\boldsymbol{X}}_k+\boldsymbol{J}_k(\boldsymbol{L}_k-\boldsymbol{B}_k\overline{\boldsymbol{X}}_k) \tag{3.1.37}$$

式中,$\boldsymbol{J}_k(\boldsymbol{L}_k-\boldsymbol{B}_k\overline{\boldsymbol{X}}_k)$是新观测值对一步预估值 $\overline{\boldsymbol{X}}_k$ 的修正值,$\boldsymbol{J}_k$称为增益矩阵。

第 k 次滤波值的协方差矩阵为

$$\boldsymbol{D}_{\hat{X}_k}=(\boldsymbol{I}-\boldsymbol{J}_k\boldsymbol{B}_k)\boldsymbol{D}_{\overline{X}_k} \tag{3.1.38}$$

上述诸式就是相邻历元动态噪声相关的卡尔曼滤波递推公式。

2. 相邻历元观测噪声相关的卡尔曼滤波

相邻观测噪声相关,即观测噪声$\boldsymbol{\Delta}_{k-1}$与$\boldsymbol{\Delta}_k$ 相关,$\boldsymbol{\Delta}_k$ 与$\boldsymbol{\Delta}_{k+1}$相关,而$\boldsymbol{\Delta}_{k-1}$与$\boldsymbol{\Delta}_{k+1}$不相关,即协方差矩阵为式(3.1.30)所示。设系统的动态噪声$\boldsymbol{\Omega}_k$ 和观测噪声$\boldsymbol{\Delta}_k$互不相关,均值为零。$\boldsymbol{\Omega}_k$ 为高斯白噪声序列,$\boldsymbol{\Delta}_k$ 为有色噪声序列。测量 $k-1$ 次得到$\hat{\boldsymbol{X}}_{k-1}$的估计值,第 k 次滤波的预测值为 $\overline{\boldsymbol{X}}_k=\boldsymbol{\Phi}_{k,k-1}\hat{\boldsymbol{X}}_{k-1}$,其协方差为$\boldsymbol{D}_{\overline{X}_k}=\boldsymbol{\Phi}_{k,k-1}\cdot\boldsymbol{D}_{\hat{X}_{k-1}}\boldsymbol{\Phi}_{k,k-1}^{\mathrm{T}}+\boldsymbol{D}_{\Omega k}$。由于$\boldsymbol{\Delta}_k$ 为有色噪声序列,使得 $\overline{\boldsymbol{X}}_k$ 与$\boldsymbol{\Delta}_k$ 相关,其协方差为

$$\boldsymbol{D}_{\overline{X}_k\Delta_k}=E(\overline{\boldsymbol{X}}_k\ \boldsymbol{\Delta}_k^{\mathrm{T}})=\boldsymbol{\Phi}_{k,k-1}E(\hat{\boldsymbol{X}}_{k-1}\boldsymbol{\Delta}_k^{\mathrm{T}}) \tag{3.1.39}$$

因为

$$\begin{aligned}\hat{\boldsymbol{X}}_{k-1}&=\overline{\boldsymbol{X}}_{k-1}+\boldsymbol{J}_{k-1}(\boldsymbol{L}_{k-1}-\boldsymbol{B}_{k-1}\overline{\boldsymbol{X}}_{k-1})\\&=(\boldsymbol{I}-\boldsymbol{J}_{k-1}\boldsymbol{B}_{k-1})\overline{\boldsymbol{X}}_{k-1}+\boldsymbol{J}_{k-1}\boldsymbol{L}_{k-1}\\&=(\boldsymbol{I}-\boldsymbol{J}_{k-1}\boldsymbol{B}_{k-1})\overline{\boldsymbol{X}}_{k-1}+\boldsymbol{J}_{k-1}(\boldsymbol{B}_{k-1}\widetilde{\boldsymbol{X}}_{k-1}+\boldsymbol{\Delta}_{k-1})\end{aligned} \tag{3.1.40}$$

根据协方差传播律

$$\boldsymbol{D}_{\hat{X}_{k-1}\Delta_k}=\boldsymbol{E}(\hat{\boldsymbol{X}}_{k-1}\boldsymbol{\Delta}_k^{\mathrm{T}})=[\boldsymbol{J}_{k-1}\quad \boldsymbol{0}]\begin{bmatrix}\boldsymbol{D}_{\Delta_{k-1}} & \boldsymbol{D}_{\Delta_{k-1,k}}\\ \boldsymbol{D}_{\Delta_{k,k-1}} & \boldsymbol{D}_{\Delta_k}\end{bmatrix}\begin{bmatrix}\boldsymbol{0}\\ \boldsymbol{I}\end{bmatrix}=\boldsymbol{J}_{k-1}\boldsymbol{D}_{\Delta_{k-1,k}} \tag{3.1.41}$$

因此

$$\boldsymbol{D}_{\overline{X}_k\Delta_k}=\boldsymbol{\Phi}_{k,k-1}E(\hat{\boldsymbol{X}}_{k-1}\boldsymbol{\Delta}_k^{\mathrm{T}})=\boldsymbol{\Phi}_{k,k-1}\boldsymbol{J}_{k-1}\boldsymbol{D}_{\Delta_{k-1,k}} \tag{3.1.42}$$

相邻历元观测噪声相关情况下第 k 历元函数模型和随机模型分别为

$$\left.\begin{aligned}\boldsymbol{V}_{\overline{X}_k}&=\hat{\boldsymbol{X}}_k-\overline{\boldsymbol{X}}_k\\ \boldsymbol{V}_k&=\boldsymbol{B}_k\hat{\boldsymbol{X}}_k-\boldsymbol{L}_k\end{aligned}\right\} \tag{3.1.43}$$

$$\begin{bmatrix}\boldsymbol{D}_{\overline{X}_k} & \boldsymbol{D}_{\overline{X}_k\Delta_k}\\ \boldsymbol{D}_{\Delta_k\overline{X}_k} & \boldsymbol{D}_{\Delta_k}\end{bmatrix}=\begin{bmatrix}\boldsymbol{\Phi}_{k,k-1}\boldsymbol{D}_{\hat{X}_{k-1}}\boldsymbol{\Phi}_{k,k-1}^{\mathrm{T}}+\boldsymbol{D}_{\Omega_k} & \boldsymbol{\Phi}_{k,k-1}\boldsymbol{J}_{k-1}\boldsymbol{D}_{\Delta_{k-1,k}}\\ \boldsymbol{D}_{\Delta_{k,k-1}}\boldsymbol{J}_{k-1}^{\mathrm{T}}\boldsymbol{\Phi}_{k,k-1}^{\mathrm{T}} & \boldsymbol{D}_{\Delta_k}\end{bmatrix} \tag{3.1.44}$$

相邻历元观测噪声相关情况下第 k 历元状态估值为

$$\begin{aligned}\hat{\boldsymbol{X}}_k=\overline{\boldsymbol{X}}_k+(\boldsymbol{D}_{\overline{X}_k}\boldsymbol{B}_k^{\mathrm{T}}+\boldsymbol{D}_{\overline{X}_k\Delta_k})(\boldsymbol{B}_k\boldsymbol{D}_{\overline{X}_k}\boldsymbol{B}_k^{\mathrm{T}}+\boldsymbol{D}_{\Delta_k}+\\ \boldsymbol{B}_k\boldsymbol{D}_{\overline{X}_k}+\boldsymbol{D}_{\overline{X}_k}\boldsymbol{B}_k^{\mathrm{T}})^{-1}(\boldsymbol{L}_k-\boldsymbol{B}_k\overline{\boldsymbol{X}}_k)\end{aligned} \tag{3.1.45}$$

令

$$\boldsymbol{J}_k=(\boldsymbol{D}_{\overline{X}_k}\boldsymbol{B}_k^{\mathrm{T}}+\boldsymbol{D}_{\overline{X}_k\Delta_k})(\boldsymbol{B}_k\boldsymbol{D}_{\overline{X}_k}\boldsymbol{B}_k^{\mathrm{T}}+\boldsymbol{D}_{\Delta_k}+\boldsymbol{B}_k\boldsymbol{D}_{\overline{X}_k}+\boldsymbol{D}_{\overline{X}_k}\boldsymbol{B}_k^{\mathrm{T}})^{-1} \tag{3.1.46}$$

第 k 次滤波值为

$$\hat{\boldsymbol{X}}_k=\overline{\boldsymbol{X}}_k+\boldsymbol{J}_k(\boldsymbol{L}_k-\boldsymbol{B}_k\overline{\boldsymbol{X}}_k) \tag{3.1.47}$$

第 k 次滤波值的协方差为

$$\boldsymbol{D}_{\hat{X}_k}=\boldsymbol{D}_{\overline{X}_k}-\boldsymbol{J}_k(\boldsymbol{B}_k^{\mathrm{T}}\boldsymbol{D}_{\overline{X}_k}+\boldsymbol{D}_{\Delta_k\overline{X}_k}) \tag{3.1.48}$$

3. 相邻动态噪声与观测噪声均相关的卡尔曼滤波

相邻动态噪声与观测噪声均相关情形下线性系统滤波的状态噪声协方差和观测噪声协方差分别为式(3.1.29)和式(3.1.30)。

第 k 滤波的一次预估值为

$$\overline{\boldsymbol{X}}_k=\boldsymbol{\Phi}_{k,k-1}\hat{\boldsymbol{X}}_{k-1} \tag{3.1.49}$$

$\overline{\boldsymbol{X}}_k$ 的协方差为

$$\boldsymbol{D}_{\overline{X}_k}=\boldsymbol{\Phi}_{k,k-1}\boldsymbol{D}_{\hat{X}_{k-1}}\boldsymbol{\Phi}_{k,k-1}^{\mathrm{T}}+\boldsymbol{D}_{\Omega_k}-\boldsymbol{D}_{\Omega_k\hat{X}_{k-1}}\boldsymbol{\Phi}_{k,k-1}^{\mathrm{T}}-\boldsymbol{\Phi}_{k,k-1}\boldsymbol{D}_{\hat{X}_{k-1}\Omega_k} \tag{3.1.50}$$

式中

$$\boldsymbol{D}_{\hat{X}_{k-1}\Omega_k}=(\boldsymbol{I}-\boldsymbol{J}_{k-1}\boldsymbol{B}_{k-1})\boldsymbol{D}_{\Omega_{k,k-1}},\boldsymbol{D}_{\hat{X}_{k-1}\Omega_k}=\boldsymbol{D}_{\Omega_k\hat{X}_{k-1}}^{\mathrm{T}} \tag{3.1.51}$$

$\overline{\boldsymbol{X}}_k$ 与 $\boldsymbol{\Delta}_k$ 的协方差为

$$\boldsymbol{D}_{\overline{X}_k\Delta_k}=\boldsymbol{\Phi}_{k,k-1}\boldsymbol{J}_{k-1}\boldsymbol{D}_{\Delta_{k-1,k}} \tag{3.1.52}$$

滤波增益矩阵为

$$\boldsymbol{J}_k=(\boldsymbol{D}_{\overline{X}_k}\boldsymbol{B}_k^{\mathrm{T}}+\boldsymbol{D}_{\overline{X}_k\Delta_k})(\boldsymbol{B}_k\boldsymbol{D}_{\overline{X}_k}\boldsymbol{B}_k^{\mathrm{T}}+\boldsymbol{D}_{\Delta_k}+\boldsymbol{B}_k\boldsymbol{D}_{\overline{X}_k\Delta_k}+\boldsymbol{D}_{\Delta_k\overline{X}_k}\boldsymbol{B}_k^{\mathrm{T}})^{-1} \tag{3.1.53}$$

第 k 次滤波值为

$$\hat{\boldsymbol{X}}_k=\overline{\boldsymbol{X}}_k+\boldsymbol{J}_k(\boldsymbol{L}_k-\boldsymbol{B}_k\overline{\boldsymbol{X}}_k) \tag{3.1.54}$$

第 k 次滤波值的协方差为

$$\boldsymbol{D}_{\hat{X}_k}=\boldsymbol{D}_{\overline{X}_k}-\boldsymbol{J}_k(\boldsymbol{B}_k^{\mathrm{T}}\boldsymbol{D}_{\overline{X}_k}+\boldsymbol{D}_{\Delta_k\overline{X}_k}) \tag{3.1.55}$$

有色噪声(即相关噪声)指的是噪声序列中每一时刻的噪声和另一时刻的噪声是相关的，这可以分三种情形，即动态噪声为有色噪声，观测向量为有色噪声，动态向量与观测向量均为有色噪声。

3.1.4　噪声相关的抗差卡尔曼滤波算法

相邻历元误差相关包括相邻历元状态误差相关、观测误差不相关，状态误差不相关、观测误差相关，状态误差和观测误差均相关三种情况。相邻历元误差相关的卡尔曼滤波称为有色噪声滤波。

卡尔曼滤波的状态方程和观测方程分别为

$$\boldsymbol{X}_k=\boldsymbol{\Phi}_{k,k-1}\boldsymbol{X}_{k-1}+\boldsymbol{\Omega}_k \tag{3.1.56}$$

$$\boldsymbol{L}_k=\boldsymbol{B}_k\boldsymbol{X}_k+\boldsymbol{\Delta}_k \tag{3.1.57}$$

设系统 t_k 时刻的动态噪声 $\boldsymbol{\Omega}_k$ 与相邻时刻 t_{k-1} 和 t_{k+1} 的动态噪声 $\boldsymbol{\Omega}_{k-1}$ 和 $\boldsymbol{\Omega}_{k+1}$ 互相独立，动态噪声 $\boldsymbol{\Omega}_k$ 和观测噪声 $\boldsymbol{\Delta}_k$ 互不相关。但 t_k 时刻观测噪声 $\boldsymbol{\Delta}_k$ 与相邻时

刻 t_{k-1} 和 t_{k+1} 的观测噪声 $\boldsymbol{\Delta}_{k-1}$、$\boldsymbol{\Delta}_{k+1}$ 相关，不相邻时刻的观测噪声 $\boldsymbol{\Delta}_{k-1}$ 和 $\boldsymbol{\Delta}_{k+1}$ 互不相关，即 $\boldsymbol{\Delta}_{k-1}$、$\boldsymbol{\Delta}_k$ 和 $\boldsymbol{\Delta}_{k+1}$ 的协方差矩阵为

$$\begin{bmatrix} \boldsymbol{D}_{\Delta_{k-1,k-1}} & \boldsymbol{D}_{\Delta_{k-1,k}} & \boldsymbol{0} \\ \boldsymbol{D}_{\Delta_{k,k-1}} & \boldsymbol{D}_{\Delta_{k,k}} & \boldsymbol{D}_{\Delta_{k,k+1}} \\ \boldsymbol{0} & \boldsymbol{D}_{\Delta_{k+1,k}} & \boldsymbol{D}_{\Delta_{k+1,k+1}} \end{bmatrix} \tag{3.1.58}$$

设 $\boldsymbol{\Omega}_{k-1}$ 为高斯白噪声序列，$\boldsymbol{\Delta}_k$ 为有色噪声序列。测量 $k-1$ 次得到 $\hat{\boldsymbol{X}}_{k-1}$ 的估计值，第 k 次滤波的预测值为 $\overline{\boldsymbol{X}}_k=\boldsymbol{\Phi}_{k,k-1}\hat{\boldsymbol{X}}_{k-1}$，其协方差为 $\boldsymbol{D}_{\overline{X}_k}=\boldsymbol{\Phi}_{k,k-1}\boldsymbol{D}_{\hat{X}_{k-1}}\boldsymbol{\Phi}_{k,k-1}^{\mathrm{T}}+\boldsymbol{D}_{\Omega_k}$。由于 $\boldsymbol{\Delta}_k$ 为有色噪声序列，使得 $\overline{\boldsymbol{X}}_k$ 与 $\boldsymbol{\Delta}_k$ 相关，其协方差为

$$\boldsymbol{D}_{\overline{X}_k\Delta_k}=E(\overline{\boldsymbol{X}}_k\boldsymbol{\Delta}_k^{\mathrm{T}})=\boldsymbol{\Phi}_{k,k-1}E(\hat{\boldsymbol{X}}_{k-1}\boldsymbol{\Delta}_k^{\mathrm{T}}) \tag{3.1.59}$$

因为

$$\begin{aligned} \hat{\boldsymbol{X}}_{k-1} &= \overline{\boldsymbol{X}}_{k-1}+\boldsymbol{J}_{k-1}(\boldsymbol{L}_{k-1}-\boldsymbol{B}_{k-1}\overline{\boldsymbol{X}}_{k-1}) \\ &= (\boldsymbol{I}-\boldsymbol{J}_{k-1}\boldsymbol{B}_{k-1})\overline{\boldsymbol{X}}_{k-1}+\boldsymbol{J}_{k-1}\boldsymbol{L}_{k-1} \\ &= (\boldsymbol{I}-\boldsymbol{J}_{k-1}\boldsymbol{B}_{k-1})\overline{\boldsymbol{X}}_{k-1}+\boldsymbol{J}_{k-1}(\boldsymbol{B}_{k-1}\tilde{\boldsymbol{X}}_{k-1}+\boldsymbol{\Delta}_{k-1}) \end{aligned} \tag{3.1.60}$$

根据协方差传播律，有

$$\boldsymbol{D}_{\hat{X}_{k-1}\Delta_k}=E(\hat{\boldsymbol{X}}_{k-1}\boldsymbol{\Delta}_k^{\mathrm{T}})=[\boldsymbol{J}_{k-1}\quad \boldsymbol{0}]\begin{bmatrix} \boldsymbol{D}_{\Delta_{k-1}} & \boldsymbol{D}_{\Delta_{k-1,k}} \\ \boldsymbol{D}_{\Delta_{k,k-1}} & \boldsymbol{D}_{\Delta_k} \end{bmatrix}\begin{bmatrix} \boldsymbol{0} \\ \boldsymbol{I} \end{bmatrix}=\boldsymbol{J}_{k-1}\boldsymbol{D}_{\Delta_{k-1,k}} \tag{3.1.61}$$

因此

$$\boldsymbol{D}_{\overline{X}_k\Delta_k}=\boldsymbol{\Phi}_{k,k-1}E(\hat{\boldsymbol{X}}_{k-1}\boldsymbol{\Delta}_k^{\mathrm{T}})=\boldsymbol{\Phi}_{k,k-1}\boldsymbol{J}_{k-1}\boldsymbol{D}_{\Delta_{k-1,k}} \tag{3.1.62}$$

相邻历元观测噪声相关情况下第 k 历元函数模型和随机模型分别为

$$\left.\begin{aligned} \boldsymbol{V}_{\overline{X}_k} &= \hat{\boldsymbol{X}}_k-\overline{\boldsymbol{X}}_k \\ \boldsymbol{V}_k &= \boldsymbol{B}_k\hat{\boldsymbol{X}}_k-\boldsymbol{L}_k \end{aligned}\right\} \tag{3.1.63}$$

$$\begin{bmatrix} \boldsymbol{D}_{\overline{X}_k} & \boldsymbol{D}_{\overline{X}_k\Delta_k} \\ \boldsymbol{D}_{\Delta_k\overline{X}_k} & \boldsymbol{D}_{\Delta_k} \end{bmatrix}=\begin{bmatrix} \boldsymbol{D}_{k,k-1}\boldsymbol{D}_{\hat{X}_{k-1}}\boldsymbol{\Phi}_{k,k-1}^{\mathrm{T}}+\boldsymbol{D}_{\Omega_k} & \boldsymbol{\Phi}_{k,k-1}\boldsymbol{J}_{k-1}\boldsymbol{D}_{\Delta_{k-1,k}} \\ \boldsymbol{D}_{\Delta_{k,k-1}}\boldsymbol{J}_{k-1}^{\mathrm{T}}\boldsymbol{\Phi}_{k,k-1}^{\mathrm{T}} & \boldsymbol{D}_{\Delta_k} \end{bmatrix} \tag{3.1.64}$$

相邻历元观测噪声相关情况下第 k 历元状态估值为

$$\begin{aligned} \hat{\boldsymbol{X}}_k=\overline{\boldsymbol{X}}_k+(\boldsymbol{D}_{\overline{X}_k}\boldsymbol{B}_k^{\mathrm{T}}+\boldsymbol{D}_{\overline{X}_k\Delta_k})(\boldsymbol{B}_k\boldsymbol{D}_{\overline{X}_k}\boldsymbol{B}_k^{\mathrm{T}}+\boldsymbol{D}_{\Delta_k}+ \\ \boldsymbol{B}_k\boldsymbol{D}_{\overline{X}_k}+\boldsymbol{D}_{\overline{X}_k}\boldsymbol{B}_k^{\mathrm{T}})^{-1}(\boldsymbol{L}_k-\boldsymbol{B}_k\overline{\boldsymbol{X}}_k) \end{aligned} \tag{3.1.65}$$

令

$$\boldsymbol{J}_k=(\boldsymbol{D}_{\overline{X}_k}\boldsymbol{B}_k^{\mathrm{T}}+\boldsymbol{D}_{\overline{X}_k\Delta_k})(\boldsymbol{B}_k\boldsymbol{D}_{\overline{X}_k}\boldsymbol{B}_k^{\mathrm{T}}+\boldsymbol{D}_{\Delta_k}+\boldsymbol{B}_k\boldsymbol{D}_{\overline{X}_k}+\boldsymbol{D}_{\overline{X}_k}\boldsymbol{B}_k^{\mathrm{T}})^{-1} \tag{3.1.66}$$

第 k 次滤波值为

$$\hat{\boldsymbol{X}}_k=\overline{\boldsymbol{X}}_k+\boldsymbol{J}_k(\boldsymbol{L}_k-\boldsymbol{B}_k\overline{\boldsymbol{X}}_k) \tag{3.1.67}$$

第 k 次滤波值的协方差为

$$\boldsymbol{D}_{\hat{X}_k}=\boldsymbol{D}_{\overline{X}_k}-\boldsymbol{J}_k(\boldsymbol{B}_k^{\mathrm{T}}\boldsymbol{D}_{\overline{X}_k}+\boldsymbol{D}_{\Delta_k\overline{X}_k}) \tag{3.1.68}$$

如果观测向量存在粗差，其抗差卡尔曼滤波迭代公式为

$$\hat{\boldsymbol{X}}_k^{(t)}=\overline{\boldsymbol{X}}_k+\boldsymbol{J}_k^{(t-1)}(\boldsymbol{L}_k-\boldsymbol{B}_k\overline{\boldsymbol{X}}_k) \tag{3.1.69}$$

式中

$$\bar{\boldsymbol{J}}_k^{(t-1)}=(\boldsymbol{D}_{\overline{X}_k}\boldsymbol{B}_k^{\mathrm{T}}+\bar{\boldsymbol{D}}_{\overline{X}_k\Delta_k})(\boldsymbol{B}_k\boldsymbol{D}_{\overline{X}_k}\boldsymbol{B}_k^{\mathrm{T}}+\bar{\boldsymbol{D}}_{\Delta_k}^{(t-1)}+\boldsymbol{B}_k\bar{\boldsymbol{D}}_{\overline{X}_k\Delta_k}+\bar{\boldsymbol{D}}_{\Delta_k\overline{X}_k}\boldsymbol{B}_k^{\mathrm{T}})^{-1} \tag{3.1.70}$$

其中，$\bar{\boldsymbol{D}}_{\overline{X}_k\Delta_k}$ 按下式计算，则有

$$\bar{\boldsymbol{D}}_{\overline{X}_k\Delta_k}=\boldsymbol{\Phi}_{k,k-1}\bar{\boldsymbol{J}}_{k-1}\boldsymbol{D}_{\Delta_{k-1,k}} \tag{3.1.71}$$

由于有色噪声的观测值相关，则可采用双因子等价协方差矩阵。等价协方差矩阵$\bar{\boldsymbol{D}}_{\Delta_k}$ 可以构造为

$$\left.\begin{aligned}\bar{\boldsymbol{D}}_{\Delta_{k_{ii}}}&=\lambda_{ii}\boldsymbol{D}_{\Delta_{k_{ii}}}\\ \bar{\boldsymbol{D}}_{\Delta_{k_{ij}}}&=\lambda_{ij}\bar{\boldsymbol{D}}_{\Delta_{k_{ij}}}\\ \lambda_{ij}&=\sqrt{\lambda_{ii}\lambda_{jj}}\end{aligned}\right\} \tag{3.1.72}$$

式中，λ_{ii} 为抗差因子，可按下式计算，即

$$\lambda_{ii}=\begin{cases}1, & |\tilde{V}_{k_i}|\leqslant k_0\\ \dfrac{k_0}{|\tilde{V}_{k_i}|}\left[\dfrac{k_1-|\tilde{V}_{k_i}|}{k_1-k_0}\right], & k_0<|\tilde{V}_{k_i}|\leqslant k_1\\ 0, & |\tilde{V}_{k_i}|>k_1\end{cases} \tag{3.1.73}$$

式中，k_0 和 k_1 为抗差阈值，一般分别取为 1.5～2.0 和 3.0～8.5；$\tilde{V}_k$ 为标准化残差。

1. 动态噪声为有色噪声的抗差卡尔曼滤波

设系统 t_k 时刻的观测噪声$\boldsymbol{\Delta}_k$ 与相邻时刻 t_{k-1} 和 t_{k+1} 的观测噪声$\boldsymbol{\Delta}_{k-1}$ 和$\boldsymbol{\Delta}_{k+1}$ 互相独立，动态噪声$\boldsymbol{\Omega}_k$ 和观测噪声$\boldsymbol{\Delta}_k$ 互不相关。但 t_k 时刻动态噪声$\boldsymbol{\Omega}_k$ 与相邻时刻 t_{k-1} 和 t_{k+1} 的动态噪声$\boldsymbol{\Omega}_{k-1}$、$\boldsymbol{\Omega}_{k+1}$ 相关，不相邻时刻的动态噪声$\boldsymbol{\Omega}_{k-1}$ 和$\boldsymbol{\Omega}_{k+1}$ 互不相关，即$\boldsymbol{\Omega}_{k-1}$、$\boldsymbol{\Omega}_k$ 和$\boldsymbol{\Omega}_{k+1}$ 的协方差矩阵为

$$\begin{bmatrix}\boldsymbol{D}_{\Omega_{k-1,k-1}} & \boldsymbol{D}_{\Omega_{k-1,k}} & \boldsymbol{0}\\ \boldsymbol{D}_{\Omega_{k,k-1}} & \boldsymbol{D}_{\Omega_{k,k}} & \boldsymbol{D}_{\Omega_{k,k+1}}\\ \boldsymbol{0} & \boldsymbol{D}_{\Omega_{k+1,k}} & \boldsymbol{D}_{\Omega_{k+1,k+1}}\end{bmatrix} \tag{3.1.74}$$

卡尔曼滤波首先需要计算状态预报值 $\overline{\boldsymbol{X}}_k$ 及其协方差矩阵，即

$$\overline{\boldsymbol{X}}_k=\boldsymbol{\Phi}_{k,k-1}\hat{\boldsymbol{X}}_{k-1} \tag{3.1.75}$$

$$\boldsymbol{D}_{\overline{X}_k}=[\boldsymbol{\Phi}_{k,k-1}\quad \boldsymbol{I}]\begin{bmatrix}\boldsymbol{D}_{\hat{X}_{k-1}} & \boldsymbol{D}_{\hat{X}_{k-1}\Omega_k}\\ \boldsymbol{D}_{\Omega_k\hat{X}_{k-1}} & \boldsymbol{D}_{\Omega_k}\end{bmatrix}\begin{bmatrix}\boldsymbol{\Phi}_{k,k-1}^{\mathrm{T}}\\ \boldsymbol{I}\end{bmatrix}$$

$$=\boldsymbol{\Phi}_{k,k-1}\boldsymbol{D}_{\hat{X}_{k-1}}\boldsymbol{\Phi}_{k,k-1}^{\mathrm{T}}+\boldsymbol{D}_{\Omega_k\hat{X}_{k-1}}\boldsymbol{\Phi}_{k,k-1}^{\mathrm{T}}+\boldsymbol{\Phi}_{k,k-1}\boldsymbol{D}_{\hat{X}_{k-1}\Omega_k}+\boldsymbol{D}_{\Omega_k} \tag{3.1.76}$$

式中，$\boldsymbol{D}_{\hat{X}_{k-1}\Omega_k}=\boldsymbol{D}_{\Omega_k\hat{X}_{k-1}}^{\mathrm{T}}$ 是由于 $\boldsymbol{D}_{\Omega_{k-1}\Omega_k}\neq 0$ 造成 $\hat{\boldsymbol{X}}_{k-1}$ 与 $\boldsymbol{\Omega}_k$ 的协方差 $\boldsymbol{D}_{\hat{X}_{k-1}\Omega_k}\neq 0$。由于

$$\begin{aligned}\hat{\boldsymbol{X}}_{k-1}&=\overline{\boldsymbol{X}}_{k-1}+\boldsymbol{J}_{k-1}(\boldsymbol{L}_{k-1}-\boldsymbol{B}_{k-1}\overline{\boldsymbol{X}}_{k-1})\\&=(\boldsymbol{I}-\boldsymbol{J}_{k-1}\boldsymbol{B}_{k-1})\overline{\boldsymbol{X}}_{k-1}+\boldsymbol{J}_{k-1}\boldsymbol{L}_{k-1}\\&=(\boldsymbol{I}-\boldsymbol{J}_{k-1}\boldsymbol{B}_{k-1})(\widetilde{\boldsymbol{X}}_{k-1}-\boldsymbol{\Omega}_{k-1})+\boldsymbol{J}_{k-1}\boldsymbol{L}_{k-1}\end{aligned} \tag{3.1.77}$$

则有

$$\begin{aligned}\boldsymbol{D}_{\hat{X}_{k-1}\Omega_k}&=[\boldsymbol{I}-\boldsymbol{J}_{k-1}\boldsymbol{B}_{k-1}\quad \boldsymbol{0}]\begin{bmatrix}\boldsymbol{D}_{\Omega_{k-1}} & \boldsymbol{D}_{\Omega_{k-1,k}}\\ \boldsymbol{D}_{\Omega_{k,k-1}} & \boldsymbol{D}_{\Omega_k}\end{bmatrix}\begin{bmatrix}\boldsymbol{0}\\ \boldsymbol{I}\end{bmatrix}\\&=(\boldsymbol{I}-\boldsymbol{J}_{k-1}\boldsymbol{B}_{k-1})\boldsymbol{D}_{\Omega_{k-1,k}}\end{aligned} \tag{3.1.78}$$

将式(3.1.76)代入式(3.1.74)计算 $\boldsymbol{D}_{\overline{X}_k}$，并用 $\overline{\boldsymbol{X}}_k$、$\boldsymbol{D}_{\overline{X}_k}$ 计算 $\hat{\boldsymbol{X}}_k$ 和 $\boldsymbol{D}_{\hat{X}_k}$。这样就导出了有色噪声作用下卡尔曼滤波的递推公式为

$$\hat{\boldsymbol{X}}_k=\overline{\boldsymbol{X}}_k+\boldsymbol{J}_k(\boldsymbol{L}_k-\boldsymbol{B}_k\overline{\boldsymbol{X}}_k) \tag{3.1.79}$$

$$\boldsymbol{D}_{\hat{X}_k}=\boldsymbol{D}_{\overline{X}_k}-\boldsymbol{J}_k\boldsymbol{B}_k\boldsymbol{D}_{\overline{X}_k}=(\boldsymbol{I}-\boldsymbol{J}_k\boldsymbol{B}_k)\boldsymbol{D}_{\overline{X}_k} \tag{3.1.80}$$

式中，$\overline{\boldsymbol{X}}_k$ 是动态系统根据状态方程进行的一步预估值；$\boldsymbol{J}_k(\boldsymbol{L}_k-\boldsymbol{B}_k\overline{\boldsymbol{X}}_k)$ 是新观测值对一步预估值 $\overline{\boldsymbol{X}}_k$ 的修正值，$\boldsymbol{J}_k$ 称为增益矩阵，其计算式为

$$\boldsymbol{J}_k=\boldsymbol{D}_{\overline{X}_k}\boldsymbol{B}_k^{\mathrm{T}}(\boldsymbol{B}_k\boldsymbol{D}_{\overline{X}_k}\boldsymbol{B}_k^{\mathrm{T}}+\boldsymbol{D}_{\Delta_k})^{-1} \tag{3.1.81}$$

如果状态向量存在粗差，其抗差卡尔曼滤波迭代公式为

$$\hat{\boldsymbol{X}}_k^{(t)}=\overline{\boldsymbol{X}}_k+\widetilde{\boldsymbol{J}}_k^{(t-1)}(\boldsymbol{L}_k-\boldsymbol{B}_k\overline{\boldsymbol{X}}_k) \tag{3.1.82}$$

其中

$$\widetilde{\boldsymbol{J}}_k^{(t-1)}=\overline{\boldsymbol{D}}_{\overline{X}_k}^{(t-1)}\boldsymbol{B}_k^{\mathrm{T}}(\boldsymbol{B}_k\overline{\boldsymbol{D}}_{\overline{X}_k}^{(t-1)}\boldsymbol{B}_k^{\mathrm{T}}+\boldsymbol{D}_{\Delta_k})^{-1} \tag{3.1.83}$$

$\overline{\boldsymbol{D}}_{\overline{X}_k}^{(t-1)}$ 按式(3.1.74)得

$$\begin{aligned}\overline{\boldsymbol{D}}_{\overline{X}_k}^{(t-1)}&=[\boldsymbol{\Phi}_{k,k-1}\ -\boldsymbol{I}]\begin{bmatrix}\boldsymbol{D}_{\hat{X}_{k-1}} & \overline{\boldsymbol{D}}_{\hat{X}_{k-1}\Omega_{k-1}}^{(t-1)}\\ \overline{\boldsymbol{D}}_{\Omega_{k-1}\hat{X}_{k-1}}^{(t-1)} & \overline{\boldsymbol{D}}_{\Omega_{k-1}}^{t}\end{bmatrix}\begin{bmatrix}\boldsymbol{\Phi}_{k,k-1}^{\mathrm{T}}\\ -\boldsymbol{I}\end{bmatrix}\\&=\boldsymbol{\Phi}_{k,k-1}\boldsymbol{D}_{\hat{X}_{k-1}}\boldsymbol{\Phi}_{k,k-1}^{\mathrm{T}}+\overline{\boldsymbol{D}}_{\Omega_{k-1}}^{(t-1)}-\overline{\boldsymbol{D}}_{\Omega_{k-1}\hat{X}_{k-1}}^{(t-1)}\boldsymbol{\Phi}_{k,k-1}^{\mathrm{T}}-\boldsymbol{\Phi}_{k,k-1}\overline{\boldsymbol{D}}_{\hat{X}_{k-1}\Omega_{k-1}}^{(t-1)}\end{aligned} \tag{3.1.84}$$

$$\left.\begin{aligned}\overline{\boldsymbol{D}}_{\hat{X}_{k-1}\Omega_k}^{(t-1)}&=[\boldsymbol{I}-\widetilde{\boldsymbol{J}}_{k-1}^{(t-1)}\boldsymbol{B}_{k-1}\quad \boldsymbol{0}]\begin{bmatrix}\overline{\boldsymbol{D}}_{\Omega_{k-1}}^{(t-1)} & \boldsymbol{D}_{\Omega_{k-1,k}}\\ \boldsymbol{D}_{\Omega_{k,k-1}} & \overline{\boldsymbol{D}}_{\Omega_k}^{(t-1)}\end{bmatrix}\begin{bmatrix}\boldsymbol{0}\\ \boldsymbol{I}\end{bmatrix}=(\boldsymbol{I}-\widetilde{\boldsymbol{J}}_{k-1}^{(t-1)}\boldsymbol{B}_{k-1})\boldsymbol{D}_{\Omega_{k,k-1}}\\ \overline{\boldsymbol{D}}_{\hat{X}_{k-1}\Omega_k}&=\overline{\boldsymbol{D}}_{\Omega_k\hat{X}_{k-1}}^{\mathrm{T}}\end{aligned}\right\} \tag{3.1.85}$$

式中，$\overline{\boldsymbol{D}}_{\Omega_{k-1}}^{(t-1)}$、$\overline{\boldsymbol{D}}_{\Omega_k}^{(t-1)}$ 按迭代计算。

动态噪声和观测噪声皆为有色噪声的抗差卡尔曼滤波时，只要把前两部分结

合起来，也可以导出相应的迭代公式。

等价协方差矩阵$\bar{\boldsymbol{D}}_{\overline{X}_k}$可以构造为

$$\left.\begin{aligned}\bar{\boldsymbol{D}}_{\overline{X}_{ii}}&=\eta_{ii}\boldsymbol{D}_{\overline{X}_{ii}}\\\bar{\boldsymbol{D}}_{\overline{X}_{ij}}&=\eta_{ij}\boldsymbol{D}_{\overline{X}_{ij}}\\\eta_{ij}&=\sqrt{\eta_{ii}\eta_{jj}}\end{aligned}\right\}\tag{3.1.86}$$

式中，η_{ii}为抗差因子，可按下式计算

$$\eta_{ii}=\begin{cases}1, & |\tilde{V}_{\overline{X}_{k_i}}|\leqslant k_0\\ \dfrac{k_0}{|\tilde{V}_{\overline{X}_{k_i}}|}\left(\dfrac{k_1-|\tilde{V}_{\overline{X}_{k_i}}|}{k_1-k_0}\right), & k_0<|\tilde{V}_{\overline{X}_{k_i}}|\leqslant k_1\\ 0, & |\tilde{V}_{\overline{X}_{k_i}}|>k_1\end{cases}\tag{3.1.87}$$

式中，k_0 和 k_1 为抗差阈值，一般分别取为 1.5～2.0 和 3.0～8.5；$\tilde{V}_{\overline{X}_k}$为标准化残差。

§3.2　有色噪声作用下线性系统卡尔曼滤波

有色噪声（即相关噪声）指的是噪声序列中每一时刻的噪声和另一时刻的噪声是相关的，这可以分三种情形，即动态噪声为有色噪声，观测向量为有色噪声，动态向量与观测向量均为有色噪声。现有文献只给出了一种特殊情形下的有色噪声系统，即在白噪声驱动下的有色噪声。采用的是动态变量扩维法和观测向量求差法解决白噪声驱动的有色噪声的线性系统滤波问题。

本书尝试一种新的方法，解决有色噪声情形下线性系统滤波问题。

3.2.1　动态噪声为有色噪声情形下线性系统卡尔曼滤波

1. 状态方程改化法

如果动态噪声$\boldsymbol{\Omega}_k$和$\boldsymbol{\Omega}_j$ 的协方差为

$$\mathrm{cov}(\boldsymbol{\Omega}_k,\boldsymbol{\Omega}_j)\neq 0\tag{3.2.1}$$

则称动态噪声$\boldsymbol{\Omega}_1$、$\boldsymbol{\Omega}_2$、…、$\boldsymbol{\Omega}_n$为有色噪声序列，下面讨论动态噪声为普遍意义的有色噪声的卡尔曼滤波。

为推导公式的方便，现将状态方程写成如下形式，即

$$\left.\begin{aligned}\boldsymbol{X}_1&=\boldsymbol{\Phi}_{1,0}\boldsymbol{X}_0+\boldsymbol{\Gamma}_0\,\Omega_0\\\boldsymbol{X}_2&=\boldsymbol{\Phi}_{2,1}\boldsymbol{X}_1+\boldsymbol{\Gamma}_1\,\boldsymbol{\Omega}_1\\&\;\;\vdots\\\boldsymbol{X}_n&=\boldsymbol{\Phi}_{n,n-1}\boldsymbol{X}_{n-1}+\boldsymbol{\Gamma}_{n-1}\boldsymbol{\Omega}_{n-1}\end{aligned}\right\}\tag{3.2.2}$$

如果动态噪声是有色噪声，则有

$$\boldsymbol{D}_{\Omega}=\begin{bmatrix} \boldsymbol{D}_{X_0X_0}(0,0) & 0 & 0 & \cdots & 0 \\ 0 & \boldsymbol{D}_{\Omega_{11}} & \boldsymbol{D}_{\Omega_{12}} & \cdots & \boldsymbol{D}_{\Omega_{1,n-1}} \\ 0 & \boldsymbol{D}_{\Omega_{21}} & \boldsymbol{D}_{\Omega_{22}} & \cdots & \boldsymbol{D}_{\Omega 2,n-1} \\ \vdots & \vdots & \vdots & & \vdots \\ 0 & \boldsymbol{D}_{\Omega n-1,1} & \boldsymbol{D}_{\Omega n-1,2} & \cdots & \boldsymbol{D}_{\Omega n-1,n-1} \end{bmatrix} \tag{3.2.3}$$

将状态方程式(3.2.3)改为

$$\left.\begin{aligned} \boldsymbol{X}_1 &= \boldsymbol{\Phi}_{1,0}\boldsymbol{X}_0+\boldsymbol{\Gamma}_{1,0}\boldsymbol{\Omega}'_0 \\ \boldsymbol{X}_2 &= \boldsymbol{\Phi}_{2,1}^{(1)}\boldsymbol{X}_1+\boldsymbol{\Gamma}_{2,1}^{(1)}\boldsymbol{\Omega}'_1 \\ &\vdots \\ \boldsymbol{X}_n &= \boldsymbol{\Phi}_{n,n-1}^{(n-1)}\boldsymbol{X}_{n-1}+\boldsymbol{\Gamma}_{n,n-1}^{(n-1)}\boldsymbol{\Omega}'_{n-1} \end{aligned}\right\} \tag{3.2.4}$$

改后状态方程的协方差矩阵为

$$\boldsymbol{D}_{\Omega'}=\begin{bmatrix} \boldsymbol{D}_{X_0X_0} & 0 & 0 & \cdots & 0 \\ 0 & \boldsymbol{D}_{\Omega_{11}} & 0 & \cdots & 0 \\ 0 & 0 & [\boldsymbol{D}_{\Omega_{22}}\cdot 1] & \cdots & 0 \\ \vdots & \vdots & \vdots & & \vdots \\ 0 & 0 & 0 & \cdots & [\boldsymbol{D}_{\Omega_{n-1,n-1}}\cdot(n-2)] \end{bmatrix} \tag{3.2.5}$$

其中

$$\left.\begin{aligned} &\boldsymbol{\Phi}_i^{(i-1)}=\boldsymbol{\Phi}_i^{(i-2)}-[\boldsymbol{D}_{\Omega}(i,i-1)\cdot(i-2)][\boldsymbol{D}_{\Omega}(i-1,i-1)\cdot(i-2)]^{-1}\boldsymbol{\Phi}_{i-1}^{(i-2)} \\ &\boldsymbol{\Gamma}_i^{(i-1)}=\boldsymbol{\Gamma}_i^{(i-2)}-[\boldsymbol{D}_{\Omega}(i,i-1)\cdot(i-2)][\boldsymbol{D}_{\Omega}(i-1,i-1)\cdot(i-2)]^{-1}\boldsymbol{\Gamma}_{i-1}^{(i-2)} \\ &[\boldsymbol{D}_{\Omega}(i,i)\cdot(i-1)]=[\boldsymbol{D}_{\Omega}(i,i)\cdot(i-2)]- \\ &[\boldsymbol{D}_{\Omega}(i,i-1)\cdot(i-2)][\boldsymbol{D}_{\Omega}(i-1,i-1)\cdot(i-2)]^{-1}[\boldsymbol{D}_{\Omega}(i,-1,i)\cdot(i-2)] \end{aligned}\right\} \tag{3.2.6}$$

2. 相邻动态噪声相关的卡尔曼滤波

设卡尔曼滤波初始状态为$E(\boldsymbol{X}_0)=\boldsymbol{\mu}_{X_0}$，$D(\boldsymbol{X}_0)=\boldsymbol{D}_{X_0}$，且$\boldsymbol{X}_0$与$\{\boldsymbol{\Omega}_k\}$、$\{\boldsymbol{\Delta}_k\}$都不相关，即$\mathrm{cov}(\boldsymbol{X}_0,\boldsymbol{\Omega}_k)=0$，$\mathrm{cov}(\boldsymbol{X}_0,\boldsymbol{\Delta}_k)=0$。状态方程的改化方法虽然是严密的，但是对于实时动态系统来说是不方便的，它要求系统记住前面的动态方程。如果动态噪声$\boldsymbol{\Omega}_{k-1}$只与相邻动态噪声$\boldsymbol{\Omega}_{k-2}$、$\boldsymbol{\Omega}_k$相关，即$\boldsymbol{D}_{\Omega}$为三对角矩阵，如

$$
\boldsymbol{D}_{\Omega}=\begin{bmatrix}
\boldsymbol{D}_{\Omega_{11}} & \boldsymbol{D}_{\Omega_{12}} & 0 & 0 & 0 & \cdots & 0 & 0 & 0\\
\boldsymbol{D}_{\Omega_{21}} & \boldsymbol{D}_{\Omega_{22}} & \boldsymbol{D}_{\Omega_{23}} & 0 & 0 & \cdots & 0 & 0 & 0\\
0 & \boldsymbol{D}_{\Omega_{32}} & \boldsymbol{D}_{\Omega_{33}} & \boldsymbol{D}_{\Omega_{34}} & 0 & \cdots & 0 & 0 & 0\\
0 & 0 & \boldsymbol{D}_{\Omega_{43}} & \boldsymbol{D}_{\Omega_{44}} & \boldsymbol{D}_{\Omega_{45}} & \cdots & 0 & 0 & 0\\
\vdots & \vdots & \vdots & \vdots & \vdots & & \vdots & \vdots & \vdots\\
0 & 0 & 0 & 0 & 0 & \cdots & \boldsymbol{D}_{\Omega_{n-2,n-3}} & 0 & 0\\
0 & 0 & 0 & 0 & 0 & \cdots & \boldsymbol{D}_{\Omega_{n-2,n-2}} & \boldsymbol{D}_{\Omega_{n-2,n-1}} & 0\\
0 & 0 & 0 & 0 & 0 & \cdots & \boldsymbol{D}_{\Omega_{n-1,n-2}} & \boldsymbol{D}_{\Omega_{n-1,n-1}} & \boldsymbol{D}_{\Omega_{n-1,n}}\\
0 & 0 & 0 & 0 & 0 & \cdots & 0 & \boldsymbol{D}_{\Omega_{n,n-1}} & \boldsymbol{D}_{\Omega_{n,n}}
\end{bmatrix}
$$

设如果在测量 $k-1$ 次以后，已经得到$\hat{\boldsymbol{X}}_{k-1}$的估计值，那么根据动态方程就可以预测 k 次的状态值，由于$\boldsymbol{\Omega}_k$ 的均值为零(即 $E(\boldsymbol{\Omega}_k)=0$)，则定义$\overline{\boldsymbol{X}}_k$ 为由 $k-1$ 次测量所得估计值$\overline{\boldsymbol{X}}_k$ 的一步预测合理数值，即

$$\overline{\boldsymbol{X}}_k=\boldsymbol{\Phi}_{k,k-1}\hat{\boldsymbol{X}}_{k-1} \tag{3.2.7}$$

设

$$\hat{\boldsymbol{x}}_k=\overline{\boldsymbol{X}}_k-\boldsymbol{X}_k \tag{3.2.8}$$

在式(3.2.7)两边减去$\boldsymbol{X}_k$，则

$$\overline{\boldsymbol{X}}_k-\boldsymbol{X}_k=\boldsymbol{\Phi}_{k,k-1}\hat{\boldsymbol{X}}_{k-1}-\boldsymbol{X}_k$$

将动态方程代入上式，得

$$\hat{\boldsymbol{x}}_k=\boldsymbol{\Phi}_{k,k-1}\hat{\boldsymbol{X}}_{k-1}-\boldsymbol{\Gamma}_{k-1}\boldsymbol{\Omega}_{k-1}=[\boldsymbol{\Phi}_{k,k-1}\ \ -\boldsymbol{\Gamma}_{k-1}]\begin{bmatrix}\hat{\boldsymbol{X}}_{k-1}\\ \boldsymbol{\Omega}_{k-1}\end{bmatrix}$$

则

$$
\begin{aligned}
\boldsymbol{D}_{\hat{x}_k}&=[\boldsymbol{\Phi}_{k,k-1}\ \ -\boldsymbol{\Gamma}_{k-1}]\begin{bmatrix}\boldsymbol{D}_{\hat{X}_{k-1}} & \boldsymbol{D}_{\hat{X}_{k-1}\Omega_{k-1}}\\ \boldsymbol{D}_{\Omega_{k-1}\hat{X}_{k-1}} & \boldsymbol{D}_{\Omega_{k-1}}\end{bmatrix}\begin{bmatrix}\boldsymbol{\Phi}_{k,k-1}^{\mathrm{T}}\\ -\boldsymbol{\Gamma}_{k-1}^{\mathrm{T}}\end{bmatrix}\\
&=\boldsymbol{\Phi}_{k,k-1}\boldsymbol{D}_{\hat{X}_{k-1}}\boldsymbol{\Phi}_{k,k-1}^{\mathrm{T}}+\boldsymbol{\Gamma}_{k-1}\boldsymbol{D}_{\Omega_{k-1}}\boldsymbol{\Gamma}_{k-1}^{\mathrm{T}}-\boldsymbol{\Gamma}_{k-1}\boldsymbol{D}_{\Omega_{k-1}\hat{X}_{k-1}}\boldsymbol{\Phi}_{k,k-1}^{\mathrm{T}}-\\
&\quad\boldsymbol{\Phi}_{k,k-1}\boldsymbol{D}_{\hat{X}_{k-1}\Omega_{k-1}}\boldsymbol{\Gamma}_{k-1}^{\mathrm{T}}
\end{aligned}
\tag{3.2.9}
$$

由于

$$
\begin{aligned}
\hat{\boldsymbol{X}}_{k-1}&=\overline{\boldsymbol{X}}_{k-1}+\boldsymbol{J}_{k-1}(\boldsymbol{L}_{k-1}-\boldsymbol{B}_{k-1}\overline{\boldsymbol{X}}_{k-1})\\
&=(\boldsymbol{I}-\boldsymbol{J}_{k-1}\boldsymbol{B}_{k-1})\overline{\boldsymbol{X}}_{k-1}+\boldsymbol{J}_{k-1}\boldsymbol{L}_{k-1}\\
&=(\boldsymbol{I}-\boldsymbol{J}_{k-1}\boldsymbol{B}_{k-1})(\boldsymbol{X}_{k-1}-\boldsymbol{\Gamma}_{k-2}\boldsymbol{\Omega}_{k-2})+\boldsymbol{J}_{k-1}\boldsymbol{L}_{k-1}
\end{aligned}
\tag{3.2.10}
$$

$$\left.\begin{aligned} \boldsymbol{D}_{\hat{X}_{k-1}\boldsymbol{\Omega}_{k-1}} &= [\boldsymbol{I}-\boldsymbol{J}_{k-1}\boldsymbol{B}_{k-1} \quad \boldsymbol{0}]\begin{bmatrix}\boldsymbol{D}_{\Omega_{k-2}} & \boldsymbol{D}_{\Omega_{k-2,k-1}}\\ \boldsymbol{D}_{\Omega_{k-1,k-2}} & \boldsymbol{D}_{\Omega_{k-1}}\end{bmatrix}\begin{bmatrix}\boldsymbol{0}\\ \boldsymbol{I}\end{bmatrix} \\ &= (\boldsymbol{I}-\boldsymbol{J}_{k-1}\boldsymbol{B}_{k-1})\boldsymbol{D}_{\Omega k-1,k-2} \\ \boldsymbol{D}_{\hat{X}_{k-1}\Omega_{k-1}} &= \boldsymbol{D}^{\mathrm{T}}_{\Omega_{k-1}\hat{X}_{k-1}} \end{aligned}\right\} \tag{3.2.11}$$

将式(3.2.11)代入式(3.2.9)计算 $\boldsymbol{D}_{\bar{X}_{k-1}}$，并将式(3.3.7)的 $\overline{\boldsymbol{X}}_{k,k-1}$ 代入式(3.1.18)计算 $\hat{\boldsymbol{X}}_k$，将式(3.3.9)的 $\boldsymbol{D}_{\bar{X}_{k-1}}$ 代入式(3.1.19)计算 $\boldsymbol{D}_{\hat{X}_k}$。状态噪声为有色噪声，即有

$$\hat{\boldsymbol{X}}_k = \overline{\boldsymbol{X}}_k + \boldsymbol{D}_{\bar{x}_k}\boldsymbol{B}_k^{\mathrm{T}}(\boldsymbol{B}_k\boldsymbol{D}_{\bar{x}_k}\boldsymbol{B}_k^{\mathrm{T}} + \boldsymbol{D}_{\Delta_k})^{-1}(\boldsymbol{L}_k - \boldsymbol{B}_k\overline{\boldsymbol{X}}_k) \tag{3.2.12}$$

令

$$\boldsymbol{J}_k = \boldsymbol{D}_{\bar{x}_k}\boldsymbol{B}_k^{\mathrm{T}}(\boldsymbol{B}_k\boldsymbol{D}_{\bar{x}_k}\boldsymbol{B}_k^{\mathrm{T}} + \boldsymbol{D}_{\Delta_k})^{-1} \tag{3.2.13}$$

则式(3.3.10)为

$$\hat{\boldsymbol{X}}_k = \overline{\boldsymbol{X}}_k + \boldsymbol{J}_k(\boldsymbol{L}_k - \boldsymbol{B}_k\overline{\boldsymbol{X}}_k) \tag{3.2.14}$$

式中，$\overline{\boldsymbol{X}}_k$ 是动态系统根据状态方程进行的一步预估值；$\boldsymbol{J}_k(\boldsymbol{L}_k - \boldsymbol{B}_k\overline{\boldsymbol{X}}_k)$是新观测值对一步预估值$\overline{\boldsymbol{X}}_k$ 的修正值，$\boldsymbol{J}_k$称为增益矩阵。

第 k 次滤波值的协方差矩阵为

$$\boldsymbol{D}_{\hat{X}_k} = \boldsymbol{D}_{\bar{X}_k} - \boldsymbol{J}_k\boldsymbol{B}_k\boldsymbol{D}_{\bar{X}_k} = (\boldsymbol{I} - \boldsymbol{J}_k\boldsymbol{B}_k)\boldsymbol{D}_{\bar{X}_k} \tag{3.2.15}$$

上述诸式就是动态噪声为有色噪声情形下线性系统滤波递推公式。

3.2.2 观测噪声为有色噪声情形下线性系统滤波

1. 观测方程改化法

如果观测噪声$\boldsymbol{\Delta}_k$ 和$\boldsymbol{\Delta}_j$ 的协方差为

$$\operatorname{cov}(\boldsymbol{\Delta}_k, \boldsymbol{\Delta}_j) \neq 0 \tag{3.2.16}$$

则称观测噪声$\boldsymbol{\Delta}_1$、$\boldsymbol{\Delta}_2$、…、$\boldsymbol{\Delta}_n$ 为有色噪声序列，采用有色噪声情形下静态滤波同样的改化方案，可以解决一般情况下观测噪声为有色噪声的卡尔曼滤波。

观测方程为

$$\left.\begin{aligned} \boldsymbol{L}_1 &= \boldsymbol{B}_1\boldsymbol{X}_1 + \boldsymbol{\Delta}_1 \\ \boldsymbol{L}_2 &= \boldsymbol{B}_2\boldsymbol{X}_2 + \boldsymbol{\Delta}_2 \\ &\vdots \\ \boldsymbol{L}_n &= \boldsymbol{B}_n\boldsymbol{X}_n + \boldsymbol{\Delta}_n \end{aligned}\right\} \tag{3.2.17}$$

如果观测噪声是有色噪声，则有

$$\boldsymbol{D}_{\Delta} = \begin{bmatrix} \boldsymbol{D}_{\Delta_{11}} & \boldsymbol{D}_{\Delta_{12}} & \cdots & \boldsymbol{D}_{\Delta_{1,n}} \\ \boldsymbol{D}_{\Delta_{21}} & \boldsymbol{D}_{\Delta_{22}} & \cdots & \boldsymbol{D}_{\Delta_{2,n}} \\ \vdots & \vdots & & \vdots \\ \boldsymbol{D}_{\Delta_{n,1}} & \boldsymbol{D}_{\Delta_{n,2}} & \cdots & \boldsymbol{D}_{\Delta_{n,n}} \end{bmatrix} \tag{3.2.18}$$

将式(3.2.15)改写成误差方程式的形式，并进行改化，得

$$\begin{aligned} \boldsymbol{L}_1 &= \boldsymbol{B}_1 \hat{\boldsymbol{X}} + \boldsymbol{\Delta}_1 \\ \boldsymbol{L}_2^{(1)} &= \boldsymbol{B}_2^{(1)} \hat{\boldsymbol{X}} + \boldsymbol{\Delta}_2^{(1)} \\ &\vdots \\ \boldsymbol{L}_n^{(n-1)} &= \boldsymbol{B}_n^{(n-1)} \hat{\boldsymbol{X}} + \boldsymbol{\Delta}_n^{(n-1)} \end{aligned} \tag{3.2.19}$$

协方差矩阵式(3.2.16)改化为

$$\boldsymbol{D}_{\Delta'} = \begin{bmatrix} \boldsymbol{D}_{\Delta_{11}} & 0 & \cdots & 0 \\ 0 & [\boldsymbol{D}_{\Delta_{22}} \cdot 1] & \cdots & 0 \\ \vdots & \vdots & & \vdots \\ 0 & 0 & \cdots & [\boldsymbol{D}_{\Delta_{nn}} \cdot (n-1)] \end{bmatrix} \tag{3.2.20}$$

其中

$$\left.\begin{aligned} \boldsymbol{B}_i^{(i-1)} &= \boldsymbol{B}_i^{(i-2)} - [\boldsymbol{D}_{\Delta_{i,i-1}} \cdot (i-2)][\boldsymbol{D}_{\Delta_{i-1,i-1}} \cdot (i-2)]^{-1} \boldsymbol{B}_{i-1}^{(i-2)} \\ \boldsymbol{L}_i^{(i-1)} &= \boldsymbol{L}_i^{(i-2)} - [\boldsymbol{D}_{\Delta_{i,i-1}} \cdot (i-2)][\boldsymbol{D}_{\Delta_{i-1,i-1}} \cdot (i-2)]^{-1} \boldsymbol{L}_{i-1}^{(i-2)} \\ [\boldsymbol{D}_{\Delta_{i,i}} \cdot (i-1)] &= [\boldsymbol{D}_{\Delta_{i,i}} \cdot (i-2)] \\ &\quad - [\boldsymbol{D}_{\Delta_{i,i-1}} \cdot (i-2)][\boldsymbol{D}_{\Delta_{i-1,i-1}} \cdot (i-2)]^{-1}[\boldsymbol{D}_{\Delta_{i,-1,i}} \cdot (i-2)] \end{aligned}\right\} \tag{3.2.21}$$

式中，$i=2、3、\cdots、n$。

将有色噪声观测量改化成白噪声观测量，其数学模型为

$$\left.\begin{aligned} &\boldsymbol{L}_1 = \boldsymbol{B}_1 \hat{\boldsymbol{X}} + \boldsymbol{\Delta}_1 && \widetilde{\boldsymbol{D}}_{11} = \boldsymbol{D}_{11} \\ &\boldsymbol{L}_2^{(1)} = \boldsymbol{B}_2^{(1)} \hat{\boldsymbol{X}} + \boldsymbol{\Delta}_2^{(1)} && \widetilde{\boldsymbol{D}}_{22} = [\boldsymbol{D}_{22} \cdot 1] \\ &\vdots && \vdots \\ &\boldsymbol{L}_n^{(n-1)} = \boldsymbol{B}_n^{(n-1)} \hat{\boldsymbol{X}} + \boldsymbol{\Delta}_n^{(n-1)} && \widetilde{\boldsymbol{D}}_{nn} = [\boldsymbol{D}_{nn} \cdot (n-1)] \end{aligned}\right\} \tag{3.2.22}$$

在滤波过程中利用式(3.2.22)改化后的观测方程代替原观测方程，采用白噪声滤波公式进行滤波计算。

2. 相邻观测噪声相关的卡尔曼滤波

设卡尔曼滤波观测方程为

$$\left.\begin{aligned} \boldsymbol{L}_1 &= \boldsymbol{B}_1 \boldsymbol{X}_1 + \boldsymbol{\Delta}_1 \\ \boldsymbol{L}_2 &= \boldsymbol{B}_2 \boldsymbol{X}_2 + \boldsymbol{\Delta}_2 \\ &\vdots \\ \boldsymbol{L}_n &= \boldsymbol{B}_n \boldsymbol{X}_n + \boldsymbol{\Delta}_n \end{aligned}\right\} \tag{3.2.23}$$

初始状态为 $E(\boldsymbol{X}_0)=\boldsymbol{\mu}_{X_0}$，$D(\boldsymbol{X}_0)=\boldsymbol{D}_{X_0}$，且 $\boldsymbol{X}_0$ 与 $\{\boldsymbol{\Omega}_k\}$、$\{\boldsymbol{\Delta}_k\}$ 都不相关，即 $\mathrm{cov}(\boldsymbol{X}_0,\boldsymbol{\Omega}_k)=0$，$\mathrm{cov}(\boldsymbol{X}_0,\boldsymbol{\Delta}_k)=0$。观测方程的改化方法虽然是严密的，但是对于实时动态系统来说是不方便的，它要求系统记住前面观测方程。如果观测噪声

$\boldsymbol{\Delta}_{k-1}$只与相邻动态噪声$\boldsymbol{\Delta}_{k-2}$、$\boldsymbol{\Delta}_k$相关，即$\boldsymbol{D}_\Delta$为三对角矩阵，则有

$$\boldsymbol{D}_\Delta=\begin{bmatrix} \boldsymbol{D}_{\Delta_{11}} & \boldsymbol{D}_{\Delta_{12}} & 0 & 0 & 0 & \cdots & 0 & 0 & 0 \\ \boldsymbol{D}_{\Delta_{21}} & \boldsymbol{D}_{\Delta_{22}} & \boldsymbol{D}_{H_{23}} & 0 & 0 & \cdots & 0 & 0 & 0 \\ 0 & \boldsymbol{D}_{\Delta_{32}} & \boldsymbol{D}_{\Delta_{33}} & \boldsymbol{D}_{\Delta_{34}} & 0 & \cdots & 0 & 0 & 0 \\ 0 & 0 & \boldsymbol{D}_{\Delta_{43}} & \boldsymbol{D}_{\Delta_{44}} & \boldsymbol{D}_{\Delta_{45}} & \cdots & 0 & 0 & 0 \\ \vdots & \vdots & \vdots & \vdots & \vdots & & \vdots & \vdots & \vdots \\ 0 & 0 & 0 & 0 & 0 & \cdots & \boldsymbol{D}_{\Delta_{n-2,n-3}} & 0 & 0 \\ 0 & 0 & 0 & 0 & 0 & \cdots & \boldsymbol{D}_{\Delta_{n-2,n-2}} & \boldsymbol{D}_{\Delta_{n-2,n-1}} & 0 \\ 0 & 0 & 0 & 0 & 0 & \cdots & \boldsymbol{D}_{\Delta_{n-1,n-2}} & \boldsymbol{D}_{\Delta_{n-1,n-1}} & \boldsymbol{D}_{\Delta_{n-1,n}} \\ 0 & 0 & 0 & 0 & 0 & \cdots & 0 & \boldsymbol{D}_{\Delta_{n,n-1}} & \boldsymbol{D}_{\Delta_{n,n}} \end{bmatrix}$$

设系统的动态噪声$\boldsymbol{\Omega}_{k-1}$和观测噪声$\boldsymbol{\Delta}_k$互不相关，均值为零。$\boldsymbol{\Omega}_{k-1}$为高斯白噪声序列，$\boldsymbol{\Delta}_k$为有色噪声序列。测量$k-1$次得到$\hat{\boldsymbol{X}}_{k-1}$的估计值，第$k$次滤波的预测值为$\overline{\boldsymbol{X}}_k=\boldsymbol{\Phi}_{k,k-1}\hat{\boldsymbol{X}}_{k-1}$，其协方差为$\boldsymbol{D}_{\bar{x}_k}=\boldsymbol{\Phi}_{k,k-1}\boldsymbol{D}_{\hat{X}_{k-1}}\boldsymbol{\Phi}_{k,k-1}^{\mathrm{T}}+\boldsymbol{\Gamma}_{k-1}\boldsymbol{D}_{\Omega_{k-1}}\boldsymbol{\Gamma}_{k-1}^{\mathrm{T}}$。由于$\boldsymbol{\Delta}_k$为有色噪声序列，使得$\overline{\boldsymbol{X}}_k$与$\boldsymbol{\Delta}_k$相关，其协方差为

$$\boldsymbol{D}_{\overline{X}_k\boldsymbol{\Delta}_k}=E(\overline{\boldsymbol{X}}_k\boldsymbol{\Delta}_k^{\mathrm{T}})=\boldsymbol{\Phi}_{k,k-1}E(\hat{\boldsymbol{X}}_{k-1}\boldsymbol{\Delta}_k^{\mathrm{T}}) \tag{3.2.24}$$

因为

$$\begin{aligned}\hat{\boldsymbol{X}}_{k-1}&=\overline{\boldsymbol{X}}_{k-1}+\boldsymbol{J}_{k-1}(\boldsymbol{L}_{k-1}-\boldsymbol{B}_{k-1}\overline{\boldsymbol{X}}_{k-1})\\&=(\boldsymbol{I}-\boldsymbol{J}_{k-1}\boldsymbol{B}_{k-1})\overline{\boldsymbol{X}}_{k-1}+\boldsymbol{J}_{k-1}\boldsymbol{L}_{k-1}\\&=(\boldsymbol{I}-\boldsymbol{J}_{k-1}\boldsymbol{B}_{k-1})\overline{\boldsymbol{X}}_{k-1}+\boldsymbol{J}_{k-1}(\boldsymbol{B}_{k-1}\boldsymbol{X}_{k-1}+\boldsymbol{\Delta}_{k-1})\end{aligned} \tag{3.2.25}$$

根据协方差传播律有

$$\boldsymbol{D}_{\hat{X}_{k-1}\boldsymbol{\Delta}_k}=E(\hat{\boldsymbol{X}}_{k-1}\boldsymbol{\Delta}_k^{\mathrm{T}})=[\boldsymbol{J}_{k-1}\quad \boldsymbol{0}]\begin{bmatrix}\boldsymbol{D}_{\Delta_{k-1}} & \boldsymbol{D}_{\Delta_{k-1,k}}\\ \boldsymbol{D}_{\Delta_{k,k-1}} & \boldsymbol{D}_{\Delta_k}\end{bmatrix}\begin{bmatrix}\boldsymbol{0}\\ \boldsymbol{I}\end{bmatrix}=\boldsymbol{J}_{k-1}\boldsymbol{D}_{\Delta_{k-1,k}} \tag{3.2.26}$$

因此

$$\boldsymbol{D}_{\overline{X}_k\boldsymbol{\Delta}_k}=\boldsymbol{\Phi}_{k,k-1}E(\hat{\boldsymbol{X}}_{k-1}\boldsymbol{\Delta}_k^{\mathrm{T}})=\boldsymbol{\Phi}_{k,k-1}\boldsymbol{J}_{k-1}\boldsymbol{D}_{\Delta_{k-1,k}} \tag{3.2.27}$$

参照第2章得

$$\begin{aligned}\hat{\boldsymbol{X}}_k=\overline{\boldsymbol{X}}_k+(\boldsymbol{D}_{\overline{X}_k}\boldsymbol{B}_k^{\mathrm{T}}+\boldsymbol{D}_{\overline{X}_k\boldsymbol{\Delta}_k})(\boldsymbol{B}_k\boldsymbol{D}_{\overline{X}_k}\boldsymbol{B}_k^{\mathrm{T}}+\boldsymbol{D}_{\Delta_k}+\\ \boldsymbol{B}_k\boldsymbol{D}_{\overline{X}_k\boldsymbol{\Delta}_k}+\boldsymbol{D}_{\Delta_k\overline{X}_k}\boldsymbol{B}_k^{\mathrm{T}})^{-1}(\boldsymbol{L}_k-\boldsymbol{B}_k\overline{\boldsymbol{X}}_k)\end{aligned} \tag{3.2.28}$$

令

$$\boldsymbol{J}_k=(\boldsymbol{D}_{\overline{X}_k}\boldsymbol{B}_k^{\mathrm{T}}+\boldsymbol{D}_{\overline{X}_k\boldsymbol{\Delta}_k})(\boldsymbol{B}_k\boldsymbol{D}_{\overline{X}_k}\boldsymbol{B}_k^{\mathrm{T}}+\boldsymbol{D}_{\Delta_k}+\boldsymbol{B}_k\boldsymbol{D}_{\overline{X}_k\boldsymbol{\Delta}_k}+\boldsymbol{D}_{\Delta_k\overline{X}_k}\boldsymbol{B}_k^{\mathrm{T}})^{-1} \tag{3.2.29}$$

第k次滤波值为

$$\hat{\boldsymbol{X}}_k=\overline{\boldsymbol{X}}_k+\boldsymbol{J}_k(\boldsymbol{L}_k-\boldsymbol{B}_k\overline{\boldsymbol{X}}_k) \tag{3.2.30}$$

第 k 次滤波值的协方差为

$$\boldsymbol{D}_{\hat{X}_k}=\boldsymbol{D}_{\overline{X}_k}-\boldsymbol{J}_k(\boldsymbol{B}_k^{\mathrm{T}}\boldsymbol{D}_{\overline{X}_k}+\boldsymbol{D}_{\Delta_k\hat{X}_k}) \tag{3.2.31}$$

3.2.3　动态噪声与观测噪声均为有色噪声情形下线性系统滤波

动态噪声与观测噪声均为有色噪声情形下线性系统滤波也可以采用方程与噪声协方差同时改化的方法。

如果动态噪声与观测噪声都是相邻噪声相关、不相邻噪声无关的三对角矩阵，滤波公式如下：

第 k 滤波的一次预估值为

$$\overline{\boldsymbol{X}}_k=\boldsymbol{\Phi}_{k,k-1}\hat{\boldsymbol{X}}_{k-1} \tag{3.2.32}$$

则 $\overline{\boldsymbol{X}}_k$ 的协方差为

$$\boldsymbol{D}_{\overline{X}_k}=\boldsymbol{\Phi}_{k,k-1}\boldsymbol{D}_{\hat{X}_{k-1}}\boldsymbol{\Phi}_{k,k-1}^{\mathrm{T}}+\boldsymbol{\Gamma}_{k-1}\boldsymbol{D}_{\Omega_{k-1}}\boldsymbol{\Gamma}_{k-1}^{\mathrm{T}}-\boldsymbol{\Gamma}_{k-1}\boldsymbol{D}_{\Omega_{k-1}\hat{X}_{k-1}}\boldsymbol{\Phi}_{k,k-1}^{\mathrm{T}}-\boldsymbol{\Phi}_{k,k-1}\boldsymbol{D}_{\hat{X}_{k-1}\boldsymbol{\Omega}_{k-1}}\boldsymbol{\Gamma}_{k-1}^{T} \tag{3.2.33}$$

$$\boldsymbol{D}_{\hat{X}_{k-1}\Omega_{k-1}}=(\boldsymbol{I}-\boldsymbol{J}_{k-1}\boldsymbol{B}_{k-1})\boldsymbol{D}_{\Omega_{k-1,k-2}},\boldsymbol{D}_{\hat{X}_{k-1}\Omega_{k-1}}=\boldsymbol{D}_{\Omega_{k-1}\hat{X}_{k-1}}^{\mathrm{T}} \tag{3.2.34}$$

$\overline{\boldsymbol{X}}_k$ 与 $\boldsymbol{\Delta}_k$ 的协方差为

$$\boldsymbol{D}_{\overline{X}_k\boldsymbol{\Delta}_k}=\boldsymbol{\Phi}_{k,k-1}E(\hat{\boldsymbol{X}}_{k-1}\boldsymbol{\Delta}_k^{\mathrm{T}})=\boldsymbol{\Phi}_{k,k-1}\boldsymbol{J}_{k-1}\boldsymbol{D}_{\Delta_{k-1,k}} \tag{3.2.35}$$

滤波增益矩阵为

$$\boldsymbol{J}_k=(\boldsymbol{D}_{\hat{X}_{k,k-1}}\boldsymbol{B}_k^{\mathrm{T}}+\boldsymbol{D}_{\hat{X}_{k,k-1}\boldsymbol{\Delta}_k})(\boldsymbol{B}_k\boldsymbol{D}_{\hat{X}_{k,k-1}}\boldsymbol{B}_k^{\mathrm{T}}+\boldsymbol{D}_{\Delta_k}+\boldsymbol{B}_k\boldsymbol{D}_{\hat{X}_{k,k-1}\boldsymbol{\Delta}_k}+\boldsymbol{D}_{\Delta_k\hat{\boldsymbol{X}}_{k,k-1}}\boldsymbol{B}_k^{\mathrm{T}})^{-1} \tag{3.2.36}$$

第 k 次滤波值为

$$\hat{\boldsymbol{X}}_k=\hat{\boldsymbol{X}}_{k,k-1}+\boldsymbol{J}_k(\boldsymbol{L}_k-\boldsymbol{B}_k\hat{\boldsymbol{X}}_{k,k-1}) \tag{3.2.37}$$

第 k 次滤波值的协方差为

$$\boldsymbol{D}_{\hat{X}_k}=\boldsymbol{D}_{\hat{X}_{k,k-1}}-\boldsymbol{J}_k(\boldsymbol{B}_k^{\mathrm{T}}\boldsymbol{D}_{\hat{X}_{k,k-1}}+\boldsymbol{D}_{\Delta_k\hat{X}_{k,k-1}}) \tag{3.2.38}$$

§3.3　有色噪声抗差卡尔曼滤波

3.3.1　观测噪声为有色噪声的抗差卡尔曼滤波

如果观测噪声 $\boldsymbol{\Delta}_k$ 和 $\boldsymbol{\Delta}_j$ 的协方差为

$$\operatorname{cov}(\boldsymbol{\Delta}_k,\boldsymbol{\Delta}_j)\neq 0\quad(i\neq j) \tag{3.3.1}$$

则称观测噪声 $\boldsymbol{\Delta}_1$、$\boldsymbol{\Delta}_2$、…、$\boldsymbol{\Delta}_n$ 为有色噪声序列。若只有相邻观测噪声相关，不相邻抗差卡尔曼滤波不相关的情形，并且观测噪声服从正态分布，其协方差矩阵为

$$\boldsymbol{D}_{\Delta}=\begin{bmatrix} \boldsymbol{D}_{\Delta_{11}} & \boldsymbol{D}_{\Delta_{12}} & 0 & 0 & 0 & \cdots & 0 & 0 & 0 \\ \boldsymbol{D}_{\Delta_{21}} & \boldsymbol{D}_{\Delta_{22}} & \boldsymbol{D}_{\Delta_{23}} & 0 & 0 & \cdots & 0 & 0 & 0 \\ 0 & \boldsymbol{D}_{\Delta_{32}} & \boldsymbol{D}_{\Delta_{33}} & \boldsymbol{D}_{\Delta_{34}} & 0 & \cdots & 0 & 0 & 0 \\ 0 & 0 & \boldsymbol{D}_{\Delta_{43}} & \boldsymbol{D}_{\Delta_{44}} & \boldsymbol{D}_{\Delta_{45}} & \cdots & 0 & 0 & 0 \\ \vdots & \vdots & \vdots & \vdots & \vdots & & \vdots & \vdots & \vdots \\ 0 & 0 & 0 & 0 & 0 & \cdots & \boldsymbol{D}_{\Delta_{n-2,n-3}} & 0 & 0 \\ 0 & 0 & 0 & 0 & 0 & \cdots & \boldsymbol{D}_{\Delta_{n-2,n-2}} & \boldsymbol{D}_{\Delta_{n-2,n-1}} & 0 \\ 0 & 0 & 0 & 0 & 0 & \cdots & \boldsymbol{D}_{\Delta_{n-1,n-2}} & \boldsymbol{D}_{\Delta_{n-1,n-1}} & \boldsymbol{D}_{\Delta_{n-1,n}} \\ 0 & 0 & 0 & 0 & 0 & \cdots & 0 & \boldsymbol{D}_{\Delta_{n,n-1}} & \boldsymbol{D}_{\Delta_{n,n}} \end{bmatrix} \tag{3.3.2}$$

初始状态为 $E(\boldsymbol{X}_0)=\boldsymbol{\mu}_{X_0}$，$\mathrm{var}(\boldsymbol{X}_0)=\boldsymbol{D}_{X_0}$，且$\boldsymbol{X}_0$ 与$\{\boldsymbol{\Omega}_k\}$、$\{\boldsymbol{\Delta}_k\}$都不相关，即 $\mathrm{cov}(\boldsymbol{X}_0,\boldsymbol{\Omega}_k)=0$，$\mathrm{cov}(\boldsymbol{X}_0,\boldsymbol{\Delta}_k)=0$。如果观测噪声$\boldsymbol{\Delta}_{k-1}$只与相邻动态噪声$\boldsymbol{\Delta}_{k-2}$、$\boldsymbol{\Delta}_k$相关，即$\boldsymbol{D}_\Delta$ 为分块三对角矩阵。设系统的动态噪声$\boldsymbol{\Omega}_{k-1}$和观测噪声$\boldsymbol{\Delta}_k$ 互不相关。$\boldsymbol{\Omega}_{k-1}$为高斯白噪声序列，$\boldsymbol{\Delta}_k$ 为有色噪声序列。测量 $k-1$ 次得到$\hat{\boldsymbol{X}}_{k-1}$的估计值，第 k 次滤波的预测值为$\overline{\boldsymbol{X}}_k=\boldsymbol{\Phi}_{k,k-1}\hat{\boldsymbol{X}}_{k-1}$，其协方差为$\boldsymbol{D}_{\overline{X}_{k,k-1}}=\boldsymbol{\Phi}_{k,k-1}\boldsymbol{D}_{\hat{X}_{k-1}}\boldsymbol{\Phi}_{k,k-1}^{\mathrm{T}}+\boldsymbol{\Gamma}_{k-1}\boldsymbol{D}_{\Omega_{k-1}}\boldsymbol{\Gamma}_{k-1}^{\mathrm{T}}$。由于 $\boldsymbol{\Delta}_k$ 为有色噪声序列，使得$\overline{\boldsymbol{X}}_k$ 与$\boldsymbol{\Delta}_k$ 相关，其协方差为

$$\boldsymbol{D}_{\overline{X}_k\Delta_k}=E(\overline{\boldsymbol{X}}_k\boldsymbol{\Delta}_k^{\mathrm{T}})=\boldsymbol{\Phi}_{k,k-1}E(\hat{\boldsymbol{X}}_{k-1}\boldsymbol{\Delta}_k^{\mathrm{T}}) \tag{3.3.3}$$

因为

$$\begin{aligned}\hat{\boldsymbol{X}}_{k-1}&=\overline{\boldsymbol{X}}_{k-1}+\boldsymbol{J}_{k-1}(\boldsymbol{L}_{k-1}-\boldsymbol{B}_{k-1}\overline{\boldsymbol{X}}_{k-1})\\&=(\boldsymbol{I}-\boldsymbol{J}_{k-1}\boldsymbol{B}_{k-1})\overline{\boldsymbol{X}}_{k-1}+\boldsymbol{J}_{k-1}\boldsymbol{L}_{k-1}\\&=(\boldsymbol{I}-\boldsymbol{J}_{k-1}\boldsymbol{B}_{k-1})\overline{\boldsymbol{X}}_{k-1}+\boldsymbol{J}_{k-1}(\boldsymbol{B}_{k-1}\overline{\boldsymbol{X}}_{k-1}+\boldsymbol{\Delta}_{k-1})\end{aligned} \tag{3.3.4}$$

根据协方差传播律，则有

$$\boldsymbol{D}_{\hat{X}_{k-1}\Delta_k}=E(\hat{\boldsymbol{X}}_{k-1}\boldsymbol{\Delta}_k^{\mathrm{T}})=[\boldsymbol{J}_{k-1}\quad \boldsymbol{0}]\begin{bmatrix}\boldsymbol{D}_{\Delta_{k-1}} & \boldsymbol{D}_{\Delta_{k-1,k}}\\ \boldsymbol{D}_{\Delta_{k,k-1}} & \boldsymbol{D}_{\Delta_k}\end{bmatrix}\begin{bmatrix}\boldsymbol{0}\\ \boldsymbol{I}\end{bmatrix}=\boldsymbol{J}_{k-1}\boldsymbol{D}_{\Delta_{k-1,k}} \tag{3.3.5}$$

因此

$$\boldsymbol{D}_{\overline{X}_k\Delta_k}=\boldsymbol{\Phi}_{k,k-1}E(\hat{\boldsymbol{X}}_{k-1}\boldsymbol{\Delta}_k^{\mathrm{T}})=\boldsymbol{\Phi}_{k,k-1}\boldsymbol{J}_{k-1}\boldsymbol{D}_{\Delta_{k-1,k}} \tag{3.3.6}$$

根据文献(杨元喜，2006)有

$$\begin{aligned}\hat{\boldsymbol{X}}_k=\overline{\boldsymbol{X}}_k+(\boldsymbol{D}_{\overline{X}_k}\boldsymbol{B}_k^{\mathrm{T}}+\boldsymbol{D}_{\overline{X}_k\Delta_k})(\boldsymbol{B}_k\boldsymbol{D}_{\overline{X}_k}\boldsymbol{B}_k^{\mathrm{T}}+\boldsymbol{D}_{\Delta_k}+\\ \boldsymbol{B}_k\boldsymbol{D}_{\overline{X}_k\Delta_k}+\boldsymbol{D}_{\Delta_k\overline{X}_k}\boldsymbol{B}_k^{\mathrm{T}})^{-1}(\boldsymbol{L}_k-\boldsymbol{B}_k\overline{\boldsymbol{X}}_k)\end{aligned} \tag{3.3.7}$$

令

$$\boldsymbol{J}_k=(\boldsymbol{D}_{\overline{X}_k}\boldsymbol{B}_k^{\mathrm{T}}+\boldsymbol{D}_{\overline{X}_k\Delta_k})(\boldsymbol{B}_k\boldsymbol{D}_{\overline{X}_k}\boldsymbol{B}_k^{\mathrm{T}}+\boldsymbol{D}_{\Delta_k}+\boldsymbol{B}_k\boldsymbol{D}_{\overline{X}_k\Delta_k}+\boldsymbol{D}_{\Delta_k\overline{X}_k}\boldsymbol{B}_k^{\mathrm{T}})^{-1} \tag{3.3.8}$$

第 k 次滤波值为

$$\hat{\boldsymbol{X}}_k=\overline{\boldsymbol{X}}_k+\boldsymbol{J}_k(\boldsymbol{L}_k-\boldsymbol{B}_k\overline{\boldsymbol{X}}_k) \tag{3.3.9}$$

第 k 次滤波值的协方差为

$$\boldsymbol{D}_{\hat{X}_k}=\boldsymbol{D}_{\overline{X}_k}-\boldsymbol{J}_k(\boldsymbol{B}_k^{\mathrm{T}}\boldsymbol{D}_{\overline{X}_k}+\boldsymbol{D}_{\Delta_k\overline{X}_k}) \tag{3.3.10}$$

如果观测向量存在粗差，其抗差卡尔曼滤波迭代公式为

$$\hat{\boldsymbol{X}}_k^{t+1}=\hat{\boldsymbol{X}}_{k,k-1}+\bar{\boldsymbol{J}}_k^t(\boldsymbol{L}_k-\boldsymbol{B}_k\hat{\boldsymbol{X}}_{k,k-1}) \tag{3.3.11}$$

其中

$$\bar{\boldsymbol{J}}_k^t=(\boldsymbol{D}_{\overline{X}_k}\boldsymbol{B}_k^{\mathrm{T}}+\bar{\boldsymbol{D}}_{\overline{X}_k\Delta_k})(\boldsymbol{B}_k\boldsymbol{D}_{\overline{X}_k}\boldsymbol{B}_k^{\mathrm{T}}+\bar{\boldsymbol{D}}_{\Delta_k}^t+\boldsymbol{B}_k\bar{\boldsymbol{D}}_{\overline{X}_k\Delta_k}+\bar{\boldsymbol{D}}_{\Delta_k\overline{X}_k}\boldsymbol{B}_k^{\mathrm{T}})^{-1} \tag{3.3.12}$$

其中$\bar{\boldsymbol{D}}_{\overline{X}_k\Delta_k}$按下式计算，即

$$\bar{\boldsymbol{D}}_{\overline{X}_k\Delta_k}=\boldsymbol{\Phi}_{k,k-1}\bar{\boldsymbol{J}}_{k-1}\boldsymbol{D}_{\Delta_{k-1,k}} \tag{3.3.13}$$

3.3.2　动态噪声为有色噪声的抗差卡尔曼滤波

如果动态噪声$\boldsymbol{\Omega}_k$和$\boldsymbol{\Omega}_j$的协方差为

$$\mathrm{cov}(\boldsymbol{\Omega}_k,\boldsymbol{\Omega}_j)\neq 0\quad(i\neq j) \tag{3.3.14}$$

则称动态噪声$\boldsymbol{\Omega}_1$、$\boldsymbol{\Omega}_2$、…、$\boldsymbol{\Omega}_n$为有色噪声序列。

设卡尔曼滤波初始状态为 $E(\boldsymbol{X}_0)=\boldsymbol{\mu}_{X_0}$，$\boldsymbol{D}(\boldsymbol{X}_0)=\boldsymbol{D}_{X_0}$，且 $\boldsymbol{X}_0$ 与$\{\boldsymbol{\Omega}_k\}$、$\{\boldsymbol{\Delta}_k\}$都不相关，即 $\mathrm{cov}(\boldsymbol{X}_0,\boldsymbol{\Omega}_k)=0$，$\mathrm{cov}(\boldsymbol{X}_0,\boldsymbol{\Delta}_k)=0$。如果动态噪声$\boldsymbol{\Omega}_{k-1}$只与相邻动态噪声$\boldsymbol{\Omega}_{k-2}$、$\boldsymbol{\Omega}_k$ 相关，即$\boldsymbol{D}_\Omega$ 为分块三对角矩阵，如

$$\boldsymbol{D}_\Omega=\begin{bmatrix}\boldsymbol{D}_{\Omega_{11}} & \boldsymbol{D}_{\Omega_{12}} & 0 & 0 & 0 & \cdots & 0 & 0 & 0\\ \boldsymbol{D}_{\Omega_{21}} & \boldsymbol{D}_{\Omega_{22}} & \boldsymbol{D}_{\Omega_{23}} & 0 & 0 & \cdots & 0 & 0 & 0\\ 0 & \boldsymbol{D}_{\Omega_{32}} & \boldsymbol{D}_{\Omega_{33}} & \boldsymbol{D}_{\Omega_{34}} & 0 & \cdots & 0 & 0 & 0\\ 0 & 0 & \boldsymbol{D}_{\Omega_{43}} & \boldsymbol{D}_{\Omega_{44}} & \boldsymbol{D}_{\Omega_{45}} & \cdots & 0 & 0 & 0\\ \vdots & \vdots & \vdots & \vdots & \vdots & & \vdots & \vdots & \vdots\\ 0 & 0 & 0 & 0 & 0 & \cdots & \boldsymbol{D}_{\Omega_{n-2,n-3}} & 0 & 0\\ 0 & 0 & 0 & 0 & 0 & \cdots & \boldsymbol{D}_{\Omega_{n-2,n-2}} & \boldsymbol{D}_{\Omega n-2,n-1} & 0\\ 0 & 0 & 0 & 0 & 0 & \cdots & \boldsymbol{D}_{\Omega_{n-1,n-2}} & \boldsymbol{D}_{\Omega_{n-1,n-1}} & \boldsymbol{D}_{\Omega_{n-1,n}}\\ 0 & 0 & 0 & 0 & 0 & \cdots & 0 & \boldsymbol{D}_{\Omega_{n,n-1}} & \boldsymbol{D}_{\Omega_{n,n}}\end{bmatrix}$$

设如果在测量 $k-1$ 次以后，已经得到$\hat{\boldsymbol{X}}_{k-1}$的估计值，那么根据动态方程就可以预测 k 次的状态值，则定义$\boldsymbol{X}_k$为由 $k-1$ 次测量所得估计值$\overline{\boldsymbol{X}}_k$ 的一步预测合理数值，即

$$\overline{\boldsymbol{X}}_k=\boldsymbol{\Phi}_{k,k-1}\hat{\boldsymbol{X}}_{k-1} \tag{3.3.15}$$

设

$$\bar{\boldsymbol{x}}_k=\overline{\boldsymbol{X}}_k-\hat{\boldsymbol{X}}_k \tag{3.3.16}$$

在式(3.3.15)两边减去$\boldsymbol{X}_k$，则

$$\overline{\boldsymbol{X}}_k-\boldsymbol{X}_k=\boldsymbol{\Phi}_{k,k-1}\hat{\boldsymbol{X}}_{k-1}-\boldsymbol{X}_k$$

将动态方程代入上式，得

$$\bar{x}_k=\boldsymbol{\Phi}_{k,k-1}\hat{\boldsymbol{X}}_{k-1}-\boldsymbol{\Gamma}_{k-1}\boldsymbol{\Omega}_{k-1}=[\boldsymbol{\Phi}_{k,k-1}\quad -\boldsymbol{\Gamma}_{k-1}]\begin{bmatrix}\hat{\boldsymbol{X}}_{k-1}\\ \boldsymbol{\Omega}_{k-1}\end{bmatrix}$$

则有

$$\begin{aligned}\boldsymbol{D}_{\bar{X}_k}&=[\boldsymbol{\Phi}_{k,k-1}\quad -\boldsymbol{\Gamma}_{k-1}]\begin{bmatrix}\boldsymbol{D}_{\hat{X}_{k-1}} & \boldsymbol{D}_{\hat{X}_{k-1}\Omega_{k-1}}\\ \boldsymbol{D}_{\Omega_{k-1}\hat{X}_{k-1}} & \boldsymbol{D}_{\Omega_{k-1}}\end{bmatrix}\begin{bmatrix}\boldsymbol{\Phi}^{\mathrm{T}}_{k,k-1}\\ -\boldsymbol{\Gamma}^{\mathrm{T}}_{k-1}\end{bmatrix}\\&=\boldsymbol{\Phi}_{k,k-1}\boldsymbol{D}_{\hat{X}_{k-1}}\boldsymbol{\Phi}^{\mathrm{T}}_{k,k-1}+\boldsymbol{\Gamma}_{k-1}\boldsymbol{D}_{\Omega_{k-1}}\boldsymbol{\Gamma}^{\mathrm{T}}_{k-1}-\boldsymbol{\Gamma}_{k-1}\boldsymbol{D}_{\Omega_{k-1}\hat{X}_{k-1}}\boldsymbol{\Phi}^{\mathrm{T}}_{k,k-1}-\boldsymbol{\Phi}_{k,k-1}\boldsymbol{D}_{\hat{X}_{k-1}\Omega_{k-1}}\boldsymbol{\Gamma}^{\mathrm{T}}_{k-1}\end{aligned}\tag{3.3.17}$$

由于

$$\begin{aligned}\hat{\boldsymbol{X}}_{k-1}&=\bar{\boldsymbol{X}}_{k-1}+\boldsymbol{J}_{k-1}(\boldsymbol{L}_{k-1}-\boldsymbol{B}_{k-1}\bar{\boldsymbol{X}}_{k-1})\\&=(\boldsymbol{I}-\boldsymbol{J}_{k-1}\boldsymbol{B}_{k-1})\bar{\boldsymbol{X}}_{k-1}+\boldsymbol{J}_{k-1}\boldsymbol{L}_{k-1}\\&=(\boldsymbol{I}-\boldsymbol{J}_{k-1}\boldsymbol{B}_{k-1})(\boldsymbol{X}_{k-1}-\boldsymbol{\Gamma}_{k-2}\boldsymbol{\Omega}_{k-2})+\boldsymbol{J}_{k-1}\boldsymbol{L}_{k-1}\end{aligned}\tag{3.3.18}$$

$$\left.\begin{aligned}\boldsymbol{D}_{\hat{X}_{k-1}\Omega_{k-1}}&=[\boldsymbol{I}-\boldsymbol{J}_{k-1}\boldsymbol{B}_{k-1}\quad \boldsymbol{0}]\begin{bmatrix}\boldsymbol{D}_{\Omega_{k-2}} & \boldsymbol{D}_{\Omega_{k-2,k-1}}\\ \boldsymbol{D}_{\Omega_{k-1,k-2}} & \boldsymbol{D}_{\Omega_{k-1}}\end{bmatrix}\begin{bmatrix}\boldsymbol{0}\\ \boldsymbol{I}\end{bmatrix}\\&=(\boldsymbol{I}-\boldsymbol{J}_{k-1}\boldsymbol{B}_{k-1})\boldsymbol{D}_{\Omega_{k-1,k-2}}\\ \boldsymbol{D}_{\hat{X}_{k-1}\Omega_{k-1}}&=\boldsymbol{D}^{\mathrm{T}}_{\Omega_{k-1}\hat{X}_{k-1}}\end{aligned}\right\}\tag{3.3.19}$$

将式(3.3.19)代入式(3.3.17)计算$\boldsymbol{D}_{\hat{X}_{k,k-1}}$，并用$\hat{\boldsymbol{X}}_{k,k-1}$、$\boldsymbol{D}_{\hat{X}_{k,k-1}}$计算$\hat{\boldsymbol{X}}_k$和$\boldsymbol{D}_{\hat{X}_k}$。这样就导出了有色噪声作用下卡尔曼滤波的递推公式为

$$\hat{\boldsymbol{X}}_k=\hat{\boldsymbol{X}}_{k,k-1}+\boldsymbol{J}_k(\boldsymbol{L}_k-\boldsymbol{B}_k\hat{\boldsymbol{X}}_{k,k-1})\tag{3.3.20}$$

$$\boldsymbol{D}_{\hat{X}_k}=\boldsymbol{D}_{\hat{X}_{k,k-1}}-\boldsymbol{J}_k\boldsymbol{B}_k\boldsymbol{D}_{\hat{X}_{k,k-1}}=(\boldsymbol{I}-\boldsymbol{J}_k\boldsymbol{B}_k)\boldsymbol{D}_{\hat{X}_{k,k-1}}\tag{3.3.21}$$

式中，$\hat{\boldsymbol{X}}_{k,k-1}$是动态系统根据状态方程进行的一步预估值，$\boldsymbol{J}_k(\boldsymbol{L}_k-\boldsymbol{B}_k\hat{\boldsymbol{X}}_{k,k-1})$是新观测值对一步预估值$\hat{\boldsymbol{X}}_{k,k-1}$的修正值，$\boldsymbol{J}_k$为增益矩阵，其计算式为

$$\boldsymbol{J}_k=\boldsymbol{D}_{\bar{x}_k}\boldsymbol{B}^{\mathrm{T}}_k(\boldsymbol{B}_k\boldsymbol{D}_{\bar{x}_k}\boldsymbol{B}^{\mathrm{T}}_k+\boldsymbol{D}_{\Delta_k})^{-1}\tag{3.3.22}$$

如果状态向量存在粗差，其抗差卡尔曼滤波迭代公式为

$$\hat{\boldsymbol{X}}^{t+1}_k=\hat{\boldsymbol{X}}_{k,k-1}+\tilde{\boldsymbol{J}}^t_k(\boldsymbol{L}_k-\boldsymbol{B}_k\bar{\boldsymbol{X}}_k)\tag{3.3.23}$$

式中

$$\tilde{\boldsymbol{J}}^t_k=\bar{\boldsymbol{D}}^t_{\bar{x}_k}\boldsymbol{B}^{\mathrm{T}}_k(\boldsymbol{B}_k\bar{\boldsymbol{D}}^t_{\bar{x}_k}\boldsymbol{B}^{\mathrm{T}}_k+\boldsymbol{D}_{\Delta_k})^{-1}\tag{3.3.24}$$

$\bar{\boldsymbol{D}}^t_{\bar{X}_k}$按式(3.3.17)得

$$\begin{aligned}\bar{\boldsymbol{D}}^t_{\bar{X}_k}&=[\boldsymbol{\Phi}_{k,k-1}\quad -\boldsymbol{\Gamma}_{k-1}]\begin{bmatrix}\boldsymbol{D}_{\hat{X}_{k-1}} & \bar{\boldsymbol{D}}^t_{\hat{X}_{k-1}\Omega_{k-1}}\\ \bar{\boldsymbol{D}}^t_{\Omega_{k-1}\hat{X}_{k-1}} & \bar{\boldsymbol{D}}^t_{\Omega_{k-1}}\end{bmatrix}\begin{bmatrix}\boldsymbol{\Phi}^{\mathrm{T}}_{k,k-1}\\ -\boldsymbol{\Gamma}^{\mathrm{T}}_{k-1}\end{bmatrix}\\&=\boldsymbol{\Phi}_{k,k-1}\boldsymbol{D}_{\hat{X}_{k-1}}\boldsymbol{\Phi}^{\mathrm{T}}_{k,k-1}+\boldsymbol{\Gamma}_{k-1}\bar{\boldsymbol{D}}^t_{\Omega_{k-1}}\boldsymbol{\Gamma}^{\mathrm{T}}_{k-1}-\boldsymbol{\Gamma}_{k-1}\bar{\boldsymbol{D}}^t_{\Omega_{k-1}\hat{X}_{k-1}}\boldsymbol{\Phi}^{\mathrm{T}}_{k,k-1}-\\&\quad\ \boldsymbol{\Phi}_{k,k-1}\bar{\boldsymbol{D}}^t_{\hat{X}_{k-1}\Omega_{k-1}}\boldsymbol{\Gamma}^{\mathrm{T}}_{k-1}\end{aligned}\tag{3.3.25}$$

$$\left.\begin{aligned} \boldsymbol{D}^{t}_{\hat{X}_{k-1}\Omega_{k-1}} &= \begin{bmatrix} \boldsymbol{I}-\tilde{\boldsymbol{J}}^{t}_{k-1}\boldsymbol{B}_{k-1} & \boldsymbol{0} \end{bmatrix} \begin{bmatrix} \bar{\boldsymbol{D}}^{t}_{\Omega_{k-2}} & \boldsymbol{D}_{\Omega_{k-2,k-1}} \\ \boldsymbol{D}_{\Omega_{k-1,k-2}} & \bar{\boldsymbol{D}}^{t}_{\Omega_{k-1}} \end{bmatrix} \begin{bmatrix} \boldsymbol{0} \\ \boldsymbol{I} \end{bmatrix} \\ &= (\boldsymbol{I}-\tilde{\boldsymbol{J}}^{t}_{k-1}\boldsymbol{B}_{k-1})\boldsymbol{D}_{\Omega_{k-1,k-2}} \\ \bar{\boldsymbol{D}}_{\hat{X}_{k-1}\Omega_{k-1}} &= \bar{\boldsymbol{D}}^{\mathrm{T}}_{\Omega_{k-1}\hat{X}_{k-1}} \end{aligned}\right\} \tag{3.3.26}$$

式中，$\bar{\boldsymbol{D}}^{t}_{\Omega_{k-2}}$、$\bar{\boldsymbol{D}}^{t}_{\Omega_{k-1}}$ 按迭代计算。

动态噪声和观测噪声皆为有色噪声的抗差卡尔曼滤波时，只要把 3.3.1 小节和 3.3.2 小节结合起来，也可以导出相应的迭代公式。

第4章　扩展卡尔曼滤波

§4.1　扩展卡尔曼滤波及迭代算法

4.1.1　概　述

严格来说，所有的系统都是非线性的，其中许多是强非线性的。因此，非线性滤波的应用范围很广，然而由于非线性问题的复杂性，非线性滤波难度很大，迄今为止，还没有解决非线性模型的最优滤波方法，一般都是采用近似方法来解决非线性滤波问题，因而都不是最优的。非线性滤波的经典算法是扩展卡尔曼滤波(extended Kalman filtering，EKF)。标准卡尔曼滤波能被扩展到非线性系统，将非线性状态方程或观测方程线性化，得到线性化的方程，再利用卡尔曼滤波来估计其状态变量。扩展卡尔曼滤波方法已经有效地用于非线性模型。但当初始值很差或扰动太大时，线性化的效果较差，因此可能得不到状态变量满意的收敛。迭代扩展卡尔曼滤波可以获得满意的收敛结果。

顾及二次项的非线性滤波和扩展卡尔曼滤波(EKF)，顾及二次项的滤波方法就是在泰勒级数展开时取二次项，是对 EKF 的发展，提高了滤波精度，但计算量太大，需要计算雅可比(Jacobian)矩阵和黑塞(Hessian)矩阵。顾及二次项的滤波方法可作为一种解决途径，但更高阶的 EKF 算法由于巨大的计算量和求导过程(甚至导数不存在)，无法被应用。

扩展卡尔曼滤波算法是 20 世纪 60 年代提出的最著名的非线性滤波算法，因其算法简单、收敛速度快等优点在各领域得以广泛应用。它的主要思想是对当前非线性系统的状态函数和观测函数进行一阶线性近似(即泰勒级数展开，仅保留一阶项)，将非线性滤波问题转化为线性滤波问题，从而利用传统的卡尔曼滤波(KF)算法进行求解。标准的 EKF 算法对系统模型有严格的要求，若系统噪声、初始化状态的统计特性建模不准确，以及模型参数由于环境因素发生变化等，都会造成 EKF 的估计精度下降，甚至引起滤波发散。为了保证滤波在系统噪声统计特性未知、不准确或时变情况下的精确性和稳定性，发展了自适应扩展卡尔曼滤波和抗差自适应 EKF。另外，也提出了 EKF 许多改进算法，如迭代 EKF(iterated EKF，IEKF)和高阶截断 EKF 等。IEKF 采用高斯-牛顿法对状态估计进行反复迭代，充分利用观测值从而提高估计精度，但同时也增加了滤波的计算量。高阶截断 EKF

算法是考虑非线性函数泰勒级数展开的高阶项，通过减少由一阶线性化造成的估计误差来提高系统的估计精度，但是与 IEKF 算法相似，很大程度上增加了计算量。

尽管 EKF 算法在很多领域推广应用，但仍存在许多缺点，如：

(1)对于强非线性系统或者当非线性函数泰勒级数展开的高次项对系统影响较大时，EKF 采用线性化将会造成很大的误差，使得滤波精度下降甚至引起滤波发散。

(2)有些非线性状态方程(或观测方程)不容易求偏导获得相应的雅可比矩阵。

(3)由于 EKF 算法需要求导，因此必须清楚系统非线性函数的具体形式，无法将整个系统作为黑箱处理，从而难以进行模块化应用。

4.1.2　围绕标称状态的线性化及其滤波公式

设非线性系统为

$$\left.\begin{aligned}\boldsymbol{X}_k&=\Phi(\boldsymbol{X}_{k-1})+\boldsymbol{\Omega}_k\\ \boldsymbol{L}_k&=f(\boldsymbol{X}_k)+\boldsymbol{\Delta}_k\end{aligned}\right\}\tag{4.1.1}$$

式中，$\boldsymbol{\Omega}_k\sim N(0,\boldsymbol{D}_{\Omega_k})$，$\boldsymbol{\Delta}_k\sim N(0,\boldsymbol{D}_{\Delta_k})$，$\hat{\boldsymbol{X}}_0\sim N(\boldsymbol{\mu}_0,\boldsymbol{D}_{\hat{X}_0})$，$\{\boldsymbol{\Delta}_k\}$与$\{\boldsymbol{\Omega}_k\}$及$\hat{\boldsymbol{X}}_0$ 相互独立。

状态转移$\overline{\boldsymbol{X}}_k^0$ 为

$$\overline{\boldsymbol{X}}_k^0=\Phi(\hat{\boldsymbol{X}}_{k-1})\tag{4.1.2}$$

$\boldsymbol{x}_k=X_k-\boldsymbol{X}_k^0$ 为状态偏差，是真实状态$\boldsymbol{X}_k$ 与标称状态$\boldsymbol{X}_k^0$ 之差。

由函数 Φ 的泰勒级数展开取一次项，得

$$\boldsymbol{x}_k\approx\left.\frac{\partial\Phi(\boldsymbol{X}_{k-1})}{\partial\boldsymbol{X}_{k-1}}\right|_{X_{k-1}=\hat{X}_{k-1}}\boldsymbol{x}_{k-1}+\boldsymbol{\Omega}_k\tag{4.1.3}$$

令

$$\boldsymbol{\Phi}_{k,k-1}=\left.\frac{\partial\Phi(\boldsymbol{X}_{k-1})}{\partial\boldsymbol{X}_{k-1}}\right|_{X_{k-1}=\hat{X}_{k-1}}$$

与此类似，令观测值偏差为

$$\boldsymbol{l}_k=\boldsymbol{L}_k-f(\overline{\boldsymbol{X}}_k^0)\tag{4.1.4}$$

展开后

$$\boldsymbol{l}_k\approx\left.\frac{\partial\boldsymbol{f}_k}{\partial\boldsymbol{X}_k^0}\right|_{X_k^0=\overline{X}_k^0}\boldsymbol{x}_k+\boldsymbol{\Delta}_k\tag{4.1.5}$$

令

$$\boldsymbol{B}_k=\left.\frac{\partial\boldsymbol{f}_k}{\partial\boldsymbol{X}_k^0}\right|_{X_k^0=\overline{X}_k^0}$$

因此，经线性化后得新的滤波模型为

$$\left.\begin{aligned}\boldsymbol{x}_k&=\boldsymbol{\Phi}_{k,k-1}\boldsymbol{x}_{k-1}+\boldsymbol{\Omega}_k\\ \boldsymbol{l}_k&=\boldsymbol{B}_k\boldsymbol{x}_k+\boldsymbol{\Delta}_k\end{aligned}\right\}\tag{4.1.6}$$

式(4.1.6)描述了新的白噪声线性系统，其中标称状态$\{\boldsymbol{X}_k^0\}$是已知的，应用卡尔曼滤波递推公式，通过求观测量的偏差$\{\boldsymbol{l}_k\}$，对状态偏离$\{\boldsymbol{x}_k\}$进行滤波，滤波公式为

$$\hat{\boldsymbol{x}}_k=\frac{\partial \boldsymbol{\Phi}_{k-1}}{\partial \boldsymbol{X}_{k-1}^0}\hat{\boldsymbol{x}}_{k-1}+\boldsymbol{J}_k\left(\boldsymbol{l}_k-\frac{\partial \boldsymbol{f}_k}{\partial \boldsymbol{X}_k^0}\frac{\partial \boldsymbol{\Phi}_{k-1}}{\partial \boldsymbol{X}_{k-1}^0}\hat{\boldsymbol{x}}_{k-1}\right) \tag{4.1.7}$$

其中滤波增益为

$$\boldsymbol{J}_k=\boldsymbol{D}_{\bar{x}_k}\left(\frac{\partial \boldsymbol{f}_k}{\partial \boldsymbol{X}_k^0}\right)^{\mathrm{T}}\left[\frac{\partial \boldsymbol{f}_k}{\partial \boldsymbol{X}_k^0}\boldsymbol{D}_{\bar{x}_k}\frac{\partial \boldsymbol{f}_k}{\partial \boldsymbol{X}_k^0}^{\mathrm{T}}+\boldsymbol{D}_{\Delta_k}\right]^{-1} \tag{4.1.8}$$

一次预估值的方差矩阵为

$$\boldsymbol{D}_{\bar{x}_k}=\frac{\partial \boldsymbol{\Phi}_{k-1}}{\partial \boldsymbol{X}_{k-1}^0}\boldsymbol{D}_{\hat{x}_{k-1}}\left(\frac{\partial \boldsymbol{\Phi}_{k-1}}{\partial \boldsymbol{X}_{k-1}^0}\right)^{\mathrm{T}}+\boldsymbol{D}_{\Omega_k} \tag{4.1.9}$$

滤波值的方差矩阵为

$$\boldsymbol{D}_{\hat{x}_k}=\left(\boldsymbol{I}-\boldsymbol{J}_k\frac{\partial \boldsymbol{f}_k}{\partial \boldsymbol{X}_k^0}\right)\boldsymbol{D}_{\bar{x}_k} \tag{4.1.10}$$

系统状态的滤波为

$$\hat{\boldsymbol{X}}_k=\overline{\boldsymbol{X}}_k+\hat{\boldsymbol{x}}_k \tag{4.1.11}$$

而滤波及滤波误差矩阵的初值分别取为$\hat{x}_0=0, D_{\hat{x}_0}=D(X_0)$。

应用线性化所带来的模型误差，取决于系统状态偏离标称状态大小，只有在这种偏离较小时，才允许在泰勒展开式中忽略二次以上的高次项。

4.1.3 广义卡尔曼滤波

若非线性系统为

$$\left.\begin{aligned}\boldsymbol{X}_k&=\Phi(\boldsymbol{X}_{k-1})+\boldsymbol{\Omega}_{k-1}\\ \boldsymbol{L}_k&=f(\boldsymbol{X}_k)+\boldsymbol{\Delta}_k\end{aligned}\right\} \tag{4.1.12}$$

假设在观测时刻k之前，已经得到滤波值$\hat{\boldsymbol{X}}_{k-1}$，现将动态系统方程的$\Phi$围绕$\hat{\boldsymbol{X}}_{k-1}$展开泰勒级数而取其线性项，得到近似表达式为

$$\boldsymbol{X}_k\approx\Phi(\hat{\boldsymbol{X}}_{k-1})+\frac{\partial \boldsymbol{\Phi}_{k-1}}{\partial \hat{\boldsymbol{X}}_{k-1}}(\boldsymbol{X}_{k-1}-\hat{\boldsymbol{X}}_{k-1})+\boldsymbol{\Omega}_k \tag{4.1.13}$$

同样观测方程可以展开为

$$\boldsymbol{L}_k\approx f(\overline{\boldsymbol{X}}_k)+\frac{\partial \boldsymbol{f}_{k-1}}{\partial \overline{\boldsymbol{X}}_k}(\boldsymbol{X}_k-\hat{\boldsymbol{X}}_{k-1})+\boldsymbol{\Delta}_k \tag{4.1.14}$$

于是，非线性系统式(4.1.12)线性化如下的近似模型为

$$\left.\begin{aligned}\boldsymbol{X}_k&\approx\frac{\partial \boldsymbol{\Phi}_{k-1}}{\partial \hat{\boldsymbol{X}}_{k-1}}\boldsymbol{X}_{k-1}+\left(\Phi(\hat{\boldsymbol{X}}_{k-1})-\frac{\partial \boldsymbol{\Phi}_{k-1}}{\partial \hat{\boldsymbol{X}}_{k-1}}\hat{\boldsymbol{X}}_{k-1}\right)+\boldsymbol{\Omega}_k\\ \boldsymbol{L}_k&\approx\frac{\partial \boldsymbol{f}_{k-1}}{\partial \hat{\boldsymbol{X}}_{k-1}}\boldsymbol{X}_k+\left(f(\hat{\boldsymbol{X}}_{k-1})-\frac{\partial \boldsymbol{f}_{k-1}}{\partial \hat{\boldsymbol{X}}_{k-1}}\hat{\boldsymbol{X}}_{k-1}\right)+\boldsymbol{\Delta}_k\end{aligned}\right\} \tag{4.1.15}$$

式(4.1.14)右侧第二项可以认为是外加控制项和观测系统误差项，令

$$\boldsymbol{U}_{k-1}=\Phi(\hat{\boldsymbol{X}}_{k-1})-\frac{\partial\boldsymbol{\Phi}_{k-1}}{\partial\hat{\boldsymbol{X}}_{k-1}}\hat{\boldsymbol{X}}_{k-1} \tag{4.1.16}$$

$$\boldsymbol{Y}_k=f(\overline{\boldsymbol{X}}_k)-\frac{\partial\boldsymbol{f}_{k-1}}{\partial\overline{\boldsymbol{X}}_k}\hat{\boldsymbol{X}}_{k-1} \tag{4.1.17}$$

对非线性系统式(4.1.12)的广义卡尔曼滤波递推公式为

$$\hat{\boldsymbol{X}}_k=\overline{\boldsymbol{X}}_k+\boldsymbol{J}_k(\boldsymbol{L}_k-f(\overline{\boldsymbol{X}}_k)) \tag{4.1.18}$$

其中一次预估值为

$$\overline{\boldsymbol{X}}_k=\Phi(\hat{\boldsymbol{X}}_{k-1}) \tag{4.1.19}$$

滤波增益为

$$\boldsymbol{J}_k=\boldsymbol{D}_{\overline{X}_k}\left(\frac{\partial\boldsymbol{f}_k}{\partial\overline{\boldsymbol{X}}_k}\right)^{\mathrm{T}}\left[\frac{\partial\boldsymbol{f}_k}{\partial\overline{\boldsymbol{X}}_k}\boldsymbol{D}_{\overline{X}_k}\left(\frac{\partial\boldsymbol{f}_k}{\partial\overline{\boldsymbol{X}}_k}\right)^{\mathrm{T}}+\boldsymbol{D}_{\Delta_k}\right]^{-1} \tag{4.1.20}$$

一次预估值的方差矩阵为

$$\boldsymbol{D}_{\overline{X}_k}=\frac{\partial\boldsymbol{\Phi}_{k-1}}{\partial\hat{\boldsymbol{X}}_{k-1}}\boldsymbol{D}_{\hat{X}_{k-1}}\left(\frac{\partial\boldsymbol{\Phi}_{k-1}}{\partial\hat{\boldsymbol{X}}_{k-1}}\right)^{\mathrm{T}}+\boldsymbol{D}_{\Omega_k} \tag{4.1.21}$$

滤波值的方差矩阵为

$$\boldsymbol{D}_{\hat{X}_k}=\left(\boldsymbol{I}-\boldsymbol{J}_k\frac{\partial\boldsymbol{f}_k}{\partial\overline{\boldsymbol{X}}_k}\right)\boldsymbol{D}_{\overline{X}_k} \tag{4.1.22}$$

系统初值为$\hat{\boldsymbol{X}}_0=E(\boldsymbol{X}_0)$，$\boldsymbol{D}_{\hat{X}_0}=D(\boldsymbol{X}_0)$。

4.1.4　迭代滤波

在广义卡尔曼滤波中，对非线性模型线性化时，把 $\Phi(\boldsymbol{X}_{k-1})$、$f(\boldsymbol{X}_k)$分别围绕$\hat{\boldsymbol{X}}_{k-1}$和$\overline{\boldsymbol{X}}_k$ 作泰勒级数展开而取其线性项，然后求出 k 时刻的滤波值。围绕$\hat{\boldsymbol{X}}_{k-1}$和$\overline{\boldsymbol{X}}_k$ 作线性化的原因是当第 k 时刻的观测值 $\boldsymbol{L}_k$ 获得之前，它们分别是$\boldsymbol{X}_{k-1}$和$\boldsymbol{X}_k$ 的最佳估值，因此，其近似程度应该是最好的。但是，当$\boldsymbol{L}_k$ 已经获得时，对估计$\boldsymbol{X}_{k-1}$来说，$\overline{\boldsymbol{X}}_k$(即平滑值)要优于$\hat{\boldsymbol{X}}_{k-1}$，对估值$\boldsymbol{X}_k$ 来说，$\hat{\boldsymbol{X}}_k$ 要优于$\overline{\boldsymbol{X}}_k$。如果在线性化时，以$\hat{\boldsymbol{X}}_k$ 代替$\overline{\boldsymbol{X}}_k$，围绕它们重新线性化，然后再利用$\boldsymbol{L}_k$ 来改善对于$\boldsymbol{X}_k$ 的估计。这种方法称为迭代滤波，且迭代滤波可以反复进行多次。

如果对于非线性系统，即

$$\left.\begin{aligned}\boldsymbol{X}_k&=\Phi(\boldsymbol{X}_{k-1})+\boldsymbol{\Omega}_k\\ \boldsymbol{L}_k&=f(\boldsymbol{X}_k)+\boldsymbol{\Delta}_k\end{aligned}\right\} \tag{4.1.23}$$

已求得其第 $k-1$ 时刻迭代滤波$\hat{\boldsymbol{X}}_{k-1}^d$及滤波误差的协方差矩阵$\boldsymbol{D}_{\hat{X}_{k-1}}$，则系统围绕$\boldsymbol{X}_{k-1}^*$和$\boldsymbol{X}_k^*$ 进行线性化后在 k 时刻的近似最优滤波$\boldsymbol{X}_k^*$ 及近似最优内插$\boldsymbol{X}_{k-1,k}^*$，分别用下列公式计算，即

$$\hat{\boldsymbol{X}}_k^*=\overline{\boldsymbol{X}}_k^*+\boldsymbol{J}_k^*\left(\boldsymbol{L}_k-f(\boldsymbol{X}_k^*)-\frac{\partial\boldsymbol{f}_k}{\partial\boldsymbol{X}_k^*}(\overline{\boldsymbol{X}}_k^*-\boldsymbol{X}_k^*)\right) \tag{4.1.24}$$

$$\hat{\boldsymbol{X}}_{k-1,k}^{*}=\hat{\boldsymbol{X}}_{k-1}^{d}+\boldsymbol{D}_{\hat{X}_{k-1}^{d}}\left(\frac{\partial \boldsymbol{\Phi}_{k-1}}{\partial \boldsymbol{X}_{k}^{*}}\right)\boldsymbol{D}_{\overline{X}_{k}^{*}}^{-1}(\hat{\boldsymbol{X}}_{k}^{*}-\overline{\boldsymbol{X}}_{k}^{*}) \tag{4.1.25}$$

其中一次预估值为

$$\overline{\boldsymbol{X}}_{k}^{*}=\Phi(\hat{\boldsymbol{X}}_{k-1}^{*})+\frac{\partial \boldsymbol{\Phi}_{k-1}}{\partial \boldsymbol{X}_{k-1}^{*}}(\hat{\boldsymbol{X}}_{k-1}^{d}-\boldsymbol{X}_{k}^{*}) \tag{4.1.26}$$

一次预估值的方差矩阵为

$$\boldsymbol{D}_{\overline{X}_{k}}^{*}=\frac{\partial \boldsymbol{\Phi}_{k-1}}{\partial \hat{\boldsymbol{X}}_{k-1}^{*}}\boldsymbol{D}_{\hat{X}_{k-1}}^{*}\left(\frac{\partial \boldsymbol{\Phi}_{k-1}}{\partial \hat{\boldsymbol{X}}_{k-1}^{*}}\right)^{\mathrm{T}}+\boldsymbol{D}_{\Omega_{k}} \tag{4.1.27}$$

滤波增益为

$$\boldsymbol{J}_{k}^{*}=\boldsymbol{D}_{\overline{X}_{k}}^{*}\left(\frac{\partial \boldsymbol{f}_{k}}{\partial \overline{\boldsymbol{X}}_{k}^{*}}\right)^{\mathrm{T}}\left[\frac{\partial \boldsymbol{f}_{k}}{\partial \overline{\boldsymbol{X}}_{k}^{*}}\boldsymbol{D}_{\overline{X}_{k}^{*}}^{*}\left(\frac{\partial \boldsymbol{f}_{k}}{\partial \overline{\boldsymbol{X}}_{k}^{*}}\right)^{\mathrm{T}}+\boldsymbol{D}_{\Delta_{k}}\right]^{-1} \tag{4.1.28}$$

滤波值的方差矩阵为

$$\boldsymbol{D}_{\hat{X}_{k}}=\left(\boldsymbol{I}-\boldsymbol{J}_{k}\frac{\partial \boldsymbol{f}_{k}}{\partial \boldsymbol{X}_{k}}\right)\boldsymbol{D}_{\overline{X}_{k}}^{*} \tag{4.1.29}$$

系统初值为$\hat{\boldsymbol{X}}_{0}=E(\boldsymbol{X}_{0})$，$\boldsymbol{D}_{\hat{X}_{0}}=D(\boldsymbol{X}_{0})$。

如果在以上各式中，$\hat{\boldsymbol{X}}_{k-1}^{d}$等于 $k-1$ 时刻的一阶近似滤波值，并取$\boldsymbol{X}_{k-1}^{*}=\hat{\boldsymbol{X}}_{k-1}$，$\boldsymbol{X}_{k}^{*}=\Phi(\hat{\boldsymbol{X}}_{k-1})=\overline{\boldsymbol{X}}_{k}$，那么由以上各式算出的$\boldsymbol{X}_{k}^{*}$ 就是 k 时刻的一阶滤波$\hat{\boldsymbol{X}}_{k}$，即没有考虑迭代时的滤波设计。

如果尝试用迭代法改进非线性系统线性化的近似程度，则先取$\hat{\boldsymbol{X}}_{k-1}^{*}=\hat{\boldsymbol{X}}_{k-1}^{d}$，$\hat{\boldsymbol{X}}_{k}^{*}=\Phi(\hat{\boldsymbol{X}}_{k-1}^{d})$，并利用以上各式求得$\boldsymbol{X}_{k-1}^{*}\equiv\hat{\boldsymbol{X}}_{k}^{0}$ 及$\boldsymbol{X}_{k-1,k}^{*}\equiv\hat{\boldsymbol{X}}_{k-1,k}^{0}$，再取$\hat{\boldsymbol{X}}_{k-1}^{*}=\hat{\boldsymbol{X}}_{k-1,k}^{0}$，$\hat{\boldsymbol{X}}_{k}=\boldsymbol{X}_{k}^{0}$，然后利用以上各式求得第一次迭代值$\hat{\boldsymbol{X}}_{k}^{*}=\hat{\boldsymbol{X}}_{k}^{1}$ 及内插值$\boldsymbol{X}_{k-1,k}^{*}\equiv\hat{\boldsymbol{X}}_{k-1,k}^{1}$。如需第二次迭代，则要取$\hat{\boldsymbol{X}}_{k-1}^{*}=\hat{\boldsymbol{X}}_{k-1,k}^{1}$，$\hat{\boldsymbol{X}}_{k}=\boldsymbol{X}_{k}^{1}$，并由以上各式算出$\hat{\boldsymbol{X}}_{k-1,k}^{2}$和$\boldsymbol{X}_{k}^{2}$。以此类推，可得到如下的滤波公式。

设对于非线性系统式(4.1.24)，已求得其 $k-1$ 时刻的迭代滤波值$\hat{\boldsymbol{X}}_{k-1}^{d}$及滤波误差的协方差矩阵$\boldsymbol{D}_{\hat{X}_{k-1}}$，则系统在 k 时刻的第 i 次($i\geqslant 0$)迭代值$\hat{\boldsymbol{X}}_{k}^{i}$的递推公式为

$$\hat{\boldsymbol{X}}_{k}^{i}=\overline{\boldsymbol{X}}_{k}^{i}+\boldsymbol{J}_{k}^{i}\left(\boldsymbol{L}_{k}-f(\hat{\boldsymbol{X}}_{k}^{i-1})-\frac{\partial \boldsymbol{f}_{k}}{\partial \hat{\boldsymbol{X}}_{k}^{i-1}}(\overline{\boldsymbol{X}}_{k}^{i}-\hat{\boldsymbol{X}}_{k}^{i-1})\right) \tag{4.1.30}$$

其中一次预估值为

$$\overline{\boldsymbol{X}}_{k}^{i}=\Phi(\hat{\boldsymbol{X}}_{k-1}^{i-1})+\frac{\partial \boldsymbol{\Phi}_{k-1}}{\partial \hat{\boldsymbol{X}}_{k-1}^{i-1}}(\hat{\boldsymbol{X}}_{k-1}^{d}-\boldsymbol{X}_{k-1,k}^{i-1}) \tag{4.1.31}$$

一次预估值的方差矩阵为

$$\boldsymbol{D}_{\overline{X}_{k}}^{i}=\frac{\partial \boldsymbol{\Phi}_{k-1}}{\partial \hat{\boldsymbol{X}}_{k-1,k}^{i-1}}\boldsymbol{D}_{\hat{X}_{k-1}}^{i}\left(\frac{\partial \boldsymbol{\Phi}_{k-1}}{\partial \hat{\boldsymbol{X}}_{k-1,k}^{i-1}}\right)^{\mathrm{T}}+\boldsymbol{D}_{\Omega_{k}} \tag{4.1.32}$$

滤波增益为

$$\boldsymbol{J}_{k}^{i}=\boldsymbol{D}_{\overline{X}_{k}}^{i}\left(\frac{\partial \boldsymbol{f}_{k}}{\partial \overline{\boldsymbol{X}}_{k}^{i}}\right)^{\mathrm{T}}\left[\frac{\partial \boldsymbol{f}_{k}}{\partial \overline{\boldsymbol{X}}_{k}^{i}}\boldsymbol{D}_{\overline{X}_{k}}^{i}\left(\frac{\partial \boldsymbol{f}_{k}}{\partial \overline{\boldsymbol{X}}_{k}^{i}}\right)^{\mathrm{T}}+\boldsymbol{D}_{\Delta_{k}}\right]^{-1} \tag{4.1.33}$$

而内插值为

$$\hat{X}_{k-1,k}^{i}=\hat{X}_{k-1}^{i}+D_{\hat{X}_{k-1}^{d}}\left(\frac{\partial \Phi_{k-1}}{\partial X_{k}^{i-1}}\right)D_{\overline{X}_{k}^{*}}(\hat{X}_{k}^{i}-\hat{X}_{k-1}^{i}) \tag{4.1.34}$$

滤波值的方差矩阵为

$$D_{\hat{X}_{k}^{i}}=\left(I-J_{k}^{i}\frac{\partial f_{k}}{\partial \hat{X}_{k}^{i-1}}\right)D_{\overline{X}_{k}^{*i}} \tag{4.1.35}$$

系统初值为$\hat{X}_{k-1,k}^{-1}=\hat{X}_{k-1}^{d}$，$\hat{X}_{k}^{-1}=\Phi(\hat{X}_{k-1}^{d})$；按时间的初值仍为$\hat{X}_{0}^{d}=E(X_0)$，$D_{\hat{X}_0}=\mathrm{var}(X_0)$。

根据以上各式可以在实时性允许的范围内在每一时刻 k 反复迭代 d 次，然后进入下一时刻 $k+1$ 的迭代滤波。

例 4.1　已知状态参数 $X=[X_1 \quad X_2]^{\mathrm{T}}$，取近似值$X_0=[5.4 \quad -0.3]^{\mathrm{T}}$，已知其真值为 $X=[5.420\,14 \quad -0.254\,36]^{\mathrm{T}}$ 其状态方程和观测方程分别为

状态方程

$$\hat{X}_k=\hat{x}_{k-1}+X_0$$

观测方程

$$L_k=\hat{X}_1 e^{k\hat{X}_2}$$

L_k 的 5 个真值(用参数的真值 X 算得)和相应的 5 个同精度独立观测值如表 4.1 所示。

表 4.1　L_k 的真值和相应的观测值

k	1	2	3	4	5
真值	4.202 83	3.258 92	2.527 01	1.959 47	1.519 39
观测值	4.20	3.25	2.52	1.95	1.51

解：1. 将观测方程在 X_0 处线性化，按线性滤波计算出参数值及其真误差分别为

$$\hat{X}=[5.394\,14 \quad -0.250\,25]^{\mathrm{T}},\quad \Delta X=[-0.026\,00 \quad 0.004\,11]^{\mathrm{T}}$$

其范数为

$$\|\Delta X\|=\sqrt{\Delta X_1^2+\Delta X_2^2}=0.026\,3$$

2. 采用迭代滤波方法，经过 3 次迭代计算出参数值及其真误差分别为

$$\hat{X}=[5.422\,74 \quad -0.255\,67]^{\mathrm{T}},\quad \Delta X=[-0.002\,60 \quad 0.001\,31]^{\mathrm{T}}$$

其范数为

$$\|\Delta X\|=\sqrt{\Delta X_1^2+\Delta X_2^2}=0.002\,9$$

本例计算表明，非线性程度较强的数学模型，采用迭代滤波要比线性化后的线性滤波取得更高的精度。

§4.2　顾及二次项的非线性动态滤波

4.2.1　基于白噪声的非线性动态滤波

非线性动态系统的状态方程和观测方程为

$$\left.\begin{aligned}\boldsymbol{X}_k &= \Phi(\boldsymbol{X}_{k-1}) + \Gamma(\boldsymbol{X}_{k-1})\boldsymbol{\Omega}_{k-1} \\ \boldsymbol{L}_k &= f(\boldsymbol{X}_k) + \boldsymbol{\Delta}_k \qquad k \geqslant 1\end{aligned}\right\} \tag{4.2.1}$$

式中，$\boldsymbol{\Omega}_k \sim N(0, \boldsymbol{D}_\Omega)$；$\boldsymbol{\Delta}_k \sim N(0, \boldsymbol{D}_\Delta)$；$\boldsymbol{X}_0 \sim N(0, \boldsymbol{D}_0)$；$\{\boldsymbol{\Delta}_k\}$与$\{\boldsymbol{\Omega}_k\}$及$\boldsymbol{X}_0$相互独立，即动态噪声与观测噪声均为白噪声。

假设在观测时刻k之前，已经得到滤波值$\hat{\boldsymbol{X}}_{k-1}$，现将动态系统方程的$\Phi$围绕$\hat{\boldsymbol{X}}_{k-1}$泰勒级数展开，取至二次项，并用$\Gamma(\hat{\boldsymbol{X}}_{k-1})$代替$\Gamma(\boldsymbol{X}_{k-1})$得到近似表达式为

$$\boldsymbol{X}_k \approx \Phi(\hat{\boldsymbol{X}}_{k-1}) + \frac{\partial \boldsymbol{\Phi}_{k-1}}{\partial \hat{\boldsymbol{X}}_{k-1}}(\boldsymbol{X}_{k-1} - \hat{\boldsymbol{X}}_{k-1}) + (\boldsymbol{X}_{k-1} - \hat{\boldsymbol{X}}_{k-1})^{\mathrm{T}} \frac{\partial^2 \boldsymbol{\Phi}_{k-1}}{\partial \hat{\boldsymbol{X}}_{k-1}^2}(\boldsymbol{X}_{k-1} - \hat{\boldsymbol{X}}_{k-1}) + \Gamma(\hat{\boldsymbol{X}}_{k-1})\boldsymbol{\Omega}_{k-1} \tag{4.2.2}$$

同样观测方程可以展开为

$$\boldsymbol{L}_k \approx f(\hat{\boldsymbol{X}}_{k,k-1}) + \frac{\partial \boldsymbol{f}_k}{\partial \hat{\boldsymbol{X}}_{k,k-1}}(\boldsymbol{X}_k - \hat{\boldsymbol{X}}_{k,k-1}) + (\boldsymbol{X}_{k-1} - \hat{\boldsymbol{X}}_{k-1})^{\mathrm{T}} \frac{\partial^2 \boldsymbol{f}_k}{\partial \hat{\boldsymbol{X}}_{k-1}^2}(\boldsymbol{X}_{k-1} - \hat{\boldsymbol{X}}_{k,k-1}) + \boldsymbol{\Delta}_k \tag{4.2.3}$$

令

$$\boldsymbol{H}_{k-1} = \frac{\partial \boldsymbol{\Phi}_{k-1}}{\partial \hat{\boldsymbol{X}}_{k,k-1}} = \begin{bmatrix} \frac{\partial \Phi_{1(k-1)}}{\partial \hat{X}_{1(k,k-1)}} & \frac{\partial \Phi_{1(k-1)}}{\partial \hat{X}_{2(k,k-1)}} & \cdots & \frac{\partial \Phi_{1(k-1)}}{\partial \hat{X}_{m(k,k-1)}} \\ \frac{\partial \Phi_{2(k-1)}}{\partial \hat{X}_{1(k,k-1)}} & \frac{\partial \Phi_{2(k-1)}}{\partial \hat{X}_{2(k,k-1)}} & \cdots & \frac{\partial \Phi_{2(k-1)}}{\partial \hat{X}_{m(k,k-1)}} \\ \vdots & \vdots & & \vdots \\ \frac{\partial \Phi_{m(k-1)}}{\partial \hat{X}_{m(k,k-1)}} & \frac{\partial \Phi_{m(k-1)}}{\partial \hat{X}_{m(k,k-1)}} & \cdots & \frac{\partial \Phi_{m(k-1)}}{\partial \hat{X}_{m(k,k-1)}} \end{bmatrix}$$

$$\boldsymbol{B}_k = \frac{\partial \boldsymbol{f}_k}{\partial \hat{\boldsymbol{X}}_{k,k-1}} = \begin{bmatrix} \frac{\partial f_{1k}}{\partial \hat{X}_{1(k,k-1)}} & \frac{\partial f_{1k}}{\partial \hat{X}_{2(k,k-1)}} & \cdots & \frac{\partial f_{1k}}{\partial \hat{X}_{m(k,k-1)}} \\ \frac{\partial f_{2k}}{\partial \hat{X}_{1(k,k-1)}} & \frac{\partial f_{2k}}{\partial \hat{X}_{2(k,k-1)}} & \cdots & \frac{\partial f_{2k}}{\partial \hat{X}_{m(k,k-1)}} \\ \vdots & \vdots & & \vdots \\ \frac{\partial f_{nk}}{\partial \hat{X}_{m(k,k-1)}} & \frac{\partial f_{nk}}{\partial \hat{X}_{m(k,k-1)}} & \cdots & \frac{\partial f_{nk}}{\partial \hat{X}_{m(k,k-1)}} \end{bmatrix}$$

$$\boldsymbol{G}_{i(k-1)} = \frac{\partial^2 \boldsymbol{\Phi}_{i(k-1)}}{\partial \hat{\boldsymbol{X}}_{k,k-1}^2}$$

$$= \begin{bmatrix} \frac{\partial^2 \Phi_{i(k-1)}}{\partial \hat{X}_{1(k,k-1)}^2} & \frac{\partial^2 \Phi_{i(k-1)}}{\partial \hat{X}_{1(k,k-1)}\,\partial \hat{X}_{2(k,k-1)}} & \cdots & \frac{\partial^2 \Phi_{i(k-1)}}{\partial \hat{X}_{(k,k-1)}\,\partial \hat{X}_{m(k,k-1)}} \\ \frac{\partial^2 \Phi_{i(k-1)}}{\partial \hat{X}_{1(k,k-1)}\,\partial \hat{X}_{2(k,k-1)}} & \frac{\partial^2 \Phi_{i(k-1)}}{\partial \hat{X}_{2(k,k-1)}^2} & \cdots & \frac{\partial^2 \Phi_{i(k-1)}}{\partial \hat{X}_{2(k,k-1)}\,\partial \hat{X}_{m(k,k-1)}} \\ \vdots & \vdots & & \vdots \\ \frac{\partial^2 \Phi_{i(k-1)}}{\partial \hat{X}_{1(k,k-1)}\,\partial \hat{X}_{m(k,k-1)}} & \frac{\partial^2 \Phi_{i(k-1)}}{\partial \hat{X}_{2(k,k-1)}\,\partial \hat{X}_{m(k,k-1)}} & \cdots & \frac{\partial^2 \Phi_{i(k-1)}}{\partial \hat{X}_{m(k,k-1)}^2} \end{bmatrix}$$

$$i=1,2,\cdots,m$$

$$\boldsymbol{C}_{ik}=\frac{\partial^2 \boldsymbol{f}_{ik}}{\partial \hat{\boldsymbol{X}}_{k,k-1}^2}$$

$$=\begin{bmatrix} \frac{\partial^2 \boldsymbol{f}_{ik}}{\partial \hat{X}_{1(k,k-1)}^2} & \frac{\partial^2 \boldsymbol{f}_{ik}}{\partial \hat{X}_{1(k,k-1)}\partial \hat{X}_{2(k,k-1)}} & \cdots & \frac{\partial^2 \boldsymbol{f}_{ik}}{\partial \hat{X}_{(k,k-1)}\partial \hat{X}_{m(k,k-1)}} \\ \frac{\partial^2 \boldsymbol{f}_{ik}}{\partial \hat{X}_{1(k,k-1)}\partial \hat{X}_{2(k,k-1)}} & \frac{\partial^2 \boldsymbol{f}_{ik}}{\partial \hat{X}_{2(k,k-1)}^2} & \cdots & \frac{\partial^2 \boldsymbol{f}_{ik}}{\partial \hat{X}_{2(k,k-1)}\partial \hat{X}_{m(k,k-1)}} \\ \vdots & \vdots & & \vdots \\ \frac{\partial^2 \boldsymbol{f}_{ik}}{\partial \hat{X}_{1(k,k-1)}\partial \hat{X}_{m(k,k-1)}} & \frac{\partial^2 \boldsymbol{f}_{ik}}{\partial \hat{X}_{2(k,k-1)}\partial \hat{X}_{m(k,k-1)}} & \cdots & \frac{\partial^2 \boldsymbol{f}_{ik}}{\partial \hat{X}_{m(k,k-1)}^2} \end{bmatrix}$$

$$(i=1,2,\cdots,n)$$

因此，顾及二次项的状态方程和观测方程为

$$\begin{aligned}\boldsymbol{X}_k &\approx \boldsymbol{\Phi}(\hat{\boldsymbol{X}}_{k-1})+\boldsymbol{H}_{k-1}(\boldsymbol{X}_{k-1}-\hat{\boldsymbol{X}}_{k-1})+(\boldsymbol{X}_{k-1}-\hat{\boldsymbol{X}}_{k-1})^{\mathrm{T}}\boldsymbol{G}_{k-1}(\boldsymbol{X}_{k-1}-\hat{\boldsymbol{X}}_{k-1})+\boldsymbol{\Gamma}(\hat{\boldsymbol{X}}_{k-1})\boldsymbol{\Omega}_{k-1}\\ &=\boldsymbol{H}_{k-1}\boldsymbol{X}_{k-1}+\boldsymbol{X}_{k-1}^{\mathrm{T}}\boldsymbol{G}_{k-1}\boldsymbol{X}_{k-1}+\boldsymbol{\Phi}(\hat{\boldsymbol{X}}_{k-1})-\boldsymbol{H}_{k-1}\hat{\boldsymbol{X}}_{k-1}+\hat{\boldsymbol{X}}_{k-1}^{\mathrm{T}}\boldsymbol{G}_{k-1}\hat{\boldsymbol{X}}_{k-1}-\\ &\quad\hat{\boldsymbol{X}}_{k-1}^{\mathrm{T}}\boldsymbol{G}_{k-1}\boldsymbol{X}_{k-1}-\hat{\boldsymbol{X}}_{k-1}^{\mathrm{T}}\boldsymbol{G}_{k-1}\hat{\boldsymbol{X}}_{k-1}+\boldsymbol{\Gamma}(\hat{\boldsymbol{X}}_{k-1})\boldsymbol{\Omega}_{k-1}\end{aligned}\tag{4.2.4}$$

$$\begin{aligned}\boldsymbol{L}_k &\approx \boldsymbol{f}(\hat{\boldsymbol{X}}_{k,k-1})+\boldsymbol{B}_k(\boldsymbol{X}_k-\hat{\boldsymbol{X}}_{k,k-1})+(\boldsymbol{X}_k-\hat{\boldsymbol{X}}_{k,k-1})^{\mathrm{T}}\boldsymbol{C}_k(\boldsymbol{X}_k-\hat{\boldsymbol{X}}_{k,k-1})+\boldsymbol{\Delta}_k\\ &=\boldsymbol{B}_k\boldsymbol{X}_k+\boldsymbol{X}_k^{\mathrm{T}}\boldsymbol{C}_k\boldsymbol{X}_k+\boldsymbol{f}(\hat{\boldsymbol{X}}_{k,k-1})-\boldsymbol{B}_k\hat{\boldsymbol{X}}_{k,k-1}+\hat{\boldsymbol{X}}_{k,k-1}^{\mathrm{T}}\boldsymbol{C}_k\hat{\boldsymbol{X}}_{k-1}-\\ &\quad\hat{\boldsymbol{X}}_{k,k-1}^{\mathrm{T}}\boldsymbol{C}_k\boldsymbol{X}_{k-1}-\boldsymbol{X}_{k,k-1}^{\mathrm{T}}\boldsymbol{C}_k\hat{\boldsymbol{X}}_{k,k-1}+\boldsymbol{\Delta}_k\end{aligned}\tag{4.2.5}$$

令

$$\boldsymbol{U}_{k-1}=\boldsymbol{\Phi}(\hat{\boldsymbol{X}}_{k-1})-\boldsymbol{H}_{k-1}\hat{\boldsymbol{X}}_{k-1}+\hat{\boldsymbol{X}}_{k-1}^{\mathrm{T}}\boldsymbol{G}_{k-1}\hat{\boldsymbol{X}}_{k-1}\tag{4.2.6}$$

$$\boldsymbol{Y}_k=f(\hat{\boldsymbol{X}}_{k,k-1})-\boldsymbol{B}_k\hat{\boldsymbol{X}}_{k-1}+\hat{\boldsymbol{X}}_{k-1}^{\mathrm{T}}\boldsymbol{C}_k\hat{\boldsymbol{X}}_{k-1}\tag{4.2.7}$$

$\boldsymbol{U}_{k-1}$、$\boldsymbol{Y}_k$ 可以认为是外加控制项和观测系统误差项。

设一次预估值为

$$\hat{\boldsymbol{X}}_{k,k-1}=\boldsymbol{\Phi}(\hat{\boldsymbol{X}}_{k-1})\tag{4.2.8}$$

一次预估值的方差矩阵为

$$\boldsymbol{D}_{\hat{X}_{k,k-1}}=\boldsymbol{H}_{k-1}\boldsymbol{D}_{\hat{X}_{k-1}}\boldsymbol{H}_{k-1}^{\mathrm{T}}+\frac{1}{2}\mathrm{tr}(\boldsymbol{G}_{k-1}\boldsymbol{D}_{\hat{X}_{k-1}}\boldsymbol{G}_{k-1}\boldsymbol{D}_{\hat{X}_{k-1}})+\boldsymbol{\Gamma}(\hat{\boldsymbol{X}}_{k-1})\boldsymbol{D}_{\Omega_{k-1}}\boldsymbol{\Gamma}(\hat{\boldsymbol{X}}_{k-1})^{\mathrm{T}}\tag{4.2.9}$$

根据极大验后估计，并参照第 4 章非线性滤波公式，得

$$\begin{aligned}\hat{\boldsymbol{X}}_k &=\hat{\boldsymbol{X}}_{k,k-1}+\boldsymbol{D}_{\hat{X}_{k,k-1}}(\boldsymbol{B}_k^{\mathrm{T}}+\boldsymbol{C}_k\hat{\boldsymbol{X}}_{k,k-1})(\boldsymbol{B}_k\boldsymbol{D}_{\hat{X}_{k,k-1}}\boldsymbol{B}_k^{\mathrm{T}}+\frac{1}{2}\mathrm{tr}(\boldsymbol{C}_k\boldsymbol{D}_{\hat{X}_{k,k-1}}\boldsymbol{C}_k\boldsymbol{D}_{\hat{X}_{k,k-1}})+\\ &\quad 2\boldsymbol{B}_k\boldsymbol{D}_{\hat{X}_{k,k-1}}\boldsymbol{C}_k\hat{\boldsymbol{X}}_{k,k-1}+\hat{\boldsymbol{X}}_{k,k-1}^{\mathrm{T}}\boldsymbol{C}_k\boldsymbol{D}_{\hat{X}_{k,k-1}}\boldsymbol{C}_k\hat{\boldsymbol{X}}_{k,k-1}+\boldsymbol{D}_{\Delta_k})^{-1}(\boldsymbol{L}_k-f(\hat{\boldsymbol{X}}_{k,k-1}))\end{aligned}\tag{4.2.10}$$

$$\boldsymbol{D}_{\hat{X}_k}=\boldsymbol{D}_{\hat{X}_{k,k-1}}-\boldsymbol{D}_{\hat{X}_{k,k-1}}(\boldsymbol{B}_k^{\mathrm{T}}+\boldsymbol{C}_k\hat{\boldsymbol{X}}_{k,k-1})(\boldsymbol{B}_k\boldsymbol{D}_{\hat{X}_{k,k-1}}\boldsymbol{B}_k^{\mathrm{T}}+\frac{1}{2}\mathrm{tr}(\boldsymbol{C}_k\boldsymbol{D}_{\hat{X}_{k,k-1}}\boldsymbol{C}_k\boldsymbol{D}_{\hat{X}_{k,k-1}})+2\boldsymbol{B}_k\boldsymbol{D}_{\hat{X}_{k,k-1}}\boldsymbol{C}_k\hat{\boldsymbol{X}}_{k,k-1}+\hat{\boldsymbol{X}}_{k,k-1}^{\mathrm{T}}\boldsymbol{C}_k\boldsymbol{D}_{\hat{X}_{k,k-1}}\boldsymbol{C}_k\hat{\boldsymbol{X}}_{k,k-1}+\boldsymbol{D}_{\Delta_k})^{-1}(\boldsymbol{B}_k+\hat{\boldsymbol{X}}_{k,k-1}^{\mathrm{T}}\boldsymbol{C}_k)\boldsymbol{D}_{\hat{X}_{k,k-1}} \tag{4.2.11}$$

令

$$\boldsymbol{J}_k=\boldsymbol{D}_{\hat{X}_{k,k-1}}(\boldsymbol{B}_k^{\mathrm{T}}+\boldsymbol{C}_k\hat{\boldsymbol{X}}_{k,k-1})(\boldsymbol{B}_k\boldsymbol{D}_{\hat{X}_{k,k-1}}\boldsymbol{B}_k^{\mathrm{T}}+\frac{1}{2}\mathrm{tr}(\boldsymbol{C}_k\boldsymbol{D}_{\hat{X}_{k,k-1}}\boldsymbol{C}_k\boldsymbol{D}_{\hat{X}_{k,k-1}})+2\boldsymbol{B}_k\boldsymbol{D}_{\hat{X}_{k,k-1}}\boldsymbol{C}_k\hat{\boldsymbol{X}}_{k,k-1}+\hat{\boldsymbol{X}}_{k,k-1}^{\mathrm{T}}\boldsymbol{C}_k\boldsymbol{D}_{\hat{X}_{k,k-1}}\boldsymbol{C}_k\hat{\boldsymbol{X}}_{k,k-1}+\boldsymbol{D}_{\Delta_k})^{-1} \tag{4.2.12}$$

则顾及非线性系统二次项的广义卡尔曼滤波递推公式为

$$\hat{\boldsymbol{X}}_k=\hat{\boldsymbol{X}}_{k,k-1}+\boldsymbol{J}_k(\boldsymbol{L}_k-f(\hat{\boldsymbol{X}}_{k,k-1})) \tag{4.2.13}$$

滤波值的协方差矩阵为

$$\boldsymbol{D}_{\hat{X}_k}=\boldsymbol{D}_{\hat{X}_{k,k-1}}-\boldsymbol{J}_k(\boldsymbol{B}_k+\hat{\boldsymbol{X}}_{k,k-1}^{\mathrm{T}}\boldsymbol{C}_k)\boldsymbol{D}_{\hat{X}_{k,k-1}} \tag{4.2.14}$$

4.2.2 有色噪声非线性动态滤波

若非线性观测方程的 m 组观测量的噪声 $\boldsymbol{\Delta}_k$ 与 $\boldsymbol{\Delta}_j$ 的协方差为

$$\mathrm{cov}(\boldsymbol{\Delta}_k,\boldsymbol{\Delta}_j)\neq 0 \quad (j\neq k) \tag{4.2.15}$$

则称$\boldsymbol{\Delta}_1$、$\boldsymbol{\Delta}_2$、…、$\boldsymbol{\Delta}_m$ 为有色噪声序列。

设有色噪声序列$\boldsymbol{\Delta}_1$、$\boldsymbol{\Delta}_2$、…、$\boldsymbol{\Delta}_m$ 的随机模型为

$$\boldsymbol{D}_\Delta=\begin{bmatrix}\boldsymbol{D}_{\Delta 11} & \boldsymbol{D}_{\Delta 12} & \cdots & \boldsymbol{D}_{\Delta 1m}\\ \boldsymbol{D}_{\Delta 21} & \boldsymbol{D}_{\Delta 22} & \cdots & \boldsymbol{D}_{\Delta 2m}\\ \vdots & \vdots & & \vdots\\ \boldsymbol{D}_{\Delta m1} & \boldsymbol{D}_{\Delta m2} & \cdots & \boldsymbol{D}_{\Delta mm}\end{bmatrix} \tag{4.2.16}$$

下面推导一般情况下的有色噪声条件下的非线性滤波公式。

非线性观测方程第一次滤波计算利用了第一组观测方程，其滤波计算式为

$$\hat{\boldsymbol{X}}_1=\Phi(\hat{\boldsymbol{X}}_0)+\boldsymbol{D}_{\hat{X}_{1,0}}\boldsymbol{J}_1(\boldsymbol{L}_1-f(\Phi(\hat{\boldsymbol{X}}_0))) \tag{4.2.17}$$

$$\boldsymbol{J}_1=(\boldsymbol{B}_1^{\mathrm{T}}+\boldsymbol{C}_1\hat{\boldsymbol{X}}_{1,0})(\boldsymbol{B}_1\boldsymbol{D}_{\hat{X}_{1,0}}\boldsymbol{B}_1^{\mathrm{T}}+\frac{1}{2}\mathrm{tr}(\boldsymbol{C}_1\boldsymbol{D}_{\hat{X}_{1,0}}\boldsymbol{C}_1\boldsymbol{D}_{\hat{X}_{1,0}})+2\boldsymbol{B}_1\boldsymbol{D}_{\hat{X}_{1,0}}\boldsymbol{C}_1\hat{\boldsymbol{X}}_{1,0}+\boldsymbol{\mu}_X^{\mathrm{T}}\boldsymbol{C}_1\boldsymbol{D}_{\hat{X}_{1,0}}\boldsymbol{C}_1\hat{\boldsymbol{X}}_{1,0}+\boldsymbol{D}_{\Delta_1})^{-1} \tag{4.2.18}$$

$$\boldsymbol{D}_{\hat{X}_1}=\boldsymbol{D}_{\hat{X}_{1,0}}-\boldsymbol{D}_{\hat{X}_{1,0}}(\boldsymbol{B}_1^{\mathrm{T}}+\boldsymbol{C}_1\hat{\boldsymbol{X}}_{1,0})(\boldsymbol{B}_1\boldsymbol{D}_{\hat{X}1,0}\boldsymbol{B}_1^{\mathrm{T}}+\frac{1}{2}\mathrm{tr}(\boldsymbol{C}_1\boldsymbol{D}_{\hat{X}_{1,0}}\boldsymbol{C}_1\boldsymbol{D}_{\hat{X}_{1,0}})+2\boldsymbol{B}_1\boldsymbol{D}_{\hat{X}_{1,0}}\boldsymbol{C}_1\hat{\boldsymbol{X}}_{1,0}+\hat{\boldsymbol{X}}_{1,0}^{\mathrm{T}}\boldsymbol{C}_1\boldsymbol{D}_{\hat{X}_{1,0}}\boldsymbol{C}_1\hat{\boldsymbol{X}}_{1,0}+\boldsymbol{D}_{\Delta_1})^{-1}(\boldsymbol{B}_1+\hat{\boldsymbol{X}}_{1,0}^{\mathrm{T}}\boldsymbol{C}_1)\boldsymbol{D}_{\hat{X}_{1,0}} \tag{4.2.19}$$

式中，$\boldsymbol{D}_{\hat{X}_{1,0}}$ 是预报值的协方差矩阵。

由于第二组观测噪声与第一组观测噪声相关，造成滤波信号$\hat{\boldsymbol{X}}_1$ 与观测噪声$\boldsymbol{\Delta}_2$ 相关，将$\boldsymbol{L}_1$ 代入上式的第一式，并将与$\boldsymbol{\Delta}_1$ 无关的部分记为 $\varphi(\hat{\boldsymbol{X}}_0)$，则有

$$\left.\begin{aligned}\hat{\boldsymbol{X}}_1 &= \varphi(\hat{\boldsymbol{X}}_0) + \boldsymbol{D}_{\hat{X}_{1,0}}\boldsymbol{J}_1\boldsymbol{\Delta}_1 = \varphi(\hat{\boldsymbol{X}}_0) + \begin{bmatrix}\boldsymbol{D}_{\hat{X}_{1,0}}\boldsymbol{J}_1 & \boldsymbol{0}\end{bmatrix}\begin{bmatrix}\boldsymbol{\Delta}_1\\ \boldsymbol{\Delta}_2\end{bmatrix}\\ \boldsymbol{\Delta}_2 &= \begin{bmatrix}\boldsymbol{0} & I\end{bmatrix}\begin{bmatrix}\boldsymbol{\Delta}_1\\ \boldsymbol{\Delta}_2\end{bmatrix}\end{aligned}\right\} \tag{4.2.20}$$

根据协方差传播律，则有

$$\boldsymbol{D}_{\hat{X}_1\Delta_2} = \begin{bmatrix}\boldsymbol{D}_{\hat{X}_{1,0}}\boldsymbol{J}_1 & \boldsymbol{0}\end{bmatrix}\begin{bmatrix}\boldsymbol{D}_{\Delta 11} & \boldsymbol{D}_{\Delta 12}\\ \boldsymbol{D}_{\Delta 21} & \boldsymbol{D}_{\Delta 22}\end{bmatrix}\begin{bmatrix}\boldsymbol{0}\\ \boldsymbol{1}\end{bmatrix} = \boldsymbol{D}_{\hat{X}_{1,0}}\boldsymbol{J}_1\boldsymbol{D}_{\Delta 12} \tag{4.2.21}$$

第二次滤波公式为

$$\begin{aligned}\hat{\boldsymbol{X}}_2 = {}& \Phi(\hat{\boldsymbol{X}}_1) + \boldsymbol{D}_{X_{2,1}}(\boldsymbol{B}_2^{\mathrm{T}} + \boldsymbol{C}_2\Phi(\hat{\boldsymbol{X}}_1) + \boldsymbol{D}_{X_{2,1}}^{-1}\boldsymbol{D}_{\hat{X}_{1,0}}\boldsymbol{J}_1\boldsymbol{D}_{\Delta_{1,2}})(\boldsymbol{B}_2\boldsymbol{D}_{X_{2,1}}\boldsymbol{B}_2^{\mathrm{T}} +\\ & \frac{1}{2}\mathrm{tr}(\boldsymbol{C}_2\boldsymbol{D}_{X_{2,1}}\boldsymbol{C}_2\boldsymbol{D}_{X_{2,1}}) + 2\,\boldsymbol{B}_2\boldsymbol{D}_{X_{2,1}}\boldsymbol{C}_2\Phi(\hat{\boldsymbol{X}}_1) + \Phi(\hat{\boldsymbol{X}}_1)^{\mathrm{T}}\boldsymbol{C}_2\boldsymbol{D}_{X_{2,1}}\boldsymbol{C}_2\Phi(\hat{\boldsymbol{X}}_1) +\\ & \boldsymbol{B}_2\boldsymbol{D}_{\hat{X}_{1,0}}\boldsymbol{J}_1\boldsymbol{D}_{\Delta_{1,2}} + \Phi(\hat{\boldsymbol{X}}_1)^{\mathrm{T}}\boldsymbol{C}_2\boldsymbol{D}_{\hat{X}_{1,0}}\boldsymbol{J}_1\boldsymbol{D}_{\Delta_{1,2}} + \boldsymbol{D}_{\Delta_{2,1}}\boldsymbol{J}_1^{\mathrm{T}}\boldsymbol{D}_{\hat{X}_{1,0}}\boldsymbol{B}_2^{\mathrm{T}} + \boldsymbol{D}_{\hat{X}_{1,0}}\boldsymbol{J}_1\boldsymbol{D}_{\Delta_{1,2}}\boldsymbol{C}_2\Phi(\hat{\boldsymbol{X}}_1) +\\ & \boldsymbol{D}_{\Delta_{2,2}})^{-1}(\boldsymbol{L}_2 - \boldsymbol{B}_2\Phi(\hat{\boldsymbol{X}}_1) - \frac{1}{2}\mathrm{tr}(\boldsymbol{C}_2\boldsymbol{D}_{X_{2,1}}) - \frac{1}{2}\Phi(\hat{\boldsymbol{X}}_1)^{\mathrm{T}}\boldsymbol{C}_2\Phi(\hat{\boldsymbol{X}}_1))\end{aligned} \tag{4.2.22}$$

$$\begin{aligned}\boldsymbol{D}_{\hat{X}_2} = {}& \boldsymbol{D}_{X_{2,1}} - \boldsymbol{D}_{X_{2,1}}(\boldsymbol{B}_2^{\mathrm{T}} + \boldsymbol{C}_2\Phi(\hat{\boldsymbol{X}}_1) + \boldsymbol{D}_{X_{2,1}}^{-1}\boldsymbol{D}_{\hat{X}_{1,0}}\boldsymbol{J}_1\boldsymbol{D}_{\Delta_{1,2}})(\boldsymbol{B}_2\boldsymbol{D}_{X_{2,1}}\boldsymbol{B}_2^{\mathrm{T}} +\\ & \frac{1}{2}\mathrm{tr}(\boldsymbol{C}_2\boldsymbol{D}_{X_{2,1}}\boldsymbol{C}_2\boldsymbol{D}_{X_{2,1}}) + 2\,\boldsymbol{B}_2 D_{X_{2,1}}\boldsymbol{C}_2\Phi(\hat{\boldsymbol{X}}_1) + \Phi(\hat{\boldsymbol{X}}_1)^{\mathrm{T}}\boldsymbol{C}_2\boldsymbol{D}_{X_{2,1}}\boldsymbol{C}_2\Phi(\hat{\boldsymbol{X}}_1) +\\ & \boldsymbol{B}_2\boldsymbol{D}_{\hat{X}_{1,0}}\boldsymbol{J}_1\boldsymbol{D}_{\Delta_{1,2}} + \Phi(\hat{\boldsymbol{X}}_1)^{\mathrm{T}}\boldsymbol{C}_2\boldsymbol{D}_{\hat{X}_{1,0}}\boldsymbol{J}_1\boldsymbol{D}_{\Delta_{1,2}} + \boldsymbol{D}_{\Delta_{2,1}}\boldsymbol{J}_1^{\mathrm{T}}\boldsymbol{D}_{\hat{X}_{1,0}}\boldsymbol{B}_2^{\mathrm{T}} + \boldsymbol{D}_{\hat{X}_{1,0}}\boldsymbol{J}_1\boldsymbol{D}_{\Delta_{1,2}}\boldsymbol{C}_2\Phi(\hat{\boldsymbol{X}}_1) +\\ & \boldsymbol{D}_{\Delta_{2,2}})^{-1}(\boldsymbol{B}_2 + \Phi(\hat{\boldsymbol{X}}_1)^{\mathrm{T}}\boldsymbol{C}_2 + \boldsymbol{D}_{\Delta_{2,1}}\boldsymbol{J}_1^{\mathrm{T}})\boldsymbol{D}_{\hat{X}_{1,0}}\end{aligned} \tag{4.2.23}$$

第三次及以后各次滤波依次类推，将式(4.2.22)、式(4.2.23)中的下标0、1、2分别换成$k-2$、$k-1$，k即为观测噪声为有色噪声顾及二次项的非线性滤波公式。

当$\boldsymbol{C}=0$，即泰勒级数展开时，只取一次项，则滤波公式变为

$$\begin{aligned}\hat{\boldsymbol{X}}_k = {}& \hat{\boldsymbol{X}}_{k,k-1} + (\boldsymbol{D}_{\hat{X}_{k,k-1}}\boldsymbol{B}_k^{\mathrm{T}} + \boldsymbol{D}_{\hat{X}_{k-1,k-2}}\boldsymbol{J}_{k-1}\boldsymbol{D}_{\Delta_{k-1,k}})(\boldsymbol{B}_k\boldsymbol{D}_{\hat{X}_{k,k-1}}\boldsymbol{B}_k^{\mathrm{T}} + \boldsymbol{D}_{\Delta_k} +\\ & \boldsymbol{B}_k\boldsymbol{D}_{\hat{X}_{k-1,k-2}}\boldsymbol{J}_{k-1}\boldsymbol{D}_{\Delta_{k-1,k}} + (\boldsymbol{B}_k\boldsymbol{D}_{\hat{X}_{k-1,k-2}}\boldsymbol{J}_{k-1}\boldsymbol{D}_{\Delta_{k-1,k}})^{\mathrm{T}})^{-1}(\boldsymbol{L}_k - \boldsymbol{B}_k\hat{\boldsymbol{X}}_{k,k-1})\end{aligned} \tag{4.2.24}$$

式(4.2.24)是有色噪声作用下的线性卡尔曼滤波公式。这说明，有色噪声作用下的线性卡尔曼是有色噪声作用下顾及二次项非线性动态滤波的特例。

4.2.3　抗差非线性滤波

如果动态噪声和观测噪声皆为白噪声，且滤波初始值与动态噪声和观测噪声不相关，则顾及二次项的抗差非线性滤波可分为三种情形。

1. 观测噪声$\boldsymbol{\Delta}_k$含有粗差，动态噪声服从正态分布

观测噪声$\boldsymbol{\Delta}_k$含有粗差，动态噪声服从正态分布，这时状态预报值$\hat{\boldsymbol{X}}_{k,k-1}$服从正态分布，观测向量$\boldsymbol{L}_k$服从污染分布。则有

$$\hat{\boldsymbol{X}}_k=\Phi(\hat{\boldsymbol{X}}_{k-1})+\boldsymbol{D}_{\hat{X}_{k,k-1}}(\boldsymbol{B}_k^{\mathrm{T}}+\boldsymbol{C}_k\hat{\boldsymbol{X}}_{k,k-1})(\boldsymbol{B}_k\boldsymbol{D}_{\hat{X}_{k,k-1}}\boldsymbol{B}_k^{\mathrm{T}}+\frac{1}{2}\mathrm{tr}(\boldsymbol{C}_k\boldsymbol{D}_{\hat{X}_{k,k-1}}\boldsymbol{C}_k\boldsymbol{D}_{\hat{X}_{k,k-1}})+$$
$$2\boldsymbol{B}_k\boldsymbol{D}_{\hat{X}_{k,k-1}}\boldsymbol{C}_k\hat{\boldsymbol{X}}_{k,k-1}+\boldsymbol{\mu}_X^{\mathrm{T}}\boldsymbol{C}_k\boldsymbol{D}_{\hat{X}_{k,k-1}}\boldsymbol{C}_k\hat{\boldsymbol{X}}_{k,k-1}+\bar{\boldsymbol{D}}_{\Delta_k})^{-1}(\boldsymbol{L}_k-f(\hat{\boldsymbol{X}}_{k-1,k}))\tag{4.2.25}$$

式中

$$\left.\begin{aligned}&\bar{\boldsymbol{D}}_{\Delta_k}^{-1}=\bar{\boldsymbol{P}}_{\Delta_k}=\begin{bmatrix}\bar{P}_{k11}&\bar{P}_{k12}&\cdots&\bar{P}_{k1n}\\\bar{P}_{k21}&\bar{P}_{k21}&\cdots&\bar{P}_{k2n}\\\vdots&\vdots&&\vdots\\\bar{P}_{kn1}&\bar{P}_{kn2}&\cdots&\bar{P}_{knn}\end{bmatrix},\bar{\boldsymbol{P}}_{kij}=\boldsymbol{P}_{kij}\frac{\varphi(\boldsymbol{V}_{ki})}{\boldsymbol{V}_{ki}}\\&\boldsymbol{D}_{\hat{X}_{k,k-1}}=\boldsymbol{\Phi}_{k,k-1}\boldsymbol{D}_{\hat{X}_{k-1}}\boldsymbol{\Phi}_{k,k-1}^{\mathrm{T}}+\boldsymbol{\Gamma}_{k-1}\boldsymbol{D}_{\Omega_{k-1}}\boldsymbol{\Gamma}_{k-1}^{\mathrm{T}}\end{aligned}\right\}\tag{4.2.26}$$

令

$$\bar{\boldsymbol{J}}_k=\boldsymbol{D}_{\hat{X}_{k,k-1}}(\boldsymbol{B}_k^{\mathrm{T}}+\boldsymbol{C}_k\hat{\boldsymbol{X}}_{k,k-1})(\boldsymbol{B}_k\boldsymbol{D}_{\hat{X}_{k,k-1}}\boldsymbol{B}_k^{\mathrm{T}}+\frac{1}{2}\mathrm{tr}(\boldsymbol{C}_k\boldsymbol{D}_{\hat{X}_{k,k-1}}\boldsymbol{C}_k\boldsymbol{D}_{\hat{X}_{k,k-1}})+$$
$$2\boldsymbol{B}_k\boldsymbol{D}_{\hat{X}_{k,k-1}}\boldsymbol{C}_k\hat{\boldsymbol{X}}_{k,k-1}+\boldsymbol{\mu}_X^{\mathrm{T}}\boldsymbol{C}_k\boldsymbol{D}_{\hat{X}_{k,k-1}}\boldsymbol{C}_k\hat{\boldsymbol{X}}_{k,k-1}+\bar{\boldsymbol{D}}_{\Delta_k})^{-1}\tag{4.2.27}$$

则

$$\hat{\boldsymbol{X}}_k=\Phi(\hat{\boldsymbol{X}}_{k-1})+\bar{\boldsymbol{J}}_k(\boldsymbol{L}_k-f(\Phi(\hat{\boldsymbol{X}}_{k-1})))\tag{4.2.28}$$

构成迭代形式为

$$\hat{\boldsymbol{X}}_k^{t+1}=\Phi(\hat{\boldsymbol{X}}_{k-1})+\bar{\boldsymbol{J}}_k^t(\boldsymbol{L}_k-f(\Phi(\hat{\boldsymbol{X}}_{k-1})))\tag{4.2.29}$$

式中

$$\bar{\boldsymbol{J}}_k^t=\boldsymbol{D}_{\hat{X}_{k,k-1}}(\boldsymbol{B}_k^{\mathrm{T}}+\boldsymbol{C}_k\hat{\boldsymbol{X}}_{k,k-1})(\boldsymbol{B}_k\boldsymbol{D}_{\hat{X}_{k,k-1}}\boldsymbol{B}_k^{\mathrm{T}}+\frac{1}{2}\mathrm{tr}(\boldsymbol{C}_k\boldsymbol{D}_{\hat{X}_{k,k-1}}\boldsymbol{C}_k\boldsymbol{D}_{\hat{X}_{k,k-1}})+$$
$$2\boldsymbol{B}_k\boldsymbol{D}_{\hat{X}_{k,k-1}}\boldsymbol{C}_k\hat{\boldsymbol{X}}_{k,k-1}+\boldsymbol{\mu}_X^{\mathrm{T}}\boldsymbol{C}_k\boldsymbol{D}_{\hat{X}_{k,k-1}}\boldsymbol{C}_k\hat{\boldsymbol{X}}_{k,k-1}+\bar{\boldsymbol{D}}_{\Delta_k}^t)^{-1}\tag{4.2.30}$$

$$\left.\begin{aligned}&(\bar{\boldsymbol{D}}_{\Delta_k}^t)^{-1}=\bar{\boldsymbol{P}}_{\Delta_k}^t=\begin{bmatrix}P_{\Delta k11}&P_{\Delta k12}&\cdots&P_{\Delta k1m}\\P_{\Delta k21}&P_{\Delta k22}&\cdots&P_{\Delta k2t}\\\vdots&\vdots&&\vdots\\P_{\Delta kt1}&P_{\Delta kt2}&\cdots&P_{\Delta kmm}\end{bmatrix}^t\\&\bar{\boldsymbol{P}}_{\Delta_k ij}^t=\boldsymbol{P}_{\Delta_k ij}\frac{\eta(\boldsymbol{V}_k^t)}{\boldsymbol{V}_k^t}\end{aligned}\right\}\tag{4.2.31}$$

$$\boldsymbol{V}_k^t=\boldsymbol{B}_k\hat{\boldsymbol{X}}_k^t-\boldsymbol{L}_k\tag{4.2.32}$$

经过几次迭代可获得参数的可靠解。

2. 观测噪声 $\boldsymbol{\Delta}_k$ 服从正态分布，动态噪声 $\boldsymbol{\Omega}_k$ 含有粗差

观测噪声 $\boldsymbol{\Delta}_k$ 服从正态分布，动态噪声 $\boldsymbol{\Omega}_k$ 含有粗差，这时状态预报值 $\hat{\boldsymbol{X}}_{k,k-1}$ 服从污染分布，观测向量 $\boldsymbol{L}_k$ 服从正态分布。这种情形下，抗差滤波的迭代公式为

$$\hat{X}_k^{t+1}=\Phi(\hat{X}_{k-1})+\tilde{J}_k^t(L_k-f(\Phi(\hat{X}_{k-1}))) \tag{4.2.33}$$

式中

$$\tilde{J}_k^t=\tilde{D}^t_{\hat{X}_{k,k-1}}(B_k^{\mathrm{T}}+C_k\hat{X}_{k,k-1})(B_k\tilde{D}^t_{\hat{X}_{k,k-1}}B_k^{\mathrm{T}}+\frac{1}{2}\mathrm{tr}(C_k\tilde{D}^t_{\hat{X}_{k,k-1}}C_k\tilde{D}^t_{\hat{X}_{k,k-1}})+2B_k\tilde{D}^t_{\hat{X}_{k,k-1}}C_k\hat{X}_{k,k-1}+\mu_X^{\mathrm{T}}C_k\tilde{D}^t_{\hat{X}_{k,k-1}}C_k\hat{X}_{k,k-1}+D_{\Delta_k})^{-1} \tag{4.2.34}$$

$$\left.\begin{aligned}&(\tilde{D}^t_{\hat{X}_{k,k-1}})^{-1}=\tilde{P}^t_{\hat{X}_{k,k-1}}=\begin{bmatrix}\tilde{P}_{\hat{X}_{k,k-1}11} & \tilde{P}_{\hat{X}_{k,k-1}12} & \cdots & \tilde{P}_{\hat{X}_{k,k-1}1m}\\ \tilde{P}_{\hat{X}_{k,k-1}21} & \tilde{P}_{\hat{X}_{k,k-1}22} & \cdots & \tilde{P}_{\hat{X}_{k,k-1}2m}\\ \vdots & \vdots & & \vdots\\ \tilde{P}_{\hat{X}_{k,k-1}t1} & \tilde{P}_{\hat{X}_{k,k-1}t2} & \cdots & \tilde{P}_{\hat{X}_{k,k-1}mm}\end{bmatrix}^t\\ &\tilde{P}^t_{\hat{X}_{k,k-1}ij}=P_{\hat{X}_{k,k-1}ij}\frac{\eta(\delta\hat{X}_k^t)}{\delta\hat{X}_k^t}\end{aligned}\right\} \tag{4.2.35}$$

3. 观测噪声 Δ_k 和动态噪声 Ω_k 均含有粗差

观测噪声 Δ_k 和动态噪声 Ω_k 均含有粗,这时状态预报值和观测向量 L_k 均服从污染分布。这种情形下,抗差滤波迭代公式为

$$\hat{X}_k^{t+1}=\Phi(\hat{X}_{k-1})+\hat{J}_k^t(L_k-f(\Phi(\hat{X}_{k-1}))) \tag{4.2.36}$$

式中

$$\hat{J}_k^t=\tilde{D}^t_{\hat{X}_{k,k-1}}(B_k^{\mathrm{T}}+C_k\hat{X}_{k,k-1})(B_k\tilde{D}^t_{\hat{X}_{k,k-1}}B_k^{\mathrm{T}}+\frac{1}{2}\mathrm{tr}(C_k\tilde{D}^t_{\hat{X}_{k,k-1}}C_k\tilde{D}^t_{\hat{X}_{k,k-1}})+2B_k\tilde{D}^t_{\hat{X}_{k,k-1}}C_k\hat{X}_{k,k-1}+\mu_X^{\mathrm{T}}C_k\tilde{D}^t_{\hat{X}_{k,k-1}}C_k\hat{X}_{k,k-1}+\bar{D}_{\Delta_k})^{-1} \tag{4.2.37}$$

$$\left.\begin{aligned}&(\bar{D}^t_{\Delta_k})^{-1}=\begin{bmatrix}\bar{P}_{\Delta_{k11}} & \bar{P}_{\Delta_{k12}} & \cdots & \bar{P}_{\Delta_{k1m}}\\ \bar{P}_{\Delta_{k21}} & \bar{P}_{\Delta_{k22}} & \cdots & \bar{P}_{\Delta_{k2m}}\\ \vdots & \vdots & & \vdots\\ \bar{P}_{\Delta_{kt1}} & \bar{P}_{\Delta_{kt2}} & \cdots & \bar{P}_{\Delta_{ktm}}\end{bmatrix}^t,\ \bar{P}^t_{\Delta_{kij}}=P_{\Delta_{kij}}\frac{\eta(V_k^t)}{V_k^t}\\ &(\tilde{D}^t_{\hat{X}_{k,k-1}})^{-1}=\begin{bmatrix}\tilde{P}_{\hat{X}_{k,k-1}11} & \tilde{P}_{\hat{X}_{k,k-1}12} & \cdots & \tilde{P}_{\hat{X}_{k,k-1}1m}\\ \tilde{P}_{\hat{X}_{k,k-1}21} & \tilde{P}_{\hat{X}_{k,k-1}22} & \cdots & \tilde{P}_{\hat{X}_{k,k-1}2m}\\ \vdots & \vdots & & \vdots\\ \tilde{P}_{\hat{X}_{k,k-1}t1} & \tilde{P}_{\hat{X}_{k,k-1}t2} & \cdots & \tilde{P}_{\hat{X}_{k,k-1}mm}\end{bmatrix}^t,\ \tilde{P}^t_{\hat{X}_{k,k-1}ij}=P_{\hat{X}_{k,k-1}ij}\frac{\eta(\delta X_k^t)}{\delta X_k^t}\end{aligned}\right\} \tag{4.2.38}$$

经过几次迭代可获得参数的可靠解。

第5章　无迹卡尔曼滤波

§5.1　引　言

无迹卡尔曼滤波（unscented Kalman filter，UKF）是 S. J. Julier 和 J. K. Uhlmann 提出的一种适合非线性系统的滤波方法，它以无迹变换为基础，采用线性卡尔曼滤波框架，通过某种采样策略生成采样点，然后将通过非线性方程无迹变换后得到的采样点的统计特性作为问题结果，避免了线性化误差，而且只需要很少的采样点就可以得到优于扩展卡尔曼滤波的估计结果。无迹卡尔曼滤波使用的采样策略为确定性采样，根据采样策略的不同，所生成的采样点个数也将不同。

UKF 算法的基本思想是，以非线性最优高斯滤波统一框架为基础，利用无迹变换（unscented transformation，UT），即通过一定的采样策略，根据系统状态的先验概率密度分布抽取一定数量的采样点（称其为 Sigma 点）并赋予不同的权值，将这些采样点通过非线性函数进行直接传播，然后对得到的结果进行加权求和，以逼近系统状态验后概率分布的均值和协方差。在 UKF 算法中最重要的是采样策略，不同的采样策略区别在于抽取 Sigma 点的个数、位置及相应权值不同。目前应用于 UT 变换的采样策略主要有对称采样、单形采样、3 阶矩偏度采样及高斯分布 4 阶矩对称采样等，此外为了消除采样的非局部效应及保证输出变量协方差矩阵的正定性，提出了上述基本策略进行比例修正的算法框架。其中，最常用的是对称采样策略，它以系统状态的先验均值为中心点，以 $\sqrt{n+k}$ 为半径抽取 $2n+1$ 个 Sigma 点，其中对应于中心点的权值为 $k/n+k$，其余 $2n$ 个 Sigma 点的权值为 $k/2(n+k)$，该采样策略的实现方式比较简单，因此被人们广泛接受并应用。

UKF 算法的滤波精度更高但计算量与 EKF 算法在一个数量级。UKF 算法通过 UT 变换取代了局部线性化，所以不需要对非线性系统的状态方程（或观测方程）进行线性化近似，避免求解非线性函数的雅可比矩阵。

但 UKF 算法仅适用于解决低维非线性系统的滤波问题。当系统状态维数较高（$n \geqslant 4$）时，自由调节参数 k 的选取需要满足 $n+k=3$，则 k 的取值为负，因此中心采样点的权值为负，使得 UKF 算法在滤波过程中可能会出现协方差矩阵为非正定的情况，这将导致在求取 Sigma 点时无法计算协方差的平方根，从而造成滤波数值的不稳定甚至引起滤波发散。并且随着状态维数的增加，Sigma 点中心点的距离会不断增加，从而产生采样的非局部效应。尽管 Julier 提出在滤波算法中

应用比例修正参数 α、β 和 κ，但参数之间的相互影响使UKF算法的灵活性变差，也使滤波数值出现不稳定。为通过UKF算法在实际应用中的可行性，学者们又提出了自适应UKF、抗差UKF等算法。但是这些算法仍然无法解决在处理高维非线性系统时，中心采样点权值可能为负而引起的滤波性能下降等问题。

无迹卡尔曼滤波具有以下几个特点：

(1)对非线性函数的概率密度分布近似，而不是对非线性函数近似。

(2)非线性分布统计量的计算精度至少达到2阶，对于某些采样策略，可达到更高阶的精度。

(3)不需求导计算雅克比矩阵。

(4)可以处理非加性噪声的情况及离散系统。

(5)计算量与扩展卡尔曼滤波同阶次。

§5.2 无迹卡尔曼滤波算法

5.2.1 无迹变换

无迹变换基于直觉，即近似非线性函数的概率分布比近似非线性函数更容易(刘也 等，2010)。无迹变换可以具体表述为：在已知均值及其协方差统计特性的情况下，由确定性采样策略生成一组Sigma点集，然后对每个Sigma点进行非线性变换，得到一组变换后的Sigma点集，而变换后点集的均值及其协方差就作为变换后的统计特性。

假设Sigma点集 $\boldsymbol{\chi}$ 为 n 维向量，即 $\boldsymbol{\chi}=[\chi_1 \quad \chi_2 \quad \cdots \quad \chi_n]^{\mathrm{T}}$，其中 χ_i 权值为 P_i，权值 P_i 可正可负，但需满足

$$\sum_{i=1}^{n} P_i = 1 \tag{5.2.1}$$

已知Sigma点集 $\boldsymbol{\chi}$ 及其权值 P_i，计算变换后Sigma点集的统计特性，即均值和协方差，步骤如下：

(1)将每个Sigma点通过非线性函数进行非线性变换，得到变换后的点集为

$$\boldsymbol{y}_i = h(\chi_i) \tag{5.2.2}$$

(2)变换后的点集 $\boldsymbol{y}$ 的均值为

$$\hat{\boldsymbol{y}} = \sum_{i=1}^{n} P_i \boldsymbol{y}_i \tag{5.2.3}$$

(3)变换后的点集 $\boldsymbol{y}$ 协方差为

$$\boldsymbol{D}_y = \sum_{i=1}^{n} P_i (\boldsymbol{y}_i - \hat{\boldsymbol{y}})(\boldsymbol{y}_i - \hat{\boldsymbol{y}})^{\mathrm{T}} \tag{5.2.4}$$

上述过程可概括为：首先，Sigma 点集的生成；其次，对 Sigma 点集非线性变换；最后，计算变换后 Sigma 点集的统计特性，即均值和协方差。任意非线性函数的统计特性均可类似于上述求解方法。

5.2.2 常用采样策略

在无迹变换中，Sigma 点集要能符合输入随机变量的分布特征，同时也要体现对均值和方差的传递精度。而 Sigma 点集是由采样策略生成的，因此采样策略是无迹卡尔曼滤波的关键。下面介绍几种常用的采样策略。

1. 对称采样策略

有 n 维随机变量 $\boldsymbol{X}$，其估值和协方差分别为$\hat{\boldsymbol{X}}$和$\boldsymbol{D}_{\hat{X}}$，采用对称采样策略生成 Sigma 点集 $\boldsymbol{\chi}$ 为

$$\chi_i=\begin{cases}\hat{X}_i & (i=0)\\ \hat{X}_i+(\sqrt{(n+\kappa)D_{\hat{X}ii}}) & (i=1,\cdots,n)\\ \hat{X}_i-(\sqrt{(n+\kappa)D_{\hat{X}_{ii}}}) & (i=n+1,\cdots,2n)\end{cases} \tag{5.2.5}$$

式中，κ 为比例参数。

Sigma 点对应的权值为

$$P_i=\begin{cases}\dfrac{\kappa}{n+\kappa} & (i=0)\\ \dfrac{1}{2(n+\kappa)} & (i=1,\cdots,2n)\end{cases} \tag{5.2.6}$$

式中，P_i 为第 i 个 Sigma 点的权值，比例参数用来控制 Sigma 点集的分布范围，即调节 Sigma 点与均值 $\hat{\boldsymbol{X}}$ 的距离，同时也可以减小高阶误差。对于高斯分布来说，考虑到 4 阶矩的统计量，可取 $\boldsymbol{\kappa}=n-3$，此时可以消除维数 n 对 Sigma 点到均值$\hat{\boldsymbol{X}}$的距离影响；在维数 $n>3$ 时，为了保证权值 P_0 不为负，即保证了协方差半正定性，一般取 $\boldsymbol{\kappa}=0$。

对称采样策略生成的 Sigma 点个数为 $2n+1$，且 Sigma 点是关于均值$\hat{\boldsymbol{X}}$对称。对称采样策略是无迹卡尔曼滤波算法中应用最多的采样策略，采用它来生成 Sigma 点集。

2. 单形采样策略

无迹卡尔曼滤波算法的计算量与 Sigma 点数是成比例的，即 Sigma 点数越多计算量越大。为了减小运算量、提高计算效率和适合实时性应用，S. J. Julier 等提出了单形采样策略。单形采样策略包括最小偏度单形采样和超球体单形采样，生成的 Sigma 点数均为 $n+2$。

（1）最小偏度单形采样策略。

采用最小偏度单形采样策略生成 Sigma 点集的步骤如下：

①选择初始权值 P_0，满足 $0\leqslant P_0\leqslant 1$。

②Sigma 点对应的权值为

$$P_i=\begin{cases}\dfrac{1-P_0}{2^n} & (i=1)\\ P_1 & (i=2)\\ 2^{i-2}P_1 & (i=3,\cdots,n+1)\end{cases} \tag{5.2.7}$$

③生成 Sigma 点集 $\boldsymbol{\chi}$

设 j 为随机变量 $\boldsymbol{X}$ 的维数，即 $1\leqslant j\leqslant n$；当 $j=1$ 时，有

$$\chi_0^1=0,\chi_1^1=-\frac{1}{\sqrt{2P_1}},\chi_2^1=\frac{1}{\sqrt{2P_1}}$$

当 $j\geqslant 2$ 时，有

$$\boldsymbol{\chi}_i^j=\begin{cases}\begin{bmatrix}\boldsymbol{\chi}_0^{j-1}\\ \boldsymbol{0}\end{bmatrix} & (i=0)\\ \begin{bmatrix}\boldsymbol{\chi}_i^{j-1}\\ -\dfrac{1}{\sqrt{2P_j}}\end{bmatrix} & (i=1,\cdots,j)\\ \begin{bmatrix}\boldsymbol{0}_{j-1}\\ \dfrac{1}{\sqrt{2P_j}}\end{bmatrix} & (i=j+1)\end{cases} \tag{5.2.8}$$

式中，$\boldsymbol{0}_{j-1}$ 为 $j-1$ 维零向量。

④将 Sigma 点集 $\boldsymbol{\chi}$ 加入随机变量 $\boldsymbol{X}$ 的估值 $\hat{\boldsymbol{X}}$ 和方差 $\boldsymbol{D}_{\hat{X}}$ 信息，即可得到所需要的 Sigma 点集 $\bar{\boldsymbol{\chi}}$ 为

$$\bar{\boldsymbol{\chi}}_i^j=\hat{\boldsymbol{X}}_i+(\sqrt{\|\boldsymbol{D}_{\hat{X}}\|})\boldsymbol{\chi}_i^j \tag{5.2.9}$$

式中，$\sqrt{\|\boldsymbol{D}_{\hat{X}}\|}$ 为方差矩阵范数的平方根。

(2)超球体单形采样策略。

采用超球体单形采样策略生成 Sigma 点集的步骤如下：

①选择初始权值 P_0，满足 $0\leqslant P_0\leqslant 1$。

②Sigma 点对应的权值为

$$P_i=\frac{1-P_0}{n+1}\quad (i=1,\cdots,n+1) \tag{5.2.10}$$

③生成 Sigma 点集 $\boldsymbol{\chi}$

设 j 为随机变量 $\boldsymbol{X}$ 的维数，即 $1\leqslant j\leqslant n$；当 $j=1$ 时，有

$$\chi_0^1=0,\chi_1^1=-\frac{1}{\sqrt{2P_1}},\chi_2^1=\frac{1}{\sqrt{2P_1}}$$

当 $j\geqslant 2$ 时，有

$$\boldsymbol{\chi}_i^j=\begin{cases}\begin{bmatrix}\boldsymbol{\chi}_0^{j-1}\\ \mathbf{0}\end{bmatrix} & (i=0)\\ \begin{bmatrix}\chi_i^{j-1}\\ -\dfrac{1}{\sqrt{j(j+1)P_1}}\end{bmatrix} & (i=1,\cdots,j)\\ \begin{bmatrix}\mathbf{0}_{j-1}\\ \dfrac{1}{\sqrt{j(j+1)P_1}}\end{bmatrix} & (i=j+1)\end{cases} \tag{5.2.11}$$

式中，$\mathbf{0}_{j-1}$ 为 $j-1$ 维零向量。

④将 Sigma 点集 $\boldsymbol{\chi}$ 加入随机变量 $\boldsymbol{X}$ 的均值 $\hat{\boldsymbol{X}}$ 和方差 $\boldsymbol{D}_X$ 信息，即可得到所需要的 Sigma 点集 $\bar{\boldsymbol{\chi}}$ 为

$$\boldsymbol{\chi}_i^j=\hat{\boldsymbol{X}}_i+(\sqrt{\|\boldsymbol{D}_{\hat{X}}\|})\boldsymbol{\chi}_i^j \tag{5.2.12}$$

(3) 比例修正采样策略。

上述的采样策略中，Sigma 点离均值 $\hat{\boldsymbol{X}}$ 的距离随着变量 $\boldsymbol{X}$ 的维数 n 增加而变远，在非线性较强的情况下，由上述采样策略得到的 Sigma 点集会产生“采样点非局部效应”，从而会降低无迹卡尔曼滤波算法的整体精度和滤波结果的可靠性。针对“采样点非局部效应”的问题，提出了比例修正采样，其算法为

$$\boldsymbol{\chi}_i'=\hat{\boldsymbol{X}}+\alpha(\boldsymbol{\chi}_i-\hat{\boldsymbol{X}}) \tag{5.2.13}$$

$$P_{m,i}=\begin{cases}\dfrac{P_0}{\alpha^2}+(1-\dfrac{1}{\alpha^2}) & (i=0)\\ \dfrac{P_i}{\alpha^2} & (i\neq 0)\end{cases} \tag{5.2.14}$$

$$P_{c,i}=\begin{cases}P_{m,0}+(1+\beta-\alpha^2) & (i=0)\\ P_{m,i} & (i\neq 0)\end{cases} \tag{5.2.15}$$

式中，$\boldsymbol{\chi}_i'$ 为修正后的 Sigma 点，P_m 为修正后均值的权值，P_c 为修正后协方差的权值，α 为比例缩放因子，用来调节 Sigma 点与均值 $\hat{\boldsymbol{X}}$ 之间的距离，一般取一个较小的正数，β 为引入高阶项信息的参数，对于高斯分布 $\beta=2$ 最优。

5.2.3 无迹卡尔曼滤波算法

在无迹卡尔曼滤波算法中，对噪声的处理方式分为扩展形式和非扩展形式。扩展形式是将状态噪声和观测噪声扩展为状态参数；反之，则为非扩展形式。本书采用非扩展形式的无迹卡尔曼滤波算法，且状态噪声和观测噪声均为加性噪声。

一般情况下，系统状态方程只考虑线性的，观测方程为非线性。已知在 t_k 时刻，有状态方程和观测方程分别为

$$\boldsymbol{X}_k=\boldsymbol{\Phi}_{k,k-1}\boldsymbol{X}_{k-1}+\boldsymbol{\Omega}_k \tag{5.2.16}$$

$$\boldsymbol{L}_k = f(\boldsymbol{X}_k) + \boldsymbol{\Delta}_k \qquad (5.2.17)$$

式中，状态方程为线性函数，观测方程为非线性函数，$\boldsymbol{X}_k$ 为 t_k 时刻 $n\times 1$ 维状态向量，$\boldsymbol{\Phi}_{k,k-1}$ 为状态转移矩阵，$\boldsymbol{L}_k$ 为 t_k 时刻 $m\times 1$ 维观测向量，$f(\boldsymbol{X}_k)$ 为非线性观测函数，$\boldsymbol{\Omega}_k$ 和 $\boldsymbol{\Delta}_k$ 分别为 $n\times 1$ 维状态噪声向量和 $m\times 1$ 维观测噪声向量，均为加性高斯白噪声，二者的协方差矩阵分别为 $\boldsymbol{D}_{\Omega_k}$ 和 $\boldsymbol{D}_{\Delta_k}$，且互不相关。

无迹卡尔曼滤波算法的具体步骤如下：

(1)已知 t_{k-1} 时刻的状态参数向量估值 $\hat{\boldsymbol{X}}_{k-1}$ 及其协方差矩阵 $\boldsymbol{D}_{\hat{X}_{k-1}}$，则可得 t_k 时刻的状态参数预测向量 $\overline{\boldsymbol{X}}_k$ 及其协方差矩阵 $\boldsymbol{D}_{\overline{X}_k}$ 为

$$\overline{\boldsymbol{X}}_k = \boldsymbol{\Phi}_{k,k-1}\hat{\boldsymbol{X}}_{k-1} \qquad (5.2.18)$$

$$\boldsymbol{D}_{\overline{X}_k} = \boldsymbol{\Phi}_{k,k-1}\boldsymbol{D}_{\hat{X}_{k-1}}\boldsymbol{\Phi}_{k,k-1}^{\mathrm{T}} + \boldsymbol{D}_{\Omega_k} \qquad (5.2.19)$$

(2)根据状态参数预测向量 $\overline{\boldsymbol{X}}_k$ 及其协方差矩阵 $\boldsymbol{D}_{\overline{X}_k}$，采用某种采样策略生成 Sigma 点集 $\boldsymbol{\chi}_k$ 及 Sigma 点对应的均值权值 P_m 和方差权值 P_c。

(3)通过非线性观测方程对 Sigma 点集 $\boldsymbol{\chi}_k$ 进行非线性变换，得到新的 Sigma 点集 $\overline{\boldsymbol{L}}_k$，即观测向量预测值为

$$\overline{\boldsymbol{L}}_k = f(\boldsymbol{\chi}_k) \qquad (5.2.20)$$

新的 Sigma 点集 $\overline{\boldsymbol{L}}_k$ 对应的均值权值和方差权值不变，仍为 $\boldsymbol{P}_m$ 和 $\boldsymbol{P}_c$，则有

$$\hat{\overline{\boldsymbol{L}}}_k = \sum_{i=1}^{2n+1}\boldsymbol{P}_{m,i}\overline{\boldsymbol{L}}_{k,i} \qquad (5.2.21)$$

$$\boldsymbol{D}_{\overline{L}_k} = \sum_{i=1}^{2n+1}\boldsymbol{P}_{c,i}(\boldsymbol{L}_{k,i} - \hat{\overline{\boldsymbol{L}}}_k)(\boldsymbol{L}_{k,i} - \hat{\overline{\boldsymbol{L}}}_k)^{\mathrm{T}} \qquad (5.2.22)$$

$$\boldsymbol{D}_{\overline{X}_k\overline{L}_k} = \sum_{i=1}^{2n+1}\boldsymbol{P}_{c,i}(\boldsymbol{\chi}_{k,i} - \overline{\boldsymbol{X}}_{k,i})(\overline{\boldsymbol{L}}_{k,i} - \hat{\overline{\boldsymbol{L}}}_{k,i})^{\mathrm{T}} \qquad (5.2.23)$$

式中，$\hat{\overline{\boldsymbol{L}}}_k$ 为预测观测值的均值；$\boldsymbol{D}_{\overline{L}_k}$ 为预测观测向量的协方差矩阵；$\boldsymbol{D}_{\overline{X}_k\overline{L}_k}$ 为状态预测向量与预测观测向量的互协方差矩阵。

(3)滤波增益 $\boldsymbol{J}_k$ 和 t_k 时刻状态参数向量估值 $\hat{\boldsymbol{X}}_k$ 及其协方差矩阵 $\boldsymbol{D}_{\hat{X}_k}$ 分别为

$$\boldsymbol{J}_k = \boldsymbol{D}_{\overline{X}_k\overline{L}_k}(\boldsymbol{D}_{\overline{L}_k} + \boldsymbol{D}_{\Delta_k})^{-1} \qquad (5.2.24)$$

$$\hat{\boldsymbol{X}}_k = \overline{\boldsymbol{X}}_k - \boldsymbol{J}_k(\hat{\overline{\boldsymbol{L}}}_k - \boldsymbol{L}_k) \qquad (5.2.25)$$

$$\boldsymbol{D}_{\hat{X}_k} = \boldsymbol{D}_{\overline{X}_k} - \boldsymbol{J}_k(\boldsymbol{D}_{\overline{L}_k} + \boldsymbol{D}_{\Delta_k})\boldsymbol{J}_k^{\mathrm{T}} \qquad (5.2.26)$$

5.2.4　蒙特卡洛采样策略

蒙特卡洛法解决问题时的基本思想是：面对一个具体问题，首先建立与描述该问题有相似性的概率模型；然后对模型进行随机模拟或统计抽样，即产生一组随机数来模拟该随机模型，它的分布与该随机模型相同；再以该随机数的统计特征作为原始问题的近似解。蒙特卡洛模拟法可以处理两类问题：一是确定性的数学问题；二是随

机性问题。同时还具有计算方法简单，编程易于实现的特点，且对于随机性问题，具有直接模拟求解的能力。蒙特卡洛法的关键是产生符合各种分布的随机数。随着计算机技术发展，利用计算机程序产生随机数已成主流，此时的随机数称为伪随机数。

1. 蒙特卡洛采样策略

无迹卡尔曼滤波的关键是 Sigma 点采样策略，因为 Sigma 点体现了对均值和方差的传递精度。由采样策略得到的 Sigma 点集要能保证输入变量的分布特征，还要能体现非线性函数本身的非线性。蒙特卡洛模拟法解决问题的思路基本符合无迹变换的思路，因此由蒙特卡洛模拟法演变得到蒙特卡洛采样策略且生成符合输入状态分布特征的 Sigma 点是可行的。

已知有 n 维随机变量 $\boldsymbol{X}$，其均值为 $\overline{\boldsymbol{X}}$，方差为 $\boldsymbol{D}_{\overline{X}}$，蒙特卡洛采样策略的关键是能产生符合输入状态分布的随机数，即 Sigma 点集，随机数产生步骤如下：

(1)建立满足均值为 $\overline{\boldsymbol{X}}$、方差为 $\boldsymbol{D}_{\overline{X}}$ 的高斯分布概率模型。

(2)对概率模型进行随机抽样。

(3)由抽样结果组成 Sigma 点集。

随机变量 $\boldsymbol{X}$ 是符合高斯分布的，使用 MATLAB 软件中的随机数产生 *normrnd* 函数(程水英，2008；申文斌，2011)，蒙特卡洛采样策略可表示为

$$\boldsymbol{\chi}_i = normrnd(\overline{\boldsymbol{X}}_i, \sqrt{(\boldsymbol{D}_{\overline{X}})_i}, m) \quad (i=1,\cdots,n)$$

式中，$\boldsymbol{\chi}_i$ 为 Sigma 点集；$\overline{\boldsymbol{X}}_i$ 表示 $\overline{\boldsymbol{X}}$ 的第 i 个元素；$\sqrt{(\boldsymbol{D}_{\overline{X}})_i}$ 表示 $\boldsymbol{D}_{\overline{X}}$ 第 i 个对角线元素的平方根值；m 为生成 Sigma 点的个数。

2. 基于蒙特卡洛采样策略的无迹卡尔曼滤波算法步骤

(1)根据 t_{k-1} 时刻的状态参数估值 $\hat{\boldsymbol{X}}_{k-1}$ 及其协方差矩阵 $\boldsymbol{D}_{\hat{X}_{k-1}}$，计算状态预测向量 $\overline{\boldsymbol{X}}_k$ 及其协方差矩阵 $\boldsymbol{D}_{\overline{X}_k}$，即

$$\overline{\boldsymbol{X}}_k = \boldsymbol{\Phi}_{k,k-1}\hat{\boldsymbol{X}}_{k-1} \tag{5.2.27}$$

$$\boldsymbol{D}_{\overline{X}_k} = \boldsymbol{\Phi}_{k,k-1}\boldsymbol{D}_{\hat{X}_{k-1}}\boldsymbol{\Phi}_{k,k-1}^{\mathrm{T}} + \boldsymbol{D}_{\Omega_k} \tag{5.2.28}$$

(2)由 $\overline{\boldsymbol{X}}_k$ 和 $\boldsymbol{D}_{\overline{X}_k}$，采用蒙特卡洛采样策略生成 Sigma 点集 $\boldsymbol{\chi}_k$，即

$$\boldsymbol{\chi}_{k,i} = normrnd((\overline{\boldsymbol{X}}_k)_i, \sqrt{(\boldsymbol{D}_{\overline{X}_k})_i}, m) \quad (i=1,\cdots,n)$$

(3)通过非线性观测方程对 Sigma 点集 $\boldsymbol{\chi}_k$ 进行非线性变换，生成新的 Sigma 点集 $\boldsymbol{\eta}_k$，即

$$\boldsymbol{\eta}_k = f(\boldsymbol{\chi}_k) \tag{5.2.29}$$

计算预测观测值 $\overline{\boldsymbol{Z}}_k$ 及其协方差矩阵 $\boldsymbol{D}_{\overline{Z}_k}$，即

$$\overline{\boldsymbol{Z}}_k = \frac{1}{m}\sum_{j=1}^{m}\boldsymbol{\eta}_{k,j} \tag{5.2.30}$$

$$\boldsymbol{D}_{\overline{Z}_k} = \frac{1}{m}\sum_{i=1}^{m}(\boldsymbol{\eta}_{k,i} - \overline{\boldsymbol{Z}}_k)(\boldsymbol{\eta}_{k,i} - \overline{\boldsymbol{Z}}_k)^{\mathrm{T}} + \boldsymbol{D}_{\Omega_k} \tag{5.2.31}$$

$$\boldsymbol{D}_{\overline{X}_k\overline{Z}_k}=\frac{1}{m}\sum_{i=1}^{m}(\boldsymbol{\chi}_{k,i}-\overline{\boldsymbol{X}}_k)(\boldsymbol{\eta}_{k,i}-\overline{\boldsymbol{Z}}_k)^{\mathrm{T}} \tag{5.2.32}$$

(4)计算滤波增益$\boldsymbol{J}_k$ 和 t_k 时刻状态估值$\hat{\boldsymbol{X}}_k$ 及其协方差矩阵$\boldsymbol{D}_{\hat{X}_k}$，即

$$\boldsymbol{J}_k=\boldsymbol{D}_{\overline{X}_k\overline{Z}_k}\boldsymbol{D}_{\overline{Z}_k}{}^{-1} \tag{5.2.33}$$

$$\hat{\boldsymbol{X}}_k=\overline{\boldsymbol{X}}_k+\boldsymbol{J}_k(\boldsymbol{Z}_k-\overline{\boldsymbol{Z}}_k) \tag{5.2.34}$$

$$\boldsymbol{D}_{\hat{X}_k}=\boldsymbol{D}_{\overline{X}_k}-\boldsymbol{J}_k\boldsymbol{D}_{\overline{Z}_k}\boldsymbol{J}_k^{\mathrm{T}} \tag{5.2.35}$$

3. 仿真分析

例 5.1　质点 M 在二维平面内运动，初始位置为 $X_0=0\ \mathrm{m}$，$Y_0=3\ 000\ \mathrm{m}$，它以初速度为 $V_x=10\ \mathrm{m/s}$，$V_y=50\ \mathrm{m/s}$，加速度为 $a_x=2\ \mathrm{m/s^2}$，$a_y=-4\ \mathrm{m/s^2}$ 做运动；雷达 O 在坐标位置为(0,0)处对质点 M 进行测距 r_k 和测角 φ_k，状态噪声和观测噪声均为加性噪声，状态向量为 $\boldsymbol{X}_k=[x_k\quad y_k\quad \dot{x}_k\quad \dot{y}_k\quad \ddot{x}_k\quad \ddot{y}_k]^{\mathrm{T}}$，观测向量为 $\boldsymbol{Z}_k=[z_{k1}\quad z_{k2}]^{\mathrm{T}}$，建立无迹卡尔曼滤波模型为

$$\boldsymbol{X}_k=\boldsymbol{\Phi}_{k,k-1}\boldsymbol{X}_{k-1}+\boldsymbol{\Omega}_k$$

$$\boldsymbol{Z}_k=\begin{bmatrix}Z_{r,k}\\Z_{\varphi,k}\end{bmatrix}=\begin{bmatrix}r_k+v_k(r)\\\varphi_k+v_k(\varphi)\end{bmatrix}=\begin{bmatrix}\sqrt{x_k^2+y_k^2}+v_k(r)\\\arctan\dfrac{y_k}{x_k}+v_k(\varphi)\end{bmatrix}$$

式中

$$\boldsymbol{\Phi}_{k,k-1}=\begin{bmatrix}1&0&t&0&\frac{t^2}{2}&0\\0&1&0&t&0&\frac{t^2}{2}\\0&0&1&0&t&0\\0&0&0&1&0&t\\0&0&0&0&1&0\\0&0&0&0&0&1\end{bmatrix}$$

式中，状态噪声向量$\boldsymbol{\Omega}_k$ 和观测噪声向量$\boldsymbol{\Delta}_k$ 的协方差矩阵分别为$\boldsymbol{D}_{\Omega_k}$ 和$\boldsymbol{D}_{\Delta_k}$，且二者不相关，其中给定$\boldsymbol{D}_{\Omega_k}=\mathrm{diag}(9,9,0.09,0.09,0.09^2,0.09^2)$，$\boldsymbol{D}_{\Delta_k}=\mathrm{diag}(1,0.001^2)$。观测间隔 $t=0.5\ \mathrm{s}$，观测次数 50 次，采用蒙特卡洛采样策略生成 Sigma 点集。

采用如下两种方案分析比较：

方案一：生成 Sigma 点数分别为 500、2 000、5 000 时，进行蒙特卡洛采样策略无迹卡尔曼滤波(Monte Carlo UKF，MCUKF)估值。

方案二：生成 Sigma 电点数为 5 000 时，采用不同状态噪声向量协方差矩阵$\boldsymbol{D}_{\Omega_k}$ 和观测噪声向量协方差矩阵$\boldsymbol{R}$，进行蒙特卡洛采样策略无迹卡尔曼滤波估值。

(1)蒙特卡洛采样策略生成 Sigma 点数分别为 $m=500$、$m=2\ 000$、$m=5\ 000$ 时，实际轨迹与无迹卡尔曼滤波值及距离值差值的情况如图 5.1～图 5.6 所示。

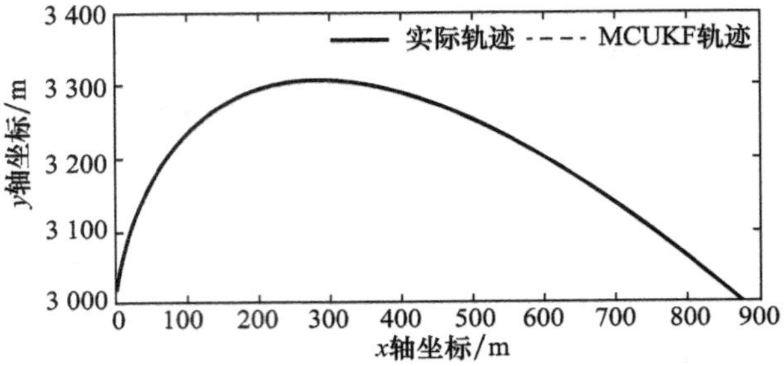

图 5.1 $m=500$ 时，实际轨迹与无迹卡尔曼滤波值比较

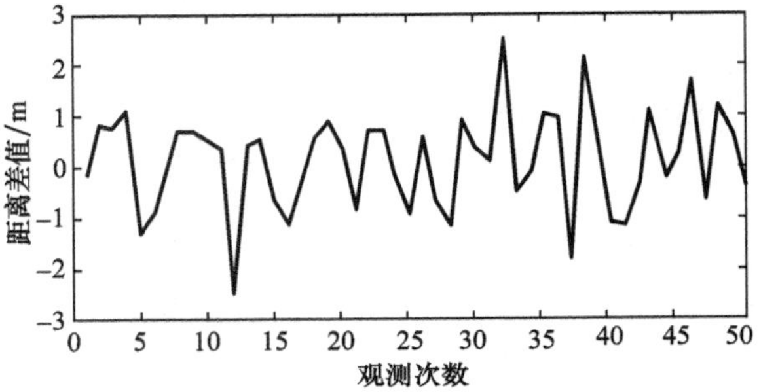

图 5.2 $m=500$ 时，实际距离与无迹卡尔曼滤波距离值差值

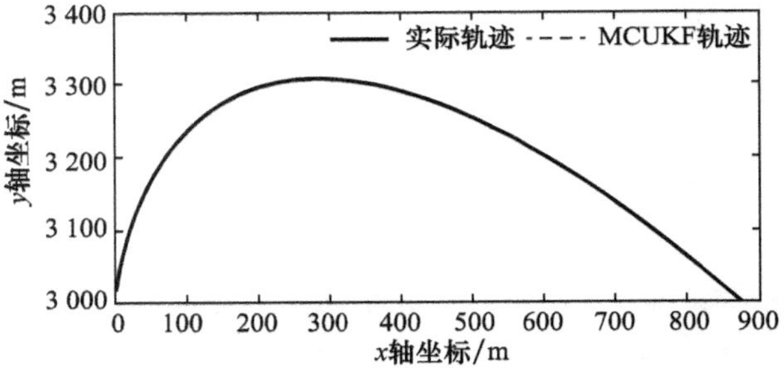

图 5.3 $m=2\ 000$ 时，实际轨迹与无迹卡尔曼滤波值比较

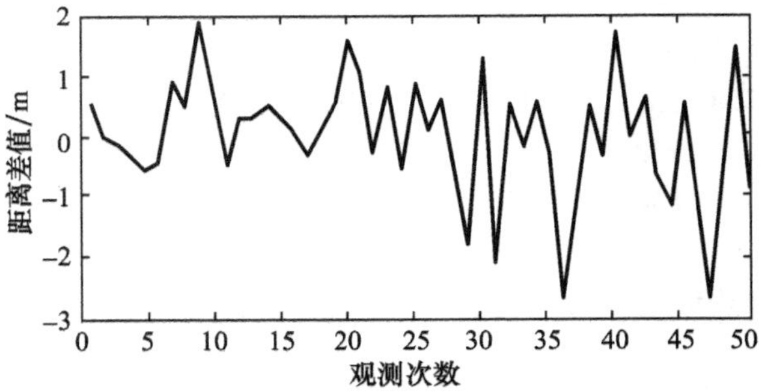

图 5.4 $m=2\ 000$ 时，实际距离与无迹卡尔曼滤波距离值差值

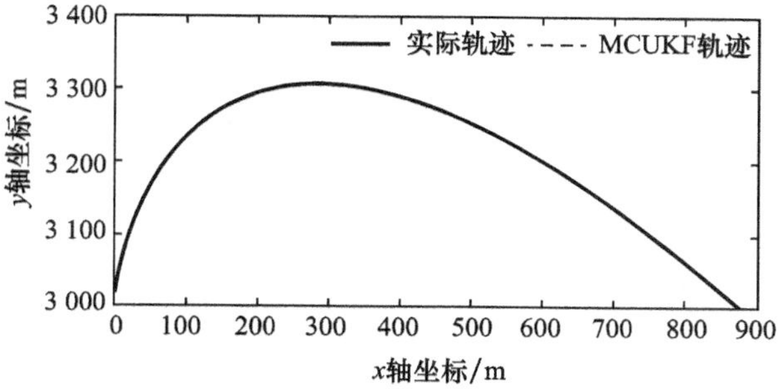

图 5.5　$m=5\ 000$ 时，实际轨迹与无迹卡尔曼滤波值比较

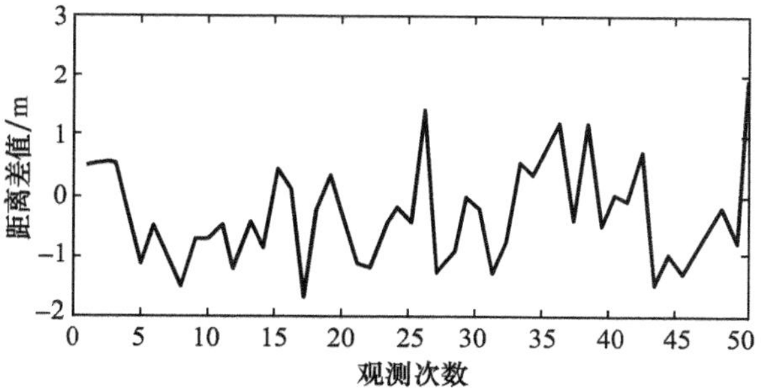

图 5.6　$m=5\ 000$ 时，实际距离与无迹卡尔曼滤波距离值差值

(2)蒙特卡洛采样策略生成 Sigma 点数 $m=5\ 000$ 时，实际距离与无迹卡尔曼滤波值及距离值差值情况如图 5.7～图 5.14 所示。

①$\boldsymbol{D}_{\Omega_k}=\mathrm{diag}(9,9,0.09,0.09,0.09^2,0.09^2)$，$\boldsymbol{D}_{\Delta_i}=\mathrm{diag}(1,0.001^2)$。

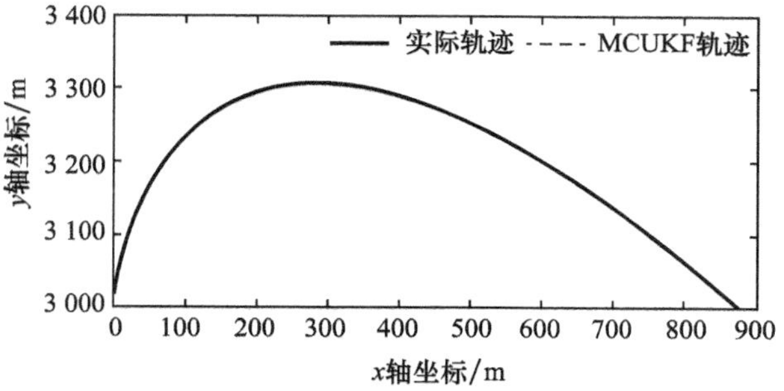

图 5.7　实际轨迹与无迹卡尔曼滤波值比较

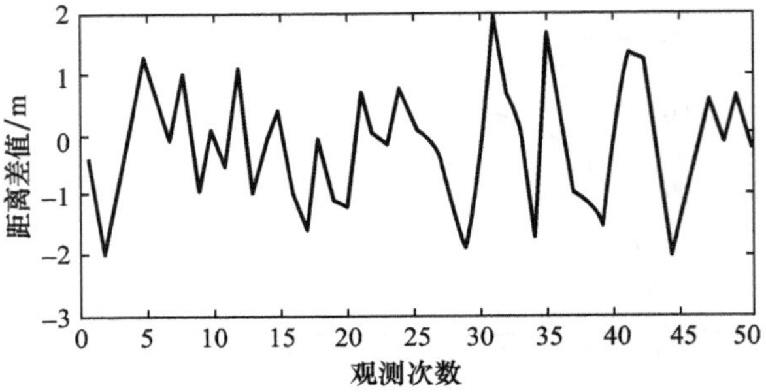

图 5.8 实际距离与无迹卡尔曼滤波距离值差值

②$\boldsymbol{D}_{\Omega_k}=\mathrm{diag}(100,100,0.09,0.09,0.09^2,0.09^2)$，$\boldsymbol{D}_{\Delta_k}=\mathrm{diag}(1,0.001^2)$。

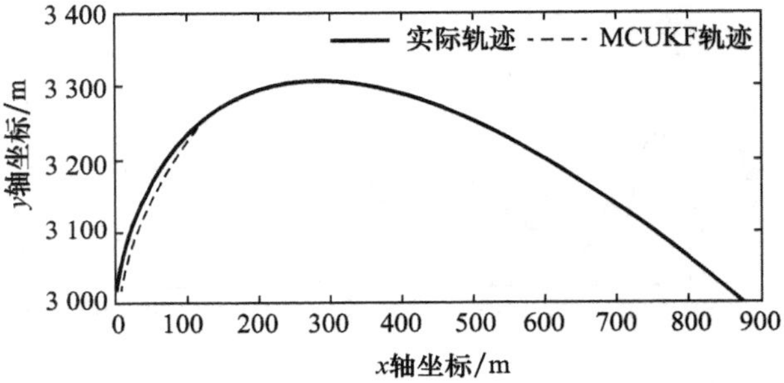

图 5.9 实际轨迹与无迹卡尔曼滤波值比较

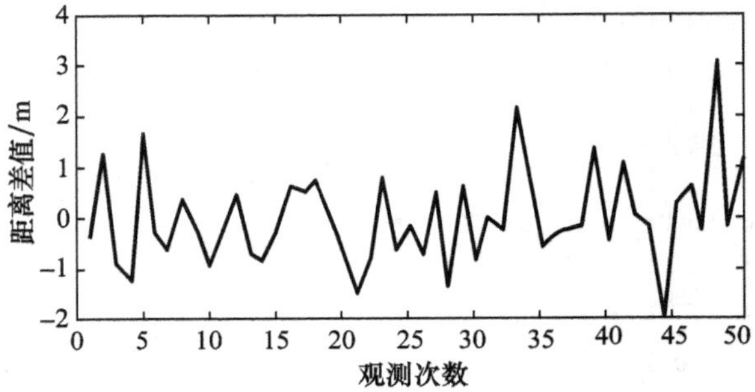

图 5.10 实际距离与无迹卡尔曼滤波距离值差值

③$\boldsymbol{D}_{\Omega_k}=\mathrm{diag}(9,9,0.09,0.09,0.09^2,0.09^2)$，$\boldsymbol{D}_{\Delta_k}=\mathrm{diag}(9,0.001^2)$。

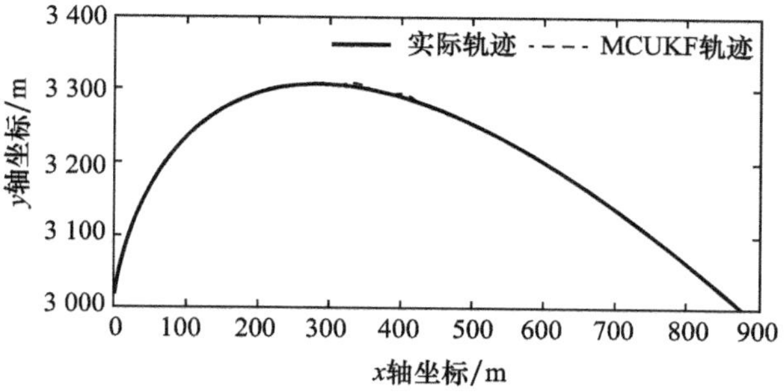

图 5.11　实际轨迹与 UKF 滤波值比较

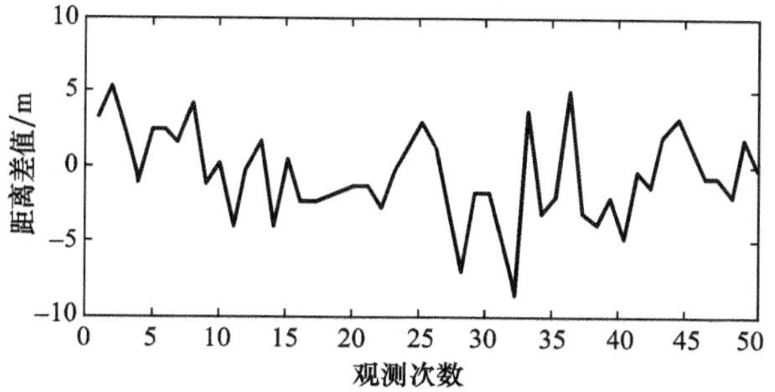

图 5.12　实际距离与无迹卡尔曼滤波距离值差值

④$\boldsymbol{D}_{\Omega_k}=\mathrm{diag}(9,9,0.09,0.09,0.09^2,0.09^2)$，$\boldsymbol{D}_{\Delta_k}=\mathrm{diag}(100,0.001^2)$。

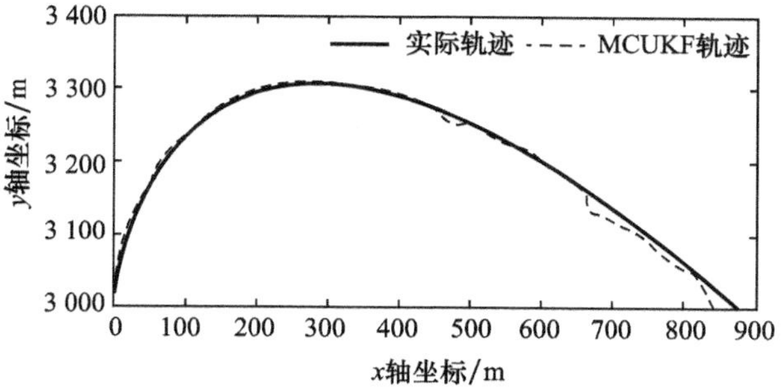

图 5.13　实际轨迹与无迹卡尔曼滤波值比较

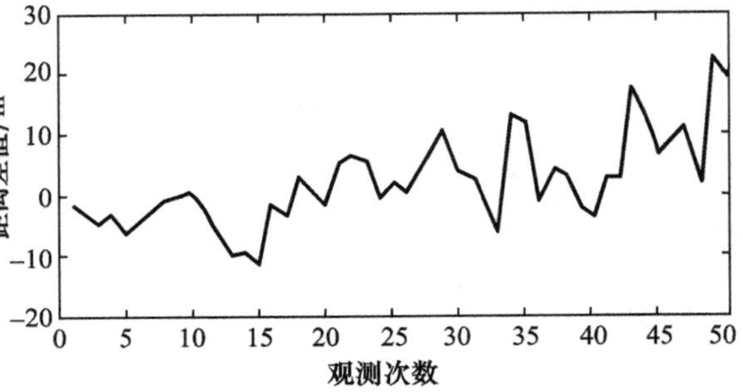

图 5.14 实际距离与无迹卡尔曼滤波距离值差值

(3)计算结果比较分析。

从图 5.1、图 5.3 和图 5.5 可以看出，基于蒙特卡洛采样策略的 UKF 滤波算法能够很好地估算和预测，得到的结果能很好地跟踪目标。

从图 5.2、图 5.4 和图 5.6 可以得到，随着采样点数的增多，蒙特卡洛采样策略 UKF 滤波得到的距离与实际距离差值变小，表明了滤波解的精度随着采样点数的增多而提高。

比较图 5.7、图 5.8、图 5.9 和图 5.10 可以得到，在观测误差不变的情况下，模型误差的大小对 UKF 滤波结果影响较小；比较图 5.11、图 5.12、图 5.13 和图 5.14可以得到，在模型误差保持不变的情况下，观测误差对 UKF 滤波结果影响较大，即滤波结果精度更依赖观测值精度。

无迹卡尔曼滤波是以无迹变换为基础，采用线性卡尔曼滤波为框架，以采样策略生成的 Sigma 点来逼近非线性分布的非线性滤波方法，它常用的采样形式均为确定性采样。新的采样策略——蒙特卡洛采样策略，其基于蒙特卡洛模拟法，是一种随机性采样方法，建立符合输入状态分布的概率模型，然后利用该模型生成一组随机数，即 Sigma 点集，来表征输入状态的统计特征，保证了得到的 Sigma 点集符合输入状态分布特征，再用大量的 Sigma 点逼近概率密度分布，从而得到更高阶近似，充分体现了非线性函数本身的非线性。采用蒙特卡洛采样策略的 UKF 滤波算法具有一定的实用性和参考价值，因此可做进一步应用研究。

5.2.5 蒙特卡洛采样策略与对称采样策略比较分析

例 5.2 在教学楼前广场上的控制点上安置一台 Astech-GPS 接收机，进行静态单点定位，观测时长 50 min，接收机采样间隔 $T=10$ s。利用接收机自带的处理软件从原始数据文件里导出观测文件和导航文件，并对观测数据和导航数据进行简单的处理，取其中稳定时的观测数据次数 100 次。$B11$ 点的真实坐标参考值由华测 RTK-

GPS 接收机测得为 $B11_{RTK}$(−2 412 159.803,4 697 651.821,3 564 972.38) m。动力学模型采用常速(CV)模型，观测模型采用伪距观测方程，分别使用对称采样策略和蒙特卡洛采样策略无迹卡尔曼滤波算法来进行静态单点定位计算，然后将二者的滤波估值与 $B11_{RTK}$参考坐标相比较，分别得差值 Δ1 和 Δ2，差值的均方根误差(RMSE)分别为 $\Delta 1_{RMSE}$和 $\Delta 2_{RMSE}$。滤波的初始状态参数估计值 $\boldsymbol{X}_0$、协方差矩阵 $\boldsymbol{D}_0$、状态噪声协方差矩阵$\boldsymbol{D}_{\Omega_k}$和观测噪声协方差矩阵 $\boldsymbol{D}_{\Delta_k}$分别给定为

$$\boldsymbol{X}_0=[-2\ 412\ 157.21\quad 4\ 697\ 661.79\quad 3\ 564\ 984.73\quad 609\ 729.10\quad 0\quad 0\quad 0\quad 146.60]^{\mathrm{T}}$$

$$\boldsymbol{D}_0=\mathrm{diag}(100,100,100,0.001^2,0.001^2,0.001^2,1)$$

$$\boldsymbol{D}_{\Omega_k}=\mathrm{diag}(100,100,100,0.001^2,0.001^2,0.001^2,1)$$

$$\boldsymbol{D}_{\Delta_k}=\mathrm{diag}(100,100,100,100,100,100,100)$$

由对称采样策略无迹卡尔曼滤波算法得到的 $\Delta 1_{RMSE}=(24.69,18.91,4.71)$ m；蒙特卡洛采样策略生成 Sigma 点数分别为 $m=10$、$m=15$、$m=20$、$m=50$、$m=100$ 和 $m=200$ 时，各运算 10 次，由蒙特卡洛采样策略无迹卡尔曼滤波算法得到的 $\Delta 2_{RMSE}$如表 5.1 所示。

当滤波的初始状态参数估计值 $\boldsymbol{X}_0$ 的协方差矩阵取为 $\boldsymbol{D}_0=\mathrm{diag}(900,900,900,900,0,0,0,10)$时，蒙特卡洛采样策略生成的 Sigma 点数仍然分别为 $m=10$、$m=15$、$m=20$、$m=50$、$m=100$ 和 $m=200$，各运算 10 次，由蒙特卡洛采样策略无迹卡尔曼滤波算法得到 $\Delta 2'_{RMSE}$如表 5.2 所示。

当蒙特卡洛采样策略生成 Sigma 点数为 $m=500$ 时，则差值 Δ2 的均方根误差为 $\Delta 2'_{RMSE}=(24.77,18.73,4.95)$，差值 Δ1 和 Δ2 中 X、Y 和 Z 坐标差值和均方根误差如图 5.15～图 5.20 所示。

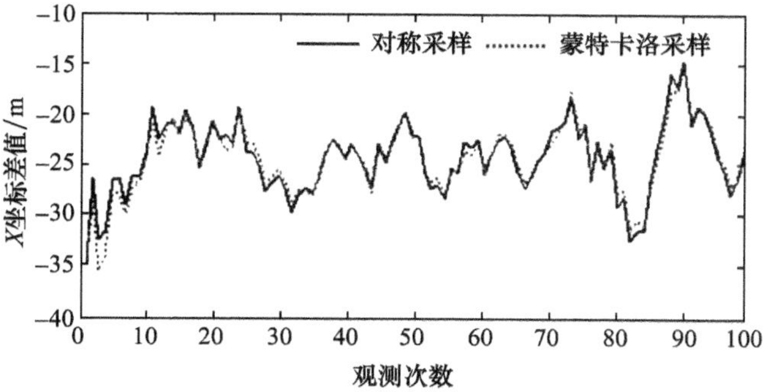

图 5.15　X 坐标差值比较

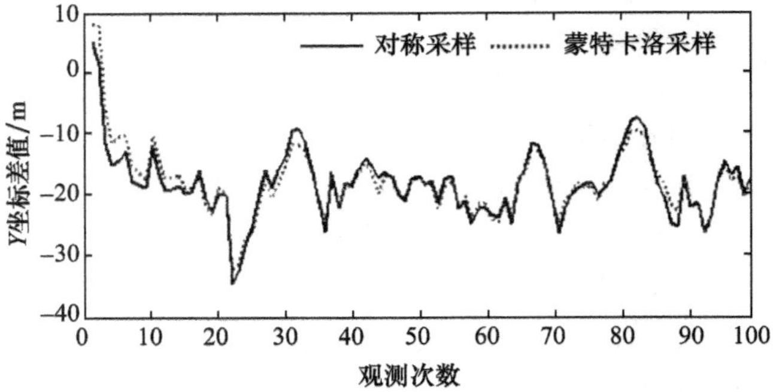

图 5.16 Y 坐标差值比较

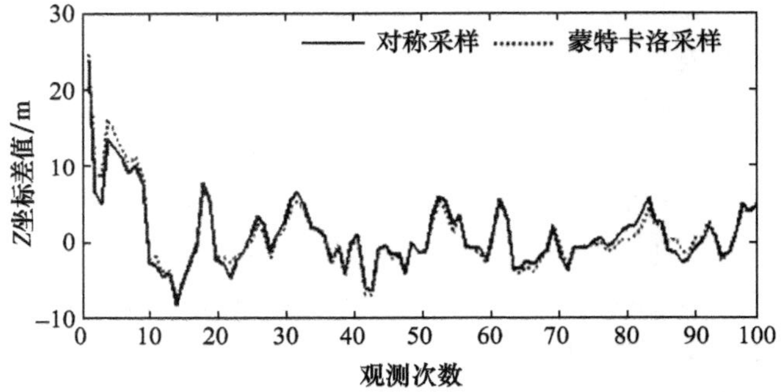

图 5.17 Z 坐标差值比较

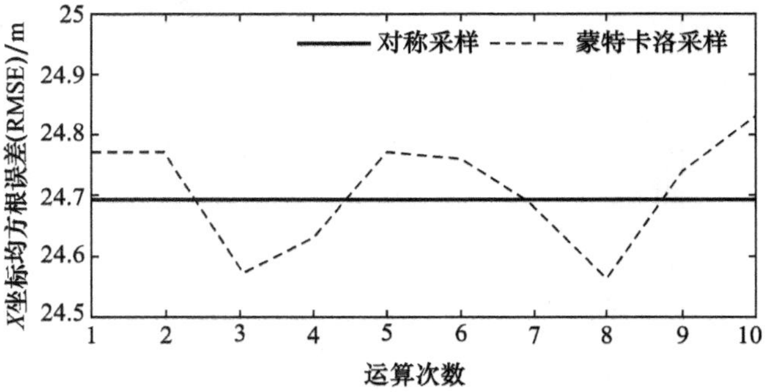

图 5.18 X 坐标均方根误差(RMSE)比较

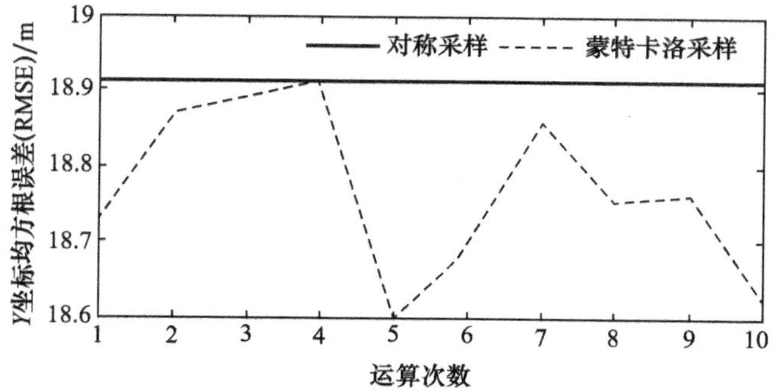

图 5.19　Y 坐标均方根误差(RMSE)比较

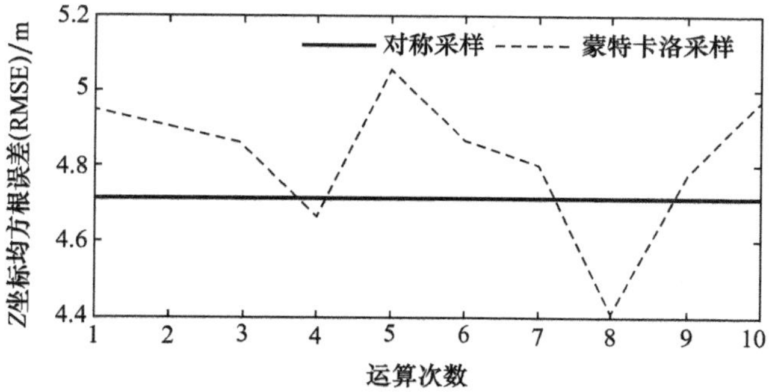

图 5.20　Z 坐标均方根误差(RMSE)比较

表 5.1　Δ2 的均方根误差 $\Delta 2_{RMSE}$　m

m	RMSE	1	2	3	4	5	6	7	8	9	10
10	x	29.66	29.31	—	24.77	30.21	—	—	—	—	27.88
	y	21.67	16.26	—	18.80	18.54	—	—	—	—	15.83
	z	13.14	12.59	—	5.64	2.26	—	—	—	—	7.45
15	x	26.18	25.09	25.71	25.64	26.07	25.19	26.25	25.56	26.76	25.51
	y	16.70	17.23	16.29	17.49	16.74	18.03	16.92	18.36	15.64	16.53
	z	6.21	4.75	5.53	5.82	6.65	6.95	7.26	6.33	7.83	5.16
20	x	25.42	25.21	24.91	24.31	25.25	26.10	25.77	25.08	26.77	25.69
	y	17.86	18.57	17.83	17.81	16.48	17.76	16.64	18.65	16.26	19.58
	z	5.77	5.54	5.33	5.12	5.69	5.58	6.54	6.25	7.37	6.95

续表

m	RMSE	1	2	3	4	5	6	7	8	9	10
50	x	24.84	24.86	25.21	24.98	24.91	24.66	24.94	24.73	24.61	25.16
	y	18.29	18.33	18.13	18.48	18.08	18.86	18.63	18.32	18.80	17.78
	z	5.40	4.87	4.86	4.83	4.72	5.02	4.94	4.00	5.20	5.39
100	x	25.06	24.55	24.89	24.79	24.78	25.13	24.71	24.51	24.85	24.74
	y	18.18	18.57	17.87	18.80	18.45	18.36	18.34	18.60	18.29	18.35
	z	4.92	4.33	4.88	5.03	4.88	5.20	4.75	4.78	4.52	5.02
200	x	24.74	24.80	24.93	24.98	24.88	24.73	24.88	24.66	24.54	24.74
	y	18.40	18.44	18.34	18.20	18.23	18.48	18.30	18.58	18.47	18.38
	z	4.61	4.47	5.05	4.69	4.83	4.54	5.07	4.28	4.76	4.65

注：表中“—”表示滤波失效。

表 5.2 $\Delta 2$ 的均方根误差 $\Delta 2'_{\mathrm{RMSE}}$ m

m	RMSE	1	2	3	4	5	6	7	8	9	10
10	x	—	—	27.00	23.74	—	—	25.14	27.66	—	—
	y	—	—	24.91	21.05	—	—	19.07	17.09	—	—
	z	—	—	17.24	4.57	—	—	7.02	9.64	—	—
15	x	25.72	—	—	—	25.29	—	25.09	—	25.06	—
	y	16.17	—	—	—	16.44	—	19.17	—	17.66	—
	z	5.30	—	—	—	4.51	—	4.33	—	5.37	—
20	x	25.10	24.49	24.97	—	25.56	25.04	—	23.43	24.27	—
	y	18.39	17.98	18.11	—	17.20	18.55	—	20.91	19.44	—
	z	4.37	4.76	4.63	—	5.37	4.69	—	4.27	4.75	—
50	x	24.80	24.96	24.98	24.57	24.91	—	24.73	—	25.12	24.97
	y	18.32	18.21	18.71	18.51	18.27	—	18.15	—	18.18	18.57
	z	4.45	4.01	4.84	3.71	4.28	—	3.65	—	4.48	5.09
100	x	24.97	24.45	—	24.83	24.47	24.82	24.64	24.63	25.02	24.76
	y	18.29	18.48	—	18.42	18.57	18.64	18.48	18.79	18.63	18.48
	z	5.49	4.29	—	4.43	4.36	4.65	4.04	4.05	4.69	4.67

续表

m	RMSE	1	2	3	4	5	6	7	8	9	10
200	x	24.64	24.68	24.86	24.59	24.53	24.52	24.61	24.77	24.54	24.50
	y	18.51	18.64	18.31	18.53	18.54	18.33	18.63	18.65	18.76	18.71
	z	4.13	4.01	4.91	3.97	4.07	4.03	3.91	3.94	3.97	4.05

注：表中“—”表示滤波失效。

计算结果分析：

(1)从表 5.1 可以得到，当蒙特卡洛采样策略生成的 Sigma 点数较少时，采用蒙特卡洛采样策略的无迹卡尔曼滤波算法容易发散，即得不到可靠的滤波估值。随着 Sigma 点数的逐渐增多，滤波算法逐渐趋于稳定。

(2)对比表 5.1 与表 5.2 可以得到，当初始值估计值 $\boldsymbol{X}_0$ 的协方差矩阵 $\boldsymbol{D}_0$ 选取不合理或不恰当时，在采样点数较少的情况下，蒙特卡洛采样策略无迹卡尔曼滤波算法很不稳定，但随着采样点数的增多，滤波算法趋于稳定，此时初始状态参数估值的协方差矩阵对滤波算法影响较小。

(3)从图 5.15～图 5.20 可以看出，当蒙特卡洛采样策略生成 Sigma 点数较多时，采用蒙特卡洛采样策略的无迹卡尔曼滤波算法非常稳定，此时得到的滤波结果精度与采用对称采样策略的无迹卡尔曼滤波算法得到的滤波结果精度相当。

(4)综合图表可以得到，基于蒙特卡洛采样策略的无迹卡尔曼滤波算法必须要生成大量的 Sigma 点，滤波算法才能趋于稳定，远远多于对称采样策略生成的 Sigma 点数，这导致了前者的运算时间要长于后者，运算效率较低。

§5.3　抗差自适应无迹卡尔曼滤波理论

5.3.1　抗差自适应无迹卡尔曼滤波算法

已知 t_k 时刻预测残差向量$\overline{\boldsymbol{V}}_k$ 为

$$\overline{\boldsymbol{V}}_k=\overline{\boldsymbol{L}}_k-\boldsymbol{L}_k \tag{5.3.1}$$

由式(5.3.1)可以看出，预测残差向量$\overline{\boldsymbol{V}}_k$ 的大小反映了预测观测向量$\overline{\boldsymbol{L}}_k$ 误差和观测向量$\boldsymbol{L}_k$ 误差。预测观测值向量$\overline{\boldsymbol{L}}_k$ 由预测状态向量$\overline{\boldsymbol{X}}_k$ 通过非线性观测方程得到，同时预测状态向量$\overline{\boldsymbol{X}}_k$ 包含了前一时刻状态参数向量估值误差和动力学模型误差，也就是说预测残差向量$\overline{\boldsymbol{V}}_k$ 的大小反映的是前一时刻状态参数向量估值误差、动力学模型误差和观测值误差。

根据预测残差向量，构建预测残差判别统计量为

$$\Delta \overline{\boldsymbol{V}}_{k,i}=\frac{|\overline{\boldsymbol{V}}_{k,i}|}{\sum\limits_{j=1,j\neq i}^{m}|\overline{\boldsymbol{V}}_{k,j}|/(m-1)} \tag{5.3.2}$$

式中，$\overline{\boldsymbol{V}}_{k,i}$为预测残差向量$\overline{\boldsymbol{V}}_k$的第$i$个元素，$m$为观测向量$\boldsymbol{L}_k$的个数。

由式(5.3.2)可以看出，预测残差判别统计量$\Delta \overline{\boldsymbol{V}}_{k,i}$表示第$i$个预测残差绝对值与其他预测残差绝对值和的均值比较，分析预测残差判别统计量可以得到：

(1)在状态预测值$\overline{\boldsymbol{X}}_k$可靠的情况下，即动力学模型和前一时刻状态参数估值均可靠，预测观测值$\overline{\boldsymbol{L}}_k$也可靠，此时预测残差向量$\overline{\boldsymbol{V}}_k$的大小只反映观测向量$\boldsymbol{L}_k$误差情况。由预测残差判别统计量$\Delta \overline{\boldsymbol{V}}_{k,i}$判断第$i$个预测残差$\overline{\boldsymbol{V}}_{k,i}$与其余预测残差的离散情况，若$\Delta \overline{\boldsymbol{V}}_{k,i}$在一定范围内，认为第$i$个观测值$\boldsymbol{L}_{k,i}$可靠；反之，则认为第$i$个观测值$\boldsymbol{L}_{k,i}$为观测异常值或粗差。

(2)若状态预测值$\overline{\boldsymbol{X}}_k$有异常误差，则由状态预测值$\overline{\boldsymbol{X}}_k$通过非线性变换得到的每个预测观测值$\overline{\boldsymbol{L}}_k$也将含有状态预测异常误差，也就是说每个预测残差值$\overline{\boldsymbol{V}}_{k,i}$均含有预测观测异常误差，此时预测残差判别统计量$\Delta \overline{\boldsymbol{V}}_{k,i}$仍反映的是观测值$\boldsymbol{L}_{k,i}$与其余观测值的离散情况。

综上所述，预测残差判别统计量只反映观测值之间的离散情况，通过预测残差判别统计量的大小可以看出观测值间的离散程度。

抗差自适应无迹卡尔曼滤波以残差$\boldsymbol{V}$的统计特性结合两端函数构造的方差膨胀因子，该方差膨胀因子将观测信息分为正常观测值(有效信息)和可利用观测值(可利用信息)两部分，再调整相应观测信息的协方差矩阵，将观测信息的协方差矩阵分为保权区(保持原观测值不变)和降权区(对观测值作抗差限制)。基于残差统计特性的方差膨胀因子能够有效地选择观测信息，并且较好地抑制观测粗差对无迹卡尔曼滤波解的影响。

已知有t_k时刻残差向量$\boldsymbol{V}_k$及相应的中误差$\boldsymbol{\sigma}_{V_k}$分别为

$$\boldsymbol{V}_k=f(\hat{\boldsymbol{X}}_k)-\boldsymbol{L}_k \tag{5.3.3}$$

$$\boldsymbol{\sigma}_{V_k}=med(|\boldsymbol{V}_k|)/0.6745 \tag{5.3.4}$$

式中，$\hat{\boldsymbol{X}}_k$为当前t_k时刻的滤波估值。

由预测残差判别统计量$\Delta\overline{\boldsymbol{V}}$，采用两段函数或者三段函数(Julier et al, 2004)，构造预测残差判别统计量方差膨胀因子。

两端函数的预测残差判别统计量方差膨胀因子为

$$\lambda_i=\begin{cases}1, & \Delta\overline{V}_i\leqslant c\\ \dfrac{\Delta\overline{V}_i}{c}, & \Delta\overline{V}_i>c\end{cases} \tag{5.3.5}$$

式中，c为常数，一般取$c=2.5\sim3.0$。

三段函数的预测残差判别统计量方差膨胀因子为

$$\lambda_i=\begin{cases}1, & \Delta\overline{V}_i\leqslant k_0\\ \dfrac{\Delta\overline{V}_i\ (k_1-k_0)^2}{k_0\ (k_1-\Delta\overline{V}_i)^2}, & k_0<\Delta\overline{V}_i<k_1\\ \infty, & \Delta\overline{V}_i\geqslant k_1\end{cases}\tag{5.3.6}$$

式中，k_0 和 k_1 为常数。一般取 $k_0=1.0\sim1.5$，$k_1=2.5\sim8.0$。

5.3.2　抗差自适应无迹卡尔曼滤波算例

采用标准无迹卡尔曼滤波算法和抗差无迹卡尔曼滤波算法计算。抗差自适应无迹卡尔曼滤波算法分别采用基于残差统计特性的方差膨胀因子函数和预测残差判别统计量方差膨胀因子。

(1)正常情况下，即无粗差时。

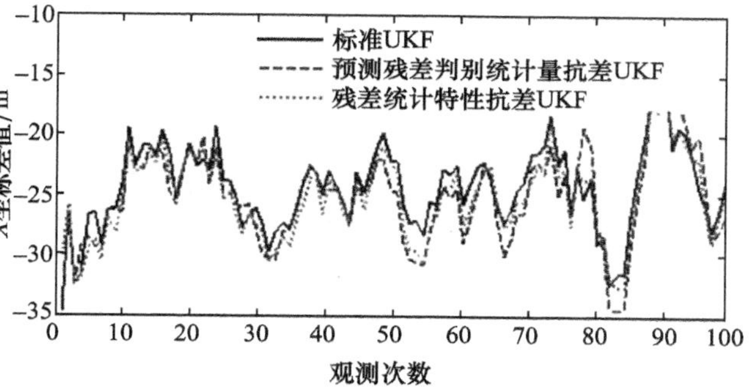

图 5.21　无粗差时，X 坐标差值比较

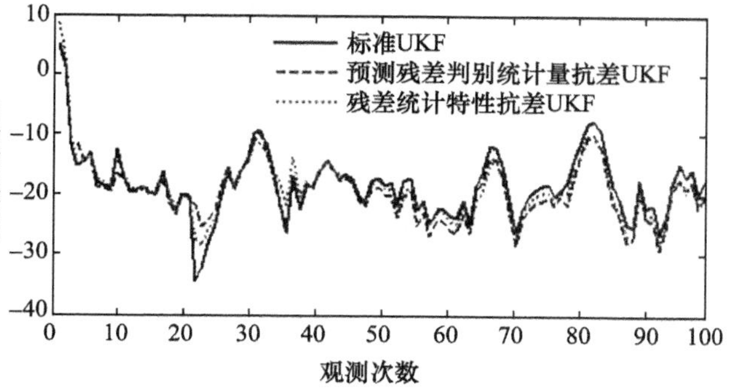

图 5.22　无粗差时，Y 坐标差值比较

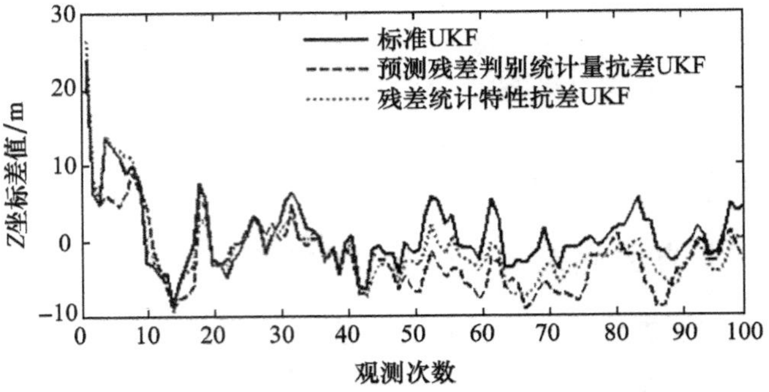

图 5.23 无粗差时，Z 坐标差值比较

(2)为了检验预测残差判别统计量方差膨胀因子的效果，每隔 10 次就在一个伪距观测值上人为加上 300 m 粗差。

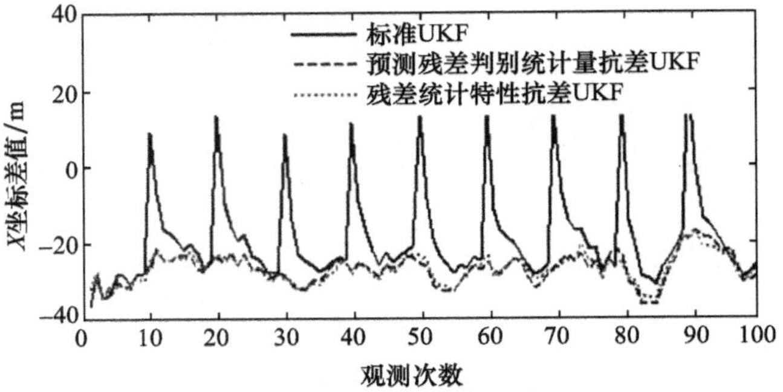

图 5.24 加粗差时，X 坐标差值比较

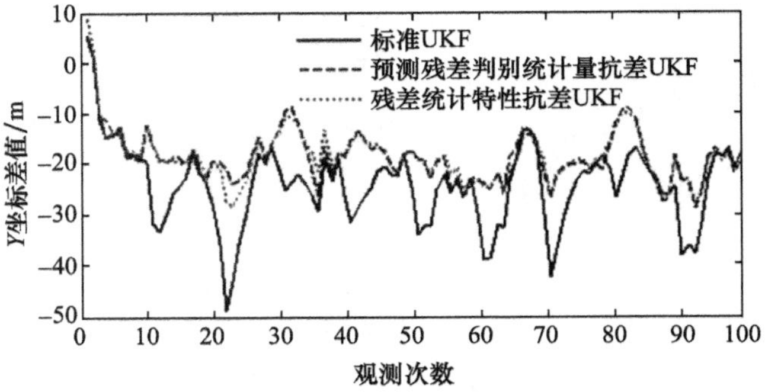

图 5.25 加粗差时，Y 坐标差值比较

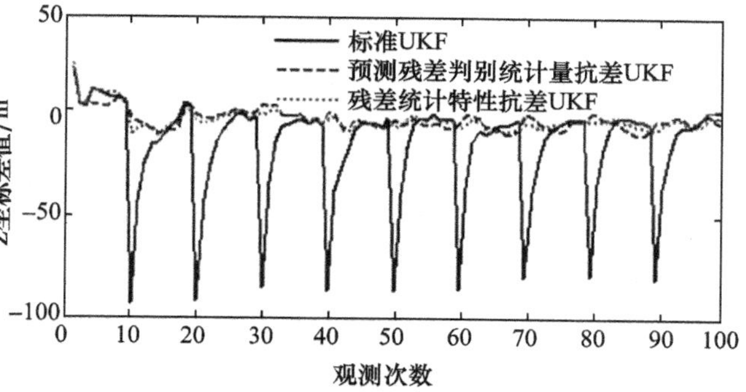

图 5.26　加粗差时，Z 坐标差值比较

(3)结果分析。

①由图 5.21、图 5.22 和图 5.23 可以看出，在观测值无粗差时，基于残差统计特性的方差膨胀因子抗差无迹卡尔曼滤波算法和预测残差判别统计量方差膨胀因子抗差无迹卡尔曼滤波算法与标准无迹卡尔曼滤波算法得到的滤波结果相当。

②由图 5.24、图 5.25 和图 5.26 可以看出，在观测值存在粗差时，标准无迹卡尔曼滤波算法失效；而抗差无迹卡尔曼滤波算法仍然有效，其中预测残差判别统计量方差膨胀因子抗差无迹卡尔曼滤波利用预测残差判别统计量能够准确地判断出含粗差的观测值，并抑制含粗差的观测值对滤波解的干扰，得到较好的滤波结果，与基于残差统计特性的方差膨胀因子抗差无迹卡尔曼滤波的精度相当，但明显优于标准无迹卡尔曼滤波算法。

③预测残差判别统计量方差膨胀因子函数需要迭代，一般迭代 3～5 次；而基于残差统计特性的方差膨胀因子函数则不需迭代，即一步实现抗差效果，因此后者的计算时间少于前者，计算效率更高。

(4)小结。

①预测残差包含了动力学模型误差和观测值误差，而基于预测残差构建的预测残差判别统计量只反映观测值的统计特性，能够准确判断观测值是否异常。

②先利用预测残差判别统计量判断出异常观测值，再利用新的方差膨胀因子合理地膨胀异常观测值的协方差矩阵，减少异常观测值对状态估值的影响，提高滤波解的精度和可靠性。

③基于预测残差判别统计量方差膨胀因子的抗差自适应无迹卡尔曼滤波算法，在计算过程中无须迭代，一定程度上提高了解算效率，适用于实时估计。

5.3.3　自适应无迹卡尔曼滤波理论

在自适应无迹卡尔曼滤波中，恰当的自适应因子不仅能够合理地平衡状态预测信息与观测信息之间对滤波估值的贡献，而且能够很好地控制前一时刻状态参数估值异常误差与动力学模型异常误差对滤波估值的影响。在观测信息可靠的情况下，预测残差反映了状态预测值误差大小，即预测残差绝对值越大，则由预测残差估算的自身协方差矩阵就越大，反映了状态预测值误差也就越大。而由协方差矩阵传播定律得到的预测残差理论协方差矩阵则与预测残差实际大小无关，于是由预测残差估算的自身协方差矩阵与其理论协方差矩阵的比值就能够反映前一时刻状态参数估值误差与动力学模型误差的情况。

已知 t_k 时刻的预测残差由预测观测值$\bar{\boldsymbol{L}}_k$ 和观测值 $\boldsymbol{L}_k$ 的差值构成，可得预测残差为

$$\bar{\boldsymbol{V}}_k=\bar{\boldsymbol{L}}_k-\boldsymbol{L}_k \tag{5.3.7}$$

由协方差矩阵传播定律可以写出预测残差的理论协方差矩阵为

$$\boldsymbol{D}_{\bar{V}_k}=\boldsymbol{D}_{\bar{L}_k}+\boldsymbol{D}_{\Delta_k} \tag{5.3.8}$$

由式(5.3.7)可以看出，在观测值 $\boldsymbol{L}_k$ 可靠的情况下，预测残差$\bar{\boldsymbol{V}}_k$ 反映了预测观测值$\bar{\boldsymbol{L}}_k$ 的误差大小。若预测观测值 $\bar{\boldsymbol{L}}_k$ 可靠，则相应$\bar{\boldsymbol{V}}_k$ 的数值应较小；相反，$\bar{\boldsymbol{V}}_k$ 的数值应较大。而预测观测值 $\bar{\boldsymbol{L}}_k$ 由预测状态值$\bar{\boldsymbol{X}}_k$ 通过非线性观测方程得到，则预测观测值 $\bar{\boldsymbol{L}}_k$ 的可靠性与预测状态值$\bar{\boldsymbol{X}}_k$ 的可靠性保持一致，也就是，预测残差$\bar{\boldsymbol{V}}_k$ 间接地反映了预测状态值 $\bar{\boldsymbol{X}}_k$ 的误差大小。因此可以基于预测残差及其理论协方差构建预测残差不符值 $\Delta\bar{\boldsymbol{V}}_k$ 的判别式，即

$$\Delta\bar{\boldsymbol{V}}_k=\sqrt{\frac{\bar{\boldsymbol{V}}_k^{\mathrm{T}}\bar{\boldsymbol{V}}_k}{\mathrm{tr}(\boldsymbol{D}_{\bar{V}_k})}} \tag{5.3.9}$$

式中，$\mathrm{tr}(\boldsymbol{D}_{\bar{V}_k})$为协方差矩阵 $\boldsymbol{D}_{\bar{V}_k}$ 的迹。

自适应因子函数可采用两段函数法、指数函数法和三段函数法。

(1)两段函数自适应因子为

$$\alpha_k=\begin{cases}1, & |\Delta\bar{V}_k|\leqslant c\\ \dfrac{|\Delta\bar{V}_k|}{c}, & |\Delta\bar{V}_k|>c\end{cases} \tag{5.3.10}$$

式中，c 为常数，可取 $c=1.0\sim2.5$。

(2)指数函数自适应因子为

$$\alpha_k=\begin{cases}1, & |\Delta\bar{V}_k|\leqslant c\\ e^{(|\Delta\bar{V}_k-c|)^2}, & |\Delta\bar{V}_k|>c\end{cases} \tag{5.3.11}$$

式中，c 为常数，一般取 $c=1.5$。

(3)三段函数自适应因子为

$$\alpha_k=\begin{cases}1, & |\Delta\bar{V}_k|\leqslant c_0\\ \dfrac{|\Delta\bar{V}_k|}{c_0}\left(\dfrac{c_1-c_0}{c_1-|\Delta\bar{V}_k|}\right)^2, & c_0<|\Delta\bar{V}_k|\leqslant c_1\\ \infty, & |\Delta\bar{V}_k|>c_1\end{cases} \tag{5.3.12}$$

式中，c_0 和 c_1 为常数，分别可取 $c_0=1.0\sim1.5$，$c_1=3.0\sim8.5$。

(4)最佳自适应因子为

$$\alpha_k=\begin{cases}1, & \mathrm{tr}(\hat{\boldsymbol{D}}_{\overline{V}_k}-\boldsymbol{D}_{\Delta_k})\leqslant\mathrm{tr}(\boldsymbol{D}_{\overline{V}_k}-\boldsymbol{D}_{\Delta_k})\\ \dfrac{\mathrm{tr}(\hat{\boldsymbol{D}}_{\overline{V}_k}-\boldsymbol{D}_{\Delta_k})}{\mathrm{tr}(\boldsymbol{D}_{\overline{V}_k}-\boldsymbol{D}_{\Delta_k})}, & \mathrm{tr}(\hat{\boldsymbol{D}}_{\overline{V}_k}-\boldsymbol{D}_{\Delta_k})>\mathrm{tr}(\boldsymbol{D}_{\overline{V}_k}-\boldsymbol{D}_{\Delta_k})\end{cases}\tag{5.3.13}$$

式中，α_k 即为理论上最佳的自适应因子，在它的调节下，使得预测残差的理论协方差矩阵 $\boldsymbol{D}_{\overline{V}_k}$ 与实际估计的协方差矩阵 $\hat{\boldsymbol{D}}_{\overline{V}_k}$ 相当。

5.3.4 自适应无迹卡尔曼滤波算法应用研究

初始状态参数估值 $\boldsymbol{X}_0$ 及其协方差矩阵 $\boldsymbol{D}_0$、状态噪声协方差矩阵$\boldsymbol{D}_\Omega$ 和观测噪声协方差矩阵$\boldsymbol{D}_\Delta$ 均相同，分别使用标准无迹卡尔曼滤波算法和最佳自适应无迹卡尔曼滤波算法分别进行滤波计算，采样策略均采用对称采样。

(1)状态预测值无异常误差时，即动力学模型无异常误差，前一时刻状态参数估值无异常误差。

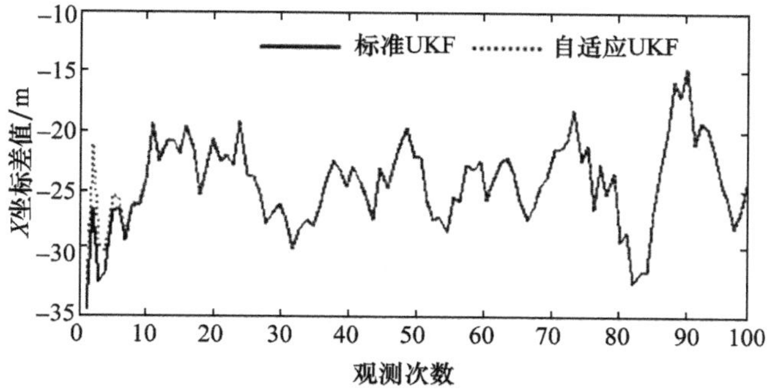

图 5.27　状态预测值无异常误差时，X 坐标差值比较

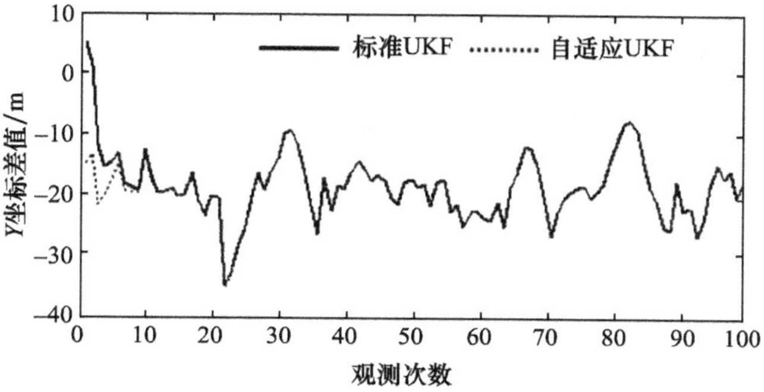

图 5.28　状态预测值无异常误差时，Y 坐标差值比较

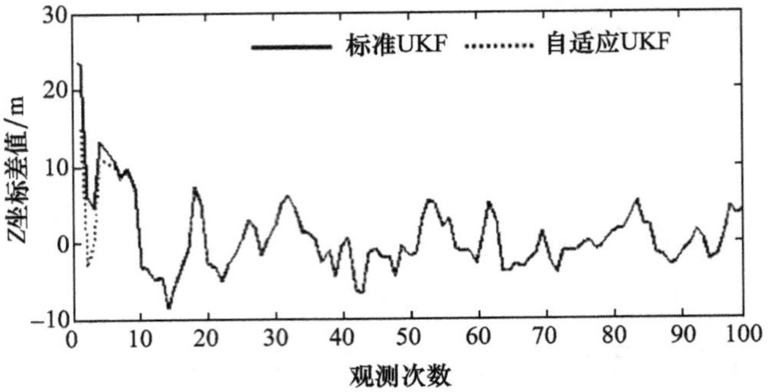

图 5.29 状态预测值无异常误差时，Z 坐标差值比较

(2)在给定的初始状态参数估值$\boldsymbol{X}_0$不恰当时，即初始状态参数估值存在较大误差时，$\boldsymbol{X}'_0=[-2\ 412\ 100.00\quad 4\ 687\ 600\quad 3\ 564\ 900\quad 609\ 729\quad 0\quad 0\quad 0\quad 100]^{\mathrm{T}}$。

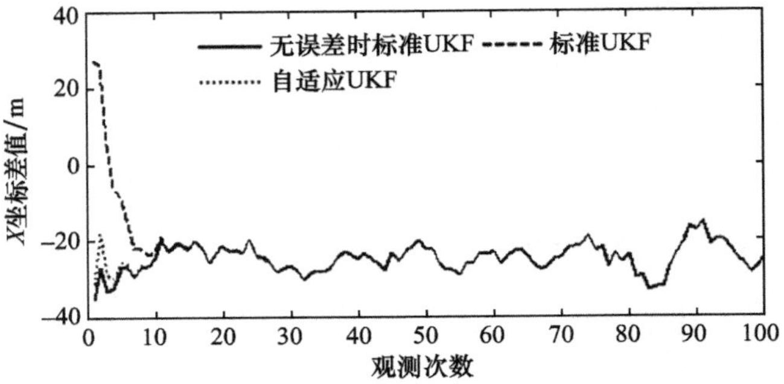

图 5.30 初始状态估值有误差时，X 坐标差值比较

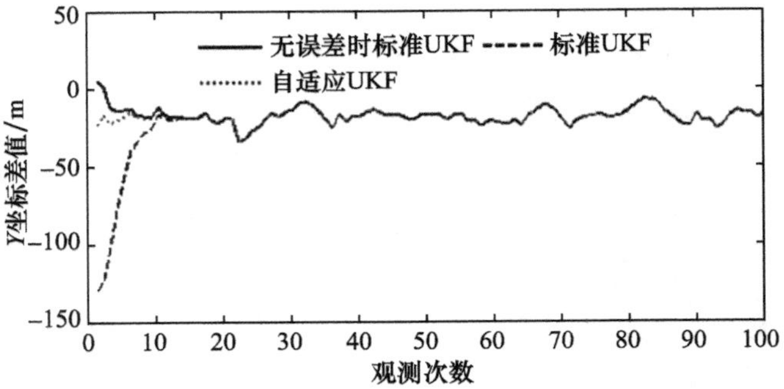

图 5.31 初始状态估值有误差时，Y 坐标差值比较

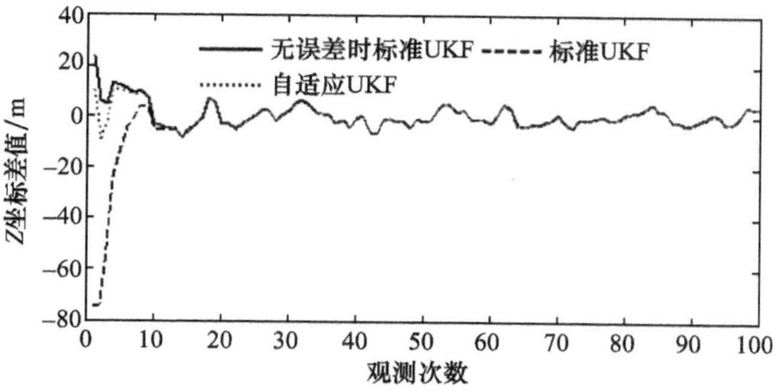

图 5.32　初始状态估值有误差时，Z 坐标差值比较

(3)为了检验最佳自适应因子的效果，每隔 20 次就在前一时刻状态参数估值向量中的 $\boldsymbol{X}$ 坐标、$\boldsymbol{Y}$ 坐标和 $\boldsymbol{Z}$ 坐标上分别人为地加上 200 m 异常误差，即

$$\tilde{\boldsymbol{X}}_{k-1}=\hat{\boldsymbol{X}}_{k-1}+[200\quad 200\quad 200\quad 0\quad 0\quad 0\quad 0\quad 0]^{\mathrm{T}}$$

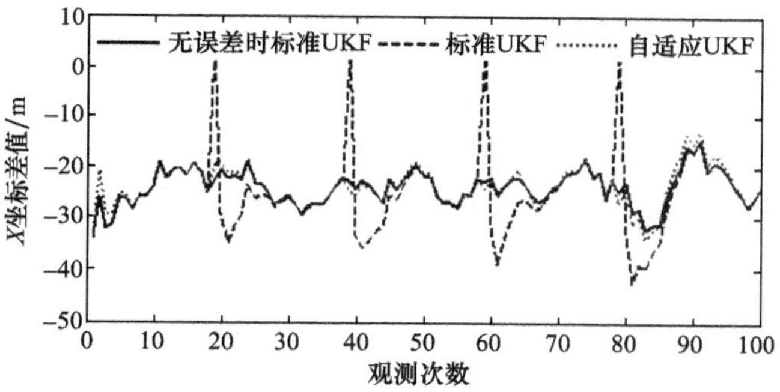

图 5.33　前一时刻状态估值有异常误差时，X 坐标差值比较

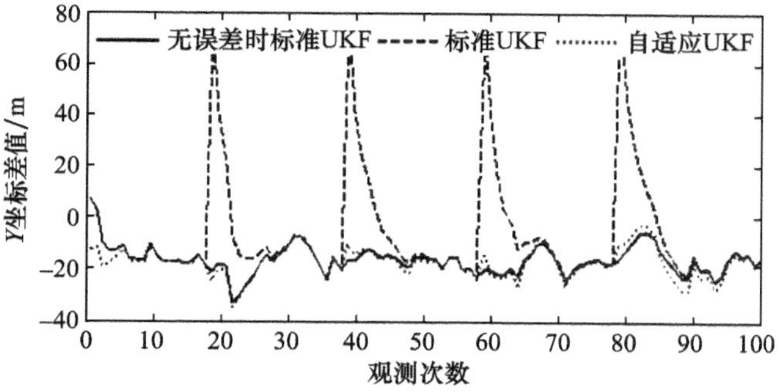

图 5.34　前一时刻状态估值有异常误差时，Y 坐标差值比较

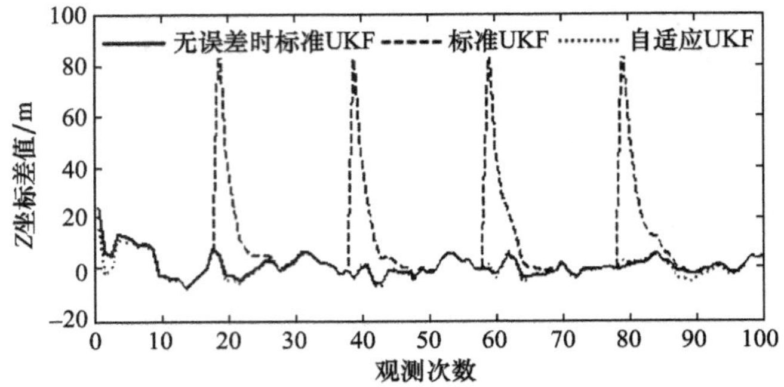

图 5.35 前一时刻状态估值有异常误差时，Z 坐标差值比较

(4)计算结果分析。

①从图 5.27、图 5.28 和图 5.29 可以看出，在观测值可靠的情况下，滤波开始时，由于给定的状态参数估值存在一定的误差，导致了标准无迹卡尔曼滤波算法的滤波估值精度稍低于最佳自适应无迹卡尔曼滤波算法的滤波估值精度。但在标准无迹卡尔曼滤波算法稳定后，标准无迹卡尔曼滤波算法和最佳自适应无迹卡尔曼滤波算法的滤波结果基本一致，精度相当。

②从图 5.30、图 5.31 和图 5.32 可以看出，在观测值可靠的情况下，由于初始状态参数估值存在较大误差，导致了标准无迹卡尔曼滤波算法初期的结果发散，精度很差，但随着滤波的进行，标准无迹卡尔曼滤波算法逐渐稳定。而最佳自适应无迹卡尔曼滤波算法通过最佳自适应因子膨胀初始状态估值的协方差矩阵，减少初始状态估值对滤波解的贡献，得到了可靠的滤波结果，提高了滤波估值的精度。

③从图 5.33、图 5.34 和图 5.35 可以看出，在预测状态向量存在较大误差时，标准无迹卡尔曼滤波算法稳定性非常的差。而此时最佳自适应无迹卡尔曼滤波能够很好地控制预测状态信息对滤波结果的影响，得到可靠的滤波结果。

(5)小结。

①当预测残差实际协方差和理论协方差相等时，即自适应因子 $\alpha_k=1$，此时的自适应无迹卡尔曼滤波就是标准无迹卡尔曼滤波。

②在观测值可靠的情况下，预测残差反映了动力学模型误差与前一时刻状态估值误差总共的大小，自适应无迹卡尔曼滤波将它们作为一个整体，利用最佳自适应因子合理地调整它们整体对滤波结果的贡献。

③求解最佳自适应无迹卡尔曼滤波的前提是观测信息可靠，如果在观测值不可靠的情况下，预测残差包含了观测异常误差，又含有动力学模型异常误差与前一时刻状态估值异常误差，此时最佳自适应无迹卡尔曼滤波算法将失效。

5.3.5　抗差自适应无迹卡尔曼滤波算法

抗差自适应无迹卡尔曼滤波是由方差膨胀因子和自适应因子与无迹卡尔曼滤波算法结合而成的。其中预测残差判别统计量方差膨胀因子和最佳自适应因子均由预测残差构建而成，而预测残差同时反映了观测信息误差和状态预测信息误差。只有在观测信息可靠的前提下，预测残差才能准确地只反映状态预测信息异常误差。也就是说，在观测信息可靠的情况下，最佳自适应因子才适用，否则自适应因子将无效。因此在实施自适应计算时，首先应保证观测信息中无观测粗差，即在运用抗差自适应无迹卡尔曼滤波算法时，第一步要先进行抗差计算，在排除观测粗差干扰的情况下进行自适应计算。

下面给出抗差自适应无迹卡尔曼滤波算法步骤：

1. 抗差计算

已知 t_k 时刻的状态预测向量$\overline{\boldsymbol{X}}_k$ 及其协方差矩阵$\boldsymbol{D}_{\overline{X}_k}$，采用某种采样策略得到 Sigma 点集$\boldsymbol{\chi}_k$，由非线性观测方程得到，有

$$\overline{\boldsymbol{L}}_k = f(\boldsymbol{\chi}_k) \tag{5.3.14}$$

已知 t_k 时刻的观测向量$\boldsymbol{L}_k$，则预测残差向量$\overline{\boldsymbol{V}}_k$ 为

$$\overline{\boldsymbol{V}}_k = \overline{\boldsymbol{L}}_k - \boldsymbol{L}_k \tag{5.3.15}$$

根据预测残差$\overline{V}_{k,i}$，构建预测残差判别统计量为

$$\Delta \overline{V}_{k,i} = \frac{|\overline{V}_{k,i}|}{\sum\limits_{j=1,j\neq i}^{m} |\overline{V}_{k,j}|/(m-1)} \tag{5.3.16}$$

由三段预测残差判别统计量方差膨胀因子函数可得方差膨胀因子 λ_k 为

$$\lambda_{k,i} = \begin{cases} 1, & \Delta\overline{V}_{k,i} \leqslant k_0 \\ \dfrac{\Delta\overline{V}_{k,i}(k_1-k_0)^2}{k_0\ (k_1-\Delta\overline{V}_{k,i})^2}, & k_0 < \Delta\overline{V}_{k,i} < k_1 \\ \infty, & \Delta\overline{V}_{k,i} \geqslant k_1 \end{cases} \tag{5.3.17}$$

式中，$\Delta\overline{V}_k$ 为 t_k 时刻的预测残差判别统计量；k_0 和 k_1 为常数，一般取 $k_0=1.0\sim1.5$，$k_1=2.5\sim8.0$。

2. 自适应计算

由预测残差判别统计量方差膨胀因子可知，若预测残差判别统计量 $\Delta\overline{V}_{k,j}<k_1$，表明观测向量 $\boldsymbol{L}_k$ 中无观测粗差；若预测残差判别统计量 $\Delta\overline{V}_{k,j}\geqslant k_1$，则可判断观测向量 $\boldsymbol{L}_k$ 中的第 j 个观测值 $L_{k,j}$ 为观测粗差，此时应先剔除观测粗差 $L_{k,j}$ 后再进行最佳自适应因子求解。剔除观测粗差 $L_{k,j}$ 后的预测残差向量为

$$\overline{\boldsymbol{V}}''_k = \overline{\boldsymbol{L}}''_k - \boldsymbol{L}''_k \tag{5.3.18}$$

式中，$\overline{\boldsymbol{L}}''_k$ 为去掉第 j 行后的预测观测向量。

新的预测残差向量$\overline{\boldsymbol{V}}''_k$ 的理论协方差矩阵为

$$\boldsymbol{D}''_{\overline{V}_k}=\boldsymbol{D}''_{\overline{L}_k}+\boldsymbol{D}_{\Delta_k} \tag{5.3.19}$$

式中

$$\boldsymbol{D}''_{\overline{L}_k}=\sum_{i=1}^{2n+1}P_{c,i}(\overline{\boldsymbol{L}}''_k-\hat{\overline{\boldsymbol{L}}}_k)(\overline{\boldsymbol{L}}''_k-\hat{\overline{\boldsymbol{L}}}_k)^{\mathrm{T}} \tag{5.3.20}$$

式中，$\boldsymbol{D}''_{\Delta_k}$为$\boldsymbol{D}_{\Delta_k}$去掉第 j 行第 j 列后的矩阵。

新的预测残差向量$\overline{\boldsymbol{V}}''_k$ 的实际协方差矩阵为

$$\hat{\boldsymbol{D}}''_{\overline{V}_k}=\sum_{i=1}^{2n+1}\boldsymbol{P}_{c,i}\overline{\boldsymbol{V}}''_{k,i}\overline{\boldsymbol{V}}''^{\mathrm{T}}_{k,i} \tag{5.3.21}$$

则最佳自适应因子可近似表示为

$$\alpha'_k=\frac{\mathrm{tr}(\hat{\boldsymbol{D}}''_{\overline{V}_k}-\boldsymbol{D}''_{\Delta_k})}{\mathrm{tr}(\boldsymbol{D}''_{\overline{V}_k}-\boldsymbol{D}''_{\Delta_k})} \tag{5.3.22}$$

即

$$\alpha'_k=\begin{cases}1, & \mathrm{tr}(\hat{\boldsymbol{D}}''_{\overline{V}_k}-\boldsymbol{D}''_{\Delta_k})\leqslant\mathrm{tr}(\boldsymbol{D}''_{\overline{V}_k}-\boldsymbol{D}''_{\Delta_k})\\ \dfrac{\mathrm{tr}(\hat{\boldsymbol{D}}''_{\overline{V}_k}-\boldsymbol{D}''_{\Delta_k})}{\mathrm{tr}(\boldsymbol{D}''_{\overline{V}_k}-\boldsymbol{D}''_{\Delta_k})}, & \mathrm{tr}(\hat{\boldsymbol{D}}''_{\overline{V}_k}-\boldsymbol{D}''_{\Delta_k})>\mathrm{tr}(\boldsymbol{D}''_{\overline{V}_k}-\boldsymbol{D}''_{\Delta_k})\end{cases} \tag{5.3.23}$$

3. 抗差自适应计算

经最佳自适应因子 α'_k调节后，状态预测向量$\overline{\boldsymbol{X}}_k$ 的协方差矩阵为 $\alpha'_k\boldsymbol{D}_{\overline{X}_k}$，采用 Sigma 点集$\boldsymbol{\chi}'_k$，再通过非线性方程对$\boldsymbol{\chi}'_k$进行非线性变换得到预测观测向量$\overline{\boldsymbol{L}}'_k$为

$$\overline{\boldsymbol{L}}'_k=f(\boldsymbol{\chi}'_k) \tag{5.3.24}$$

预测观测向量$\overline{\boldsymbol{L}}'_k$ 的加权值$\hat{\overline{\boldsymbol{L}}}'_k$ 和协方差矩阵$\boldsymbol{D}'_{\overline{L}_k}$ 分别为

$$\hat{\overline{\boldsymbol{L}}}'_k=\sum_{i=1}^{2n+1}\boldsymbol{P}'_{m,i}\overline{\boldsymbol{L}}'_{k,i} \tag{5.3.25}$$

$$\boldsymbol{D}'_{\overline{L}_k}=\sum_{i=1}^{2n+1}\boldsymbol{P}'_{c,i}(\overline{\boldsymbol{L}}'_{k,i}-\hat{\overline{\boldsymbol{L}}}'_k)(\overline{\boldsymbol{L}}'_{k,i}-\hat{\overline{\boldsymbol{L}}}'_k)^{\mathrm{T}} \tag{5.3.26}$$

滤波增益矩阵$\boldsymbol{J}'_k$ 为

$$\boldsymbol{J}'_k=\boldsymbol{D}'_{\overline{X}_k\overline{L}_k}(\boldsymbol{D}'_{\overline{L}_k}+\lambda_k\boldsymbol{D}_{\Delta_k})^{-1} \tag{5.3.27}$$

式中

$$\boldsymbol{D}'_{\overline{X}_k\overline{L}_k}=\sum_{i=1}^{2n+1}\boldsymbol{P}'_{c,i}(\boldsymbol{\chi}'_{k,i}-\overline{\boldsymbol{X}}_k)(\overline{\boldsymbol{L}}'_{k,i}-\hat{\overline{\boldsymbol{L}}}'_k)^{\mathrm{T}} \tag{5.3.28}$$

抗差自适应状态参数解$\hat{\boldsymbol{X}}_k$ 及其协方差矩阵$\boldsymbol{D}_{\hat{X}_k}$ 为

$$\hat{\boldsymbol{X}}_k=\overline{\boldsymbol{X}}_k-\boldsymbol{J}'_k(\hat{\overline{\boldsymbol{L}}}'_k-\boldsymbol{L}_k) \tag{5.3.29}$$

$$\boldsymbol{D}_{\hat{X}_k}=\alpha'_k\boldsymbol{D}_{\overline{X}_k}-\boldsymbol{J}'_k(\boldsymbol{D}'_{\overline{L}_k}+\lambda_k\boldsymbol{D}_{\Delta_k})\boldsymbol{J}'^{\mathrm{T}}_k \tag{5.3.30}$$

5.3.6　抗差自适应无迹卡尔曼滤波算例

初始状态参数估值 $\boldsymbol{X}_0$ 及其协方差矩阵 $\boldsymbol{D}_0$，状态噪声协方差矩阵 $\boldsymbol{D}_\Omega$ 和观测噪声协方差矩阵 $\boldsymbol{D}_\Delta$ 均相同，分别使用标准无迹卡尔曼滤波算法和最佳自适应无迹卡尔曼滤波算法进行滤波计算，采样策略均采用对称采样。

(1) 观测向量 $\boldsymbol{L}_k$ 不含粗差，状态预测向量 $\overline{\boldsymbol{X}}_k$ 不含异常误差。

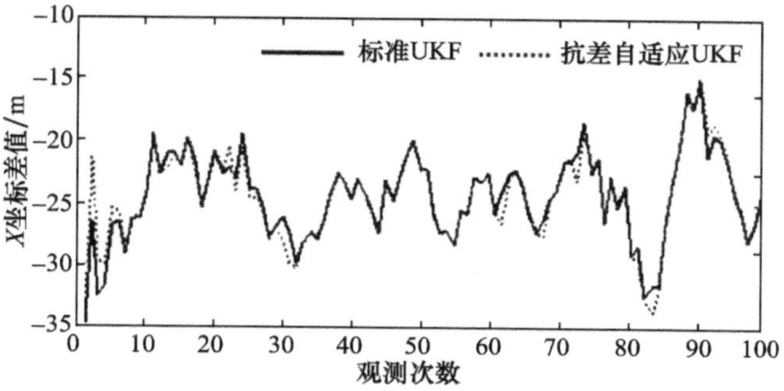

图 5.36　无粗差无异常误差时，X 坐标差值比较

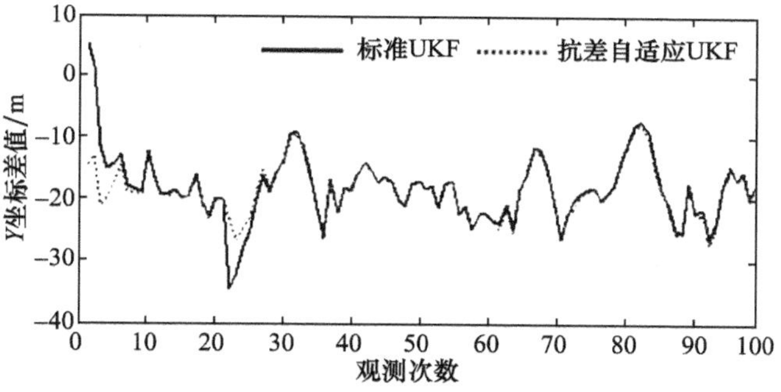

图 5.37　无粗差无异常误差时，Y 坐标差值比较

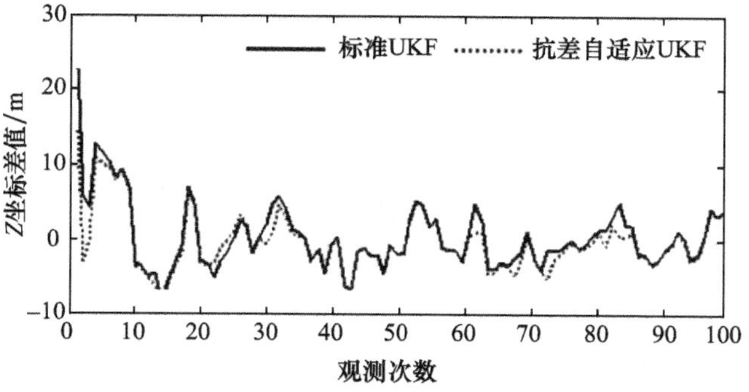

图 5.38　无粗差无异常误差时，Z 坐标差值比较

(2)观测向量 $\boldsymbol{L}_k$ 不含粗差，而状态预测向量 $\overline{\boldsymbol{X}}_k$ 含异常误差，即每隔 20 次在前一时刻状态估值加入异常误差，$\widetilde{\boldsymbol{X}}_{k-1}=\hat{\boldsymbol{X}}_{k-1}+[-80\quad -80\quad 80\quad 0\quad 0\quad 0\quad 0\quad 0]^{\mathrm{T}}$。

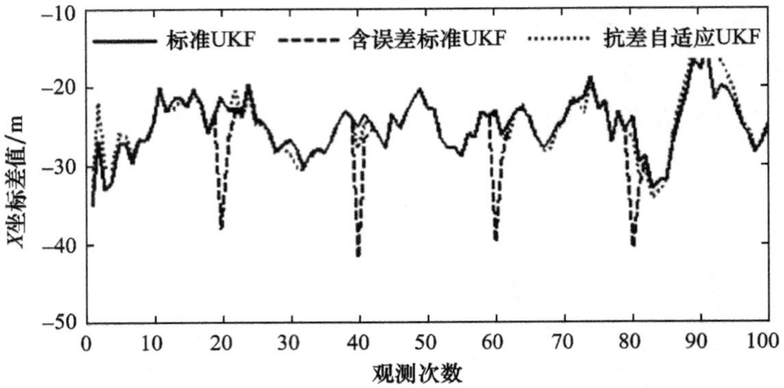

图 5.39　无粗差，有异常误差时，X 坐标差值比较

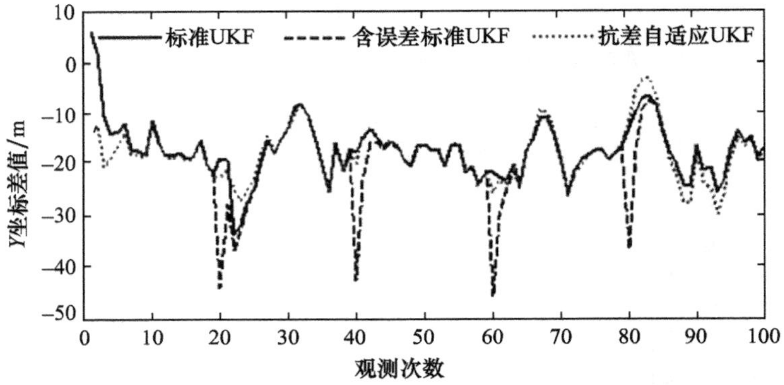

图 5.40　无粗差，有异常误差时，Y 坐标差值比较

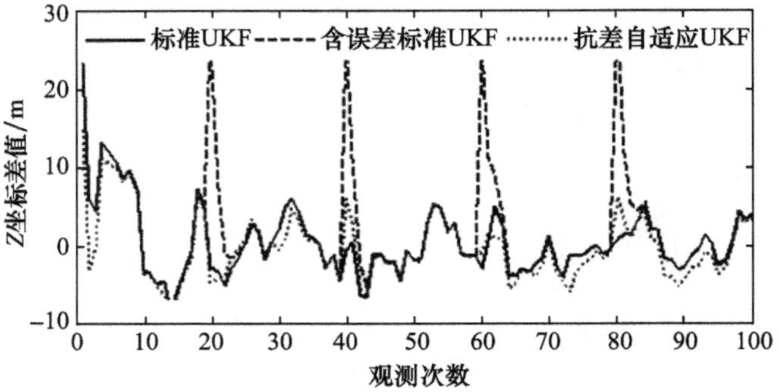

图 5.41　无粗差，有异常误差时，Z 坐标差值比较

(3)状态预测向量 $\overline{\boldsymbol{X}}_k$ 无异常误差，而观测向量 $\boldsymbol{L}_k$ 含粗差，即每隔 10 次就人为地在一个伪距观测值中加入 500 m 粗差。

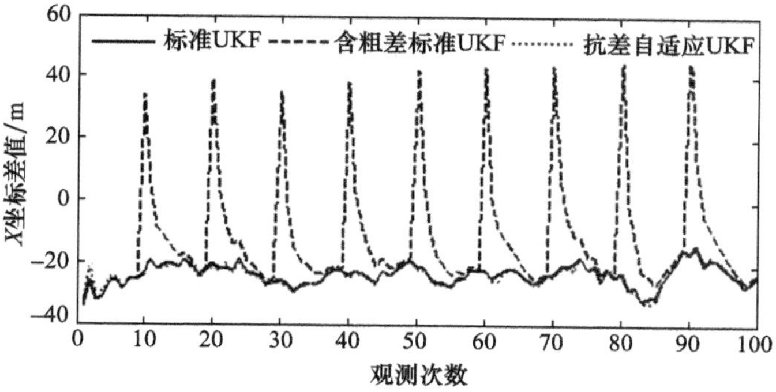

图 5.42　有粗差，无误差时，X 坐标差值比较

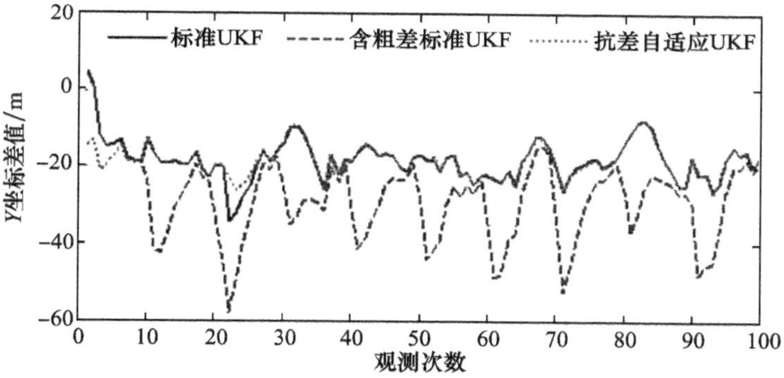

图 5.43　有粗差，无误差时，Y 坐标差值比较

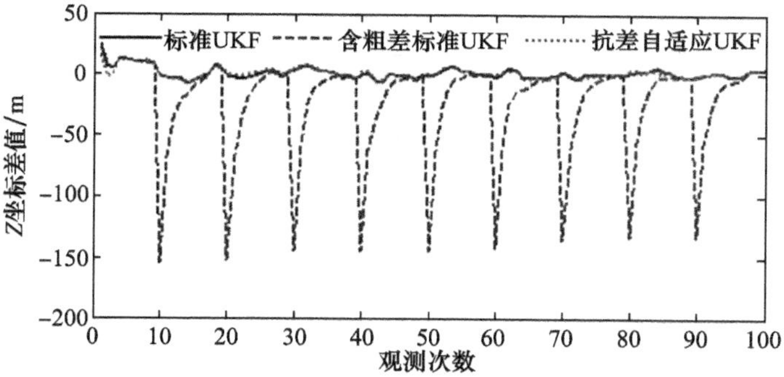

图 5.44　有粗差，无误差时，Z 坐标差值比较

(4)观测向量 $\boldsymbol{L}_k$ 含粗差，即每隔 10 次就人为地在一个伪距观测值中加入 500 m

粗差，同时状态预测向量$\overline{\boldsymbol{X}}_k$也含异常误差，即每隔 20 次在前一时刻的状态参数估值中加入异常误差，即$\widetilde{\boldsymbol{X}}_{k-1}=\hat{\boldsymbol{X}}_{k-1}+[-80\quad -80\quad 80\quad 0\quad 0\quad 0\quad 0\quad 0]^{\mathrm{T}}$。

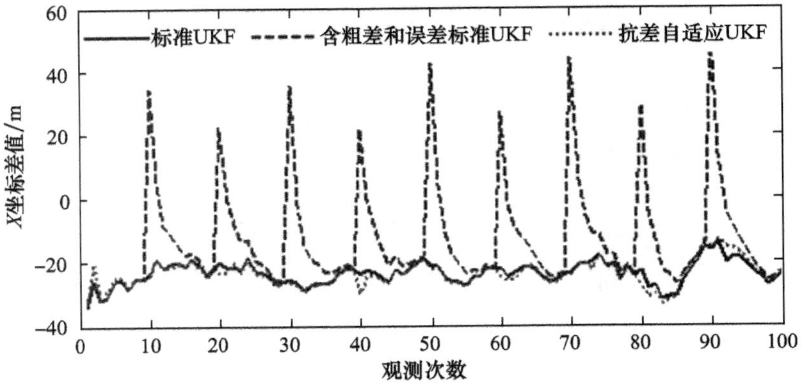

图 5.45 既含粗差又有异常误差时，X 坐标差值比较

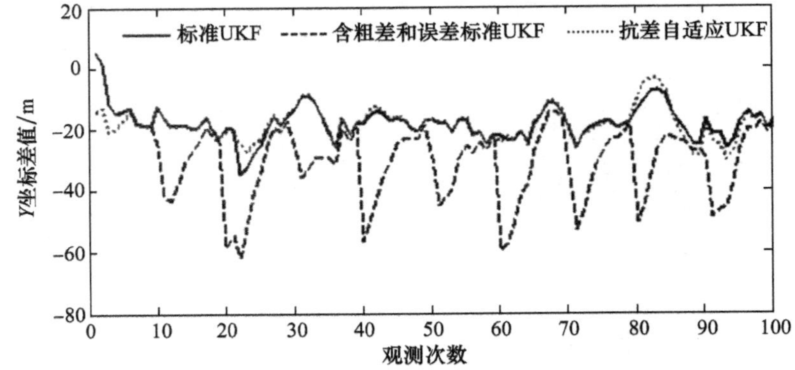

图 5.46 既含粗差又有异常误差时，Y 坐标差值比较

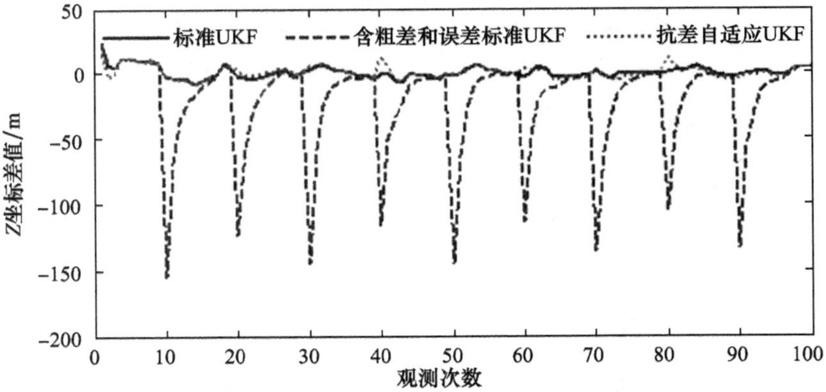

图 5.47 既含粗差又有异常误差时，Z 坐标差值比较

(5)结果分析。

从图 5.36、图 5.37 和图 5.38 可以看出，在观测向量无粗差，预测状态向量也无异常误差时，抗差自适应无迹卡尔曼滤波算法得到的结果与标准无迹卡尔曼滤波算法的结果总体上基本一致，效果相当；但在滤波开始时刻，由于给定的初始状态参数估值存在较小误差，此时标准无迹卡尔曼滤波的精度略低于抗差自适应无迹卡尔曼滤波。

从图 5.38～图 5.39 可以得到，无论观测向量含有粗差，还是预测状态向量存在异常误差，或者二者同时存在，标准无迹卡尔曼滤波算法都极不稳定，得到的滤波结果受到较大的影响，精度较低；而抗差自适应无迹卡尔曼滤波不仅能够抑制观测粗差和预测状态异常误差干扰，而且能够合理地调整二者对滤波解的贡献，得到较好的滤波结果，精度也远远高于标准无迹卡尔曼滤波。

(6)结论。

①当方差膨胀因子 $\lambda_k=1$ 时，抗差自适应无迹卡尔曼滤波变为自适应无迹卡尔曼滤波；当自适应因子 $\alpha_k=1$ 时，抗差自适应无迹卡尔曼滤波变为抗差无迹卡尔曼滤波；当 $\lambda_k=1$，并且 $\alpha_k=1$ 时，抗差自适应无迹卡尔曼滤波变为标准无迹卡尔曼滤波。

②当观测向量含有粗差时，抗差自适应无迹卡尔曼滤波算法通过预测残差判别统计量方差膨胀因子增大观测粗差的协方差，抑制其对滤波估值的影响。当预测状态向量存在异常误差时，抗差自适应无迹卡尔曼滤波算法将预测状态向量信息作为一个整体，采用最佳自适应因子统一调整其对滤波估值的贡献。当既含观测粗差又存在预测状态异常误差时，抗差自适应无迹卡尔曼滤波算法先采用预测残差判别统计量排除粗差的干扰后，再计算出最佳自适应因子，然后分别利用预测残差判别统计量方差膨胀因子抑制观测粗差滤波结果的影响和最佳自适应因子控制状态预测信息异常误差对滤波解的影响，合理地平衡观测信息和预测信息对滤波估值的贡献，得到可靠的滤波结果，同时提高了滤波估值的精度。

第 6 章　容积卡尔曼滤波

§6.1　概　述

为了克服 UKF 算法在处理高维数非线性滤波估计问题时出现滤波不稳定和发散问题，2009 年 I. Arasaratnam 在导师 S. Haykin 的指导下，在他的博士论文中提出了容积卡尔曼滤波（cubature Kalman filter，CKF）。CKF 也是以非线性高斯滤波统一框架为基础，利用三阶球面径向（spherical-radial）规则对高斯加权积分进行近似。UKF 根据非线性系统状态的先验概率分布，利用容积（cubature）规则选取 $2n$ 个等权值的采样点，每个采样点的权值为 $1/2n$，再将这一系列 cubature 点经过非线性系统的方程进行转换，通过对转换后的采样点进行加权求和来逼近系统状态的验后均值和协方差。

CKF 算法与 UKF 算法的差异为：①理论基础。CKF 算法是从数值积分的角度，利用球面径向规则对高斯积分进行近似，有理论推导做保证。UKF 算法缺乏严格的理论推导。②计算效率和估计精度。每次采样过程中，CKF 算法选取 $2n$ 个等权值的采样点，比 UKF 算法少一个采样点，理论上 CKF 的计算速度更快。UKF 算法中心采样点权值不同于其他采样点，当系统状态参数 $n \geqslant 4$ 时，中心采样点的权值小于零，可能导致协方差矩阵为非正定，使得滤波精度下降，甚至造成滤波器无法进行递推估计。而 CKF 算法中采样点的权值始终为正，因此不会造成协方差矩阵为非正定的情况，其滤波性能优于 UKF 算法。③数值稳定性。UKF 算法的稳定性随状态参数个数增加而降低。而 CKF 算法具有完全的数值稳定性，在处理高维数的非线性滤波问题时，CKF 算法的完全数值稳定性有利于保持较好的估计精度。

CKF 提出后，受到各领域数据处理研究人员的重视和响应，提出了许多改进算法和 CKF 滤波器。其中，平方根 CKF（square root CKF，SCKF）算法通过传递协方差矩阵的平方根，使得协方差矩阵的正定性和对称性得以保证。在飞行器轨迹跟踪方面，提出了连续-离散 CKF 算法（continuous discrete CKF，CD-CKF），提高了跟踪精度和稳定性。高阶 CKF 滤波精度得到提高，但增加了计算的复杂度。无模型 CKF 算法克服了建模不准确而导致 CKF 滤波精度下降的问题。提出抗差自适应 CKF 算法，有效提高了 CKF 滤波算法的可靠性和稳定性。

容积卡尔曼滤波(CKF)是基于三阶球面径向容积规则采用一组等权值的容积点来逼近系统状态的后验分布。标准 CKF 算法需要精确已知噪声的先验统计特性,但在实际系统中,噪声的统计特性很可能是未知且时变的,这会造成 CKF 滤波精度下降甚至发散。另外,系统受到自身或外部环境不确定性因素影响,系统模型也具有不确定性。因此,学者们又提出解决模型不确定性的抗差容积卡尔曼滤波和自适应卡尔曼滤波。

§6.2　容积卡尔曼滤波原理

设非线性离散高斯系统为

$$\boldsymbol{X}_k=f(\boldsymbol{X}_{k-1})+\boldsymbol{W}_k \tag{6.2.1}$$

$$\boldsymbol{L}_k=\varphi(\boldsymbol{X}_{k-1})+\boldsymbol{\Delta}_k \tag{6.2.2}$$

式中,$\boldsymbol{X}_k\in\mathbf{R}^t$ 和 $\boldsymbol{L}_k\in\mathbf{R}^n$ 分别表示非线性系统的状态向量和观测向量,$f(\boldsymbol{X}_{k-1})$和$\varphi(\boldsymbol{X}_{k-1})$分别是非线性系统的状态转移函数和观测函数,$\boldsymbol{W}_k\in\mathbf{R}^t$ 和 $\boldsymbol{\Delta}_k\in\mathbf{R}^n$ 是互不相关的系统噪声和量测噪声,且 $\boldsymbol{W}_k\sim N(0,\boldsymbol{D}_{W_k})$,$\boldsymbol{\Delta}_k\sim N(0,\boldsymbol{D}_{\Delta_k})$。初始状态 $\boldsymbol{X}_0\sim N(\hat{\boldsymbol{X}}_{0|0},\boldsymbol{D}_{0|0},)$且与 $\boldsymbol{W}_k$、$\boldsymbol{\Delta}_k$ 不相关。

根据贝叶斯估计理论,在已知 $k-1$ 时刻的状态后验概率密度函数,当得到 k 时刻的量测值 $\boldsymbol{L}_k$ 时,可通过以下步骤获得 k 时刻的状态后验分布和状态向量。

6.2.1　时间更新

通过 $k-1$ 时刻的状态后验概率密度函数 $p(\boldsymbol{X}_{k-1}|\boldsymbol{Z}_{k-1})$和状态转移概率计算先验密度 $p(\boldsymbol{X}_k|\boldsymbol{X}_{k-1},\boldsymbol{u}_{k-1})$,得到状态一步预测的概率密度函数为

$$\begin{aligned}p(\boldsymbol{X}_k|\boldsymbol{Z}_{k-1})&=\int_{\mathbf{R}^t}p(\boldsymbol{X}_k,\boldsymbol{X}_{k-1}|\boldsymbol{Z}_{k-1})\,\mathrm{d}\boldsymbol{X}_{k-1}\\&=\int_{\mathbf{R}^t}p(\boldsymbol{X}_{k-1}|\boldsymbol{Z}_{k-1})\,p(\boldsymbol{X}_k|\boldsymbol{X}_{k-1},\boldsymbol{u}_{k-1})\,\mathrm{d}\boldsymbol{X}_{k-1}\end{aligned} \tag{6.2.3}$$

式中,$\boldsymbol{Z}_{k-1}=\{\boldsymbol{L}_i\}_{i=1}^{(k-1)}$表示历史测量积累到 $k-1$ 时刻的信息。

状态的预报值为前 $k-1$ 的测量值影响下预期概率密度的数学期望,即

$$\hat{\boldsymbol{X}}_{k|k-1}=E(\boldsymbol{X}_k|\boldsymbol{Z}_{k-1}) \tag{6.2.4}$$

将式(6.2.1)代入式(6.2.4),得

$$\hat{\boldsymbol{X}}_{k|k-1}=E[f(\boldsymbol{X}_{k-1})+\boldsymbol{W}_k|\boldsymbol{Z}_{k-1}] \tag{6.2.5}$$

因为 $\boldsymbol{W}_k$ 假设是零均值的高斯误差,根据数学期望的定义,状态预报值为

$$\begin{aligned}\hat{\boldsymbol{X}}_{k|k-1} &= E[f(\boldsymbol{X}_{k-1})|\boldsymbol{Z}_{k-1}] \\ &= \int_{R^t} f(\boldsymbol{X}_{k-1})p(\boldsymbol{X}_{k-1}|\boldsymbol{Z}_{k-1})\mathrm{d}\boldsymbol{X}_{k-1} \\ &= \int_{R^t} f(\boldsymbol{X}_{k-1})N(\boldsymbol{X}_{k-1};\hat{\boldsymbol{X}}_{k-1|k-1},\boldsymbol{D}_{k-1|k-1})\mathrm{d}\boldsymbol{X}_{k-1}\end{aligned} \tag{6.2.6}$$

式中，$\boldsymbol{N}(\cdot)$是高斯密度的常见符号。

类似地，状态预报值的协方差矩阵为

$$\begin{aligned}\boldsymbol{D}_{k|k-1} &= E[(\boldsymbol{X}_k-\hat{\boldsymbol{X}}_{k|k-1})(\boldsymbol{X}_k-\hat{\boldsymbol{X}}_{k|k-1})^{\mathrm{T}}|\boldsymbol{Z}_{k-1}] \\ &= \int_{R^t} f(\boldsymbol{X}_{k-1})f^{\mathrm{T}}(\boldsymbol{X}_{k-1})N(\boldsymbol{X}_{k-1};\hat{\boldsymbol{X}}_{k-1|k-1},\boldsymbol{D}_{k-1|k-1})\mathrm{d}\boldsymbol{X}_{k-1} - \\ &\quad \hat{\boldsymbol{X}}_{k|k-1}\hat{\boldsymbol{X}}_{k|k-1}^{\mathrm{T}} + \boldsymbol{D}_{W_k}\end{aligned} \tag{6.2.7}$$

同时，也可以获得观测值的预报值，即

$$\begin{aligned}\hat{\boldsymbol{L}}_{k|k-1} &= E[\varphi(\boldsymbol{X}_k)+\boldsymbol{\Delta}_k|\boldsymbol{Z}_{k-1}] \\ &= \int_{R^n} \varphi(\boldsymbol{X}_k)N(\boldsymbol{X}_k;\hat{\boldsymbol{X}}_{k|k-1},\boldsymbol{D}_{k|k-1})\mathrm{d}\boldsymbol{X}_k\end{aligned} \tag{6.2.8}$$

其协方差矩阵为

$$\begin{aligned}\boldsymbol{D}_{LL,k|k-1} &= E[(\boldsymbol{L}_k-\hat{\boldsymbol{L}}_{k|k-1})(\boldsymbol{L}_k-\hat{\boldsymbol{L}}_{k|k-1})^{\mathrm{T}}|\boldsymbol{Z}_{k-1}] \\ &= \int_{R^t} \varphi(\boldsymbol{X}_{k-1})\varphi^{\mathrm{T}}(\boldsymbol{X}_{k-1})N(\boldsymbol{X}_k;\hat{\boldsymbol{X}}_{k|k-1},\boldsymbol{D}_{k|k-1})\mathrm{d}\boldsymbol{X}_k - \\ &\quad \hat{\boldsymbol{L}}_{k|k-1}\hat{\boldsymbol{L}}_{k|k-1}^{\mathrm{T}} + \boldsymbol{D}_{\Delta_k}\end{aligned} \tag{6.2.9}$$

为了得到状态的后验概率分布，还需要互协方差矩阵，即

$$\begin{aligned}\boldsymbol{D}_{XL,k|k-1} &= E[(\boldsymbol{X}_k-\hat{\boldsymbol{X}}_{k|k-1})(\boldsymbol{L}_k-\hat{\boldsymbol{L}}_{k|k-1})^{\mathrm{T}}|\boldsymbol{Z}_{k-1}] \\ &= \int_{R^t} \boldsymbol{X}_k\varphi^{\mathrm{T}}(\boldsymbol{X}_{k-1})N(\boldsymbol{X}_k;\hat{\boldsymbol{X}}_{k|k-1},\boldsymbol{D}_{k|k-1})\mathrm{d}\boldsymbol{X}_k - \hat{\boldsymbol{X}}_{k|k-1}\hat{\boldsymbol{L}}_{k|k-1}^{\mathrm{T}}\end{aligned} \tag{6.2.10}$$

6.2.2 测量更新

计算 k 时刻 $\boldsymbol{X}_k$ 的后验概率密度函数为

$$p(\boldsymbol{X}_k|\boldsymbol{Z}_k) = p(\boldsymbol{X}_k|\boldsymbol{Z}_{k-1},\boldsymbol{L}_k) = \frac{1}{c_k}p(\boldsymbol{X}_k|\boldsymbol{Z}_{k-1})p(\boldsymbol{L}_k|\boldsymbol{X}_k) \tag{6.2.11}$$

其中归化常数为

$$c_k = p(\boldsymbol{L}_k|\boldsymbol{Z}_{k-1}) = \int_{R^t} p(\boldsymbol{X}_k|\boldsymbol{Z}_{k-1})p(\boldsymbol{L}_k|\boldsymbol{X}_k)\mathrm{d}\boldsymbol{X}_k \tag{6.2.12}$$

在 k 时刻获得观测值 $\boldsymbol{L}_k$ 后，$\boldsymbol{X}_k$ 的滤波值为

$$\hat{\boldsymbol{X}}_{k|k} = \frac{1}{c_k}\int_{R^t} \boldsymbol{X}_k N(\boldsymbol{L}_k;\varphi(\boldsymbol{X}_k),\boldsymbol{D}_{W_k})N(\boldsymbol{X}_k;\hat{\boldsymbol{X}}_{k|k-1},\boldsymbol{D}_{k|k-1})\mathrm{d}\boldsymbol{X}_k \tag{6.2.13}$$

其中归化常数为

$$c_k = \int_{R^t} N(\boldsymbol{L}_k;\varphi(\boldsymbol{X}_k),\boldsymbol{D}_{W_k})N(\boldsymbol{X}_k;\hat{\boldsymbol{X}}_{k|k-1},\boldsymbol{D}_{k|k-1})\mathrm{d}\boldsymbol{X}_k \tag{6.2.14}$$

$$\boldsymbol{D}_{k|k} = \frac{1}{c_k}\int_{R^t}(\boldsymbol{X}_k - \hat{\boldsymbol{X}}_{k|k})(\boldsymbol{X}_k - \hat{\boldsymbol{X}}_{k|k})^{\mathrm{T}} N(\boldsymbol{L}_k;\varphi(\boldsymbol{X}_k),\boldsymbol{D}_{W_k})\cdot N(\boldsymbol{X}_k;\hat{\boldsymbol{X}}_{k|k-1},\boldsymbol{D}_{k|k-1})\mathrm{d}\boldsymbol{X}_k \tag{6.2.15}$$

对于验后概率密度理论上可以计算关于 $\boldsymbol{X}_k$ 统计意义上的估值 $\hat{\boldsymbol{X}}_{k|k}$，并估计其作为评判准则的协方差矩阵 $\boldsymbol{D}_{k|k}$。

6.2.3 新息向量

计算 k 时刻观测值 $\boldsymbol{L}_k$ 的新息向量 $\boldsymbol{\zeta}_k$，$\boldsymbol{\zeta}_k$ 定义为观测向量 $\boldsymbol{L}_k$ 与预报值 $\hat{\boldsymbol{L}}_{k|k-1}$ 的差向量，即

$$\boldsymbol{\zeta}_k = \boldsymbol{L}_k - \hat{\boldsymbol{L}}_{k|k-1} \tag{6.2.16}$$

新息向量的性质：

(1)零均值，$\boldsymbol{E}(\boldsymbol{\zeta}_k)=0$。

(2)白噪声序列，$\boldsymbol{E}(\boldsymbol{\zeta}_k\boldsymbol{\zeta}_{k-j}^{\mathrm{T}})=0, j>i, j\neq 0$。

(3)与历史观测值不相关，$\boldsymbol{E}(\boldsymbol{\zeta}_k\boldsymbol{L}_{i-j}^{\mathrm{T}})=0 \Rightarrow \mathrm{cov}(\boldsymbol{\zeta}_k,\boldsymbol{L}_{i-j})=0, 0<j<i$。

(4)前 k 时刻获得的观测值对状态向量的作用等价于新息向量的作用，即

$$\{\boldsymbol{L}_1,\ \boldsymbol{L}_2,\ \cdots,\ \boldsymbol{L}_k\} \Leftrightarrow \{\boldsymbol{\zeta}_1,\ \boldsymbol{\zeta}_2,\ \cdots,\ \boldsymbol{\zeta}_k\}$$

如果能够求出状态转移量 $\hat{\boldsymbol{X}}_{k|k-1}$ 及其协方差矩阵 $\boldsymbol{D}_{k|k-1}$，求出观测量的预估值 $\hat{\boldsymbol{L}}_{k|k-1}$ 及其协方差矩阵 $\boldsymbol{D}_{LL,k|k-1}$ 和互协方差矩阵 $\boldsymbol{D}_{XL,k|k-1}$，可以在获得观测值 $\boldsymbol{L}_k$ 后，根据贝叶斯估计和最小方差准则，得到非线性系统的最优状态估值，即

$$\hat{\boldsymbol{X}}_{k|k} = \hat{\boldsymbol{X}}_{k|k-1} + \boldsymbol{D}_{XL,k|k-1}\boldsymbol{D}_{LL,k|k-1}^{-1}(\boldsymbol{L}_k - \hat{\boldsymbol{L}}_{k|k-1}) \tag{6.2.17}$$

其协方差矩阵为

$$\boldsymbol{D}_{k|k} = \boldsymbol{D}_{k|k-1} - \boldsymbol{D}_{XL,k|k-1}\boldsymbol{D}_{LL,k|k-1}^{-1}\boldsymbol{D}_{LX,k|k-1} \tag{6.2.18}$$

这种递推关系也可以估计以后各时刻的状态值及其协方差矩阵。

但是，在大多数情况下，应用向量积分计算 $\hat{\boldsymbol{X}}_{k|k-1}$、$\boldsymbol{D}_{ks|k-1}$、$\hat{\boldsymbol{L}}_{k|k-1}$、$\boldsymbol{D}_{LL,k|k-1}$ 和 $\boldsymbol{D}_{XL,k|k-1}$ 是很难的。对于一个多维状态向量，必须要计算多维积分；即使这些积分可以算出来，也很难通过递推步骤完成后验概率密度的传播计算。其原因是不能保证新的后验值一定与该时刻的状态统计量保持密切相关。

过去，研究热点都集中在非线性滤波问题的次优解上，这些滤波的次优解根据

寻找后验密度递推方法可能划分成不同的滤波方法。而后，为了更新状态，需要提供新的观测值。现在，应用最广泛的两种算法中的一种完成 CKF 算法，这种算法是基于测量值具有白噪声，实时处理原始测量数据的一种创新算法。

假设一个多维加权积分为

$$I(g)=\int_{\Omega}g(\boldsymbol{X})P(\boldsymbol{X})\mathrm{d}\boldsymbol{X} \tag{6.2.19}$$

式中，$g(\boldsymbol{X})$是一个任意函数，$\boldsymbol{\Omega}\subseteq\boldsymbol{R}^n$ 是积分域，所有 $\boldsymbol{X}\in\boldsymbol{\Omega}$、$P(\boldsymbol{X})\geqslant 0$ 为加权函数。在高斯积分中，$P(\boldsymbol{X})$是高斯密度函数，在积分域中具有非负性条件。这种积分在金融数学和计算机图像处理等许多领域都被广泛应用，但很难获得该多维积分域中的准确积分值。为了计算积分值，采用近似的数值积分方法。数值积分计算找到一组点集 $\boldsymbol{X}_i$ 和对应的权值，积分 $I(g)$函数估计的加权和为

$$I(g)\approx\sum_{i=1}^{m}P_i g(\boldsymbol{X}_i) \tag{6.2.20}$$

应用数值积分首先要找到符合容积规则的一组点集$\{\boldsymbol{X}_i,P_i\}$，容积规则可以被分为乘积规则和非乘积规则。

6.2.4 容积卡尔曼滤波规则

1. 乘积规则

对应最简单的一维情况，即 $n=1$，可以应用数值计算的正交规则。在贝叶斯滤波规则中，如果加权函数 $P(\boldsymbol{X})$具有高斯密度的形式，积分函数 $g(\boldsymbol{X})$能够应用 $\boldsymbol{X}$ 多项式来近似，这样数值积分就可以采用高斯-赫尔默特正交规则来计算高斯加权积分。

正交规则可以成功地把一维张量积扩展应用到计算多维积分。例如，包括一个 m 维正交规则精确到指数为 d 的多项式。数值计算一个 n 维积分，一个网格有 m^n 点是建立函数估计。对于积分函数、幂指函数为 d 的多项式应用乘积规则可以得到精确的积分结果。乘积正交规则的计算复杂度随着 n 的增加而提高，这是维数的魔咒。一般来说，当 $n>5$，乘积规则不是贝叶斯滤波近似积分合理的选择。

2. 非乘积规则

为了减轻多维积分乘积规则的维数限制，可以采用非乘积规则。非乘积规则是在积分域中直接选择一些点来计算积分值。著名的非乘积规则有：①随机蒙特卡洛方法；②准蒙特卡洛方法；③正方网格规则；④稀疏网格；⑤基于单项式容积规则。

随机蒙特卡洛方法使用一组等权随机子样点来估计积分值，然而，在准蒙特卡洛方法和正方网格规则，使用一组单位超立方体区域产生的确定子样点。另一方面，基于斯莫利亚克公式的稀疏网格，原则上结合高维积分正交(单变量的)程序来

求积分值。到目前为止，虽然各种非乘积方法可能用给定的精度进行积分数值计算，这些方法也一定程度上受维数的影响。因此，需要寻找新的数值积分规则。这是引入 CKF 的关键。

3. 基于单项式的容积规则

在数学中单项式是各变量幂的乘积，如果只考虑一个变量 $\boldsymbol{X}$，这就意味单项式为 1 到 $\boldsymbol{X}^d$，这里的 d 是正整数。如果考虑几个变量，如 $\boldsymbol{X}_1$、$\boldsymbol{X}_2$ 和 $\boldsymbol{X}_3$，则每个变量单独取幂，结果单项式可能的形式为 $\boldsymbol{X}_1^{d_1}\boldsymbol{X}_2^{d_2}\boldsymbol{X}_3^{d_3}$，其中 d_1、d_2 和 d_3 是非负整数。一个加权容积点的集合与容积规则的选择精确单项式的幂的乘积，如

$$\int_{\Omega} R(\boldsymbol{X})P(\boldsymbol{X})\mathrm{d}\boldsymbol{X} = \sum_{i=1}^{m} P_i R(\boldsymbol{X}_i) \tag{6.2.21}$$

式中，单项式 $R(\boldsymbol{X}_i)=\boldsymbol{X}_1^{d_1}\boldsymbol{X}_2^{d_2}\cdots\boldsymbol{X}_n^{d_n}$；$d_i$ 是非负整数，且 $\sum_{j=1}^{n} d_j \leqslant d$。这说明容积的阶数越高，解的精度也就越高。此外，容积规则也要求所有单项式的线性组合阶数达到 d 的充分必要条件是容积规则中所有单项式的阶数等于 d。

事实上，如果函数 $g:R^n\to R$ 是包括单项式基础函数 $\{R_j(\boldsymbol{X})\}$ 的向量子空间的一个映射，则可以写成

$$g(\boldsymbol{X}) = \sum_{j=1}^{\frac{(n+d)!}{n!d!}} c_j R_j(\boldsymbol{X}) \tag{6.2.22}$$

式中，$\{c_j\}$ 是已知系数；$\dfrac{(n+d)!}{n!\,d!}$ 是维数 n 与单项式阶数 d 的的排列组合。

考虑下述的积分形式，即

$$I(g) = \int_{\Omega} g(\boldsymbol{X})P(\boldsymbol{X})\mathrm{d}\boldsymbol{X}$$

将式(6.2.22)代入上式，得

$$I(g) = \int_{\Omega} \sum_{j} c_j R_j(\boldsymbol{X})P(\boldsymbol{X})\mathrm{d}\boldsymbol{X} = \sum_{j} c_j \int_{\Omega} R_j(\boldsymbol{X})P(\boldsymbol{X})\mathrm{d}\boldsymbol{X} \tag{6.2.23}$$

为了数值计算式(6.2.23)，考虑容积形式为

$$C(g) = \sum_{i=1}^{m} P_i g(\boldsymbol{X}_i)$$

将式(6.2.22)代入上式，有

$$C(g) = \sum_{i=1}^{m} P_i \Big(\sum_{j} c_j R_j(\boldsymbol{X}) \Big) = \sum_{j} c_j \Big(\sum_{i=1}^{m} P_i R_j(\boldsymbol{X}) \Big) \tag{6.2.24}$$

比较式(6.2.23)和式(6.2.24)，当容积精确为 $\{R_j(\boldsymbol{X})\}$，有 $I(g)=C(g)$。

为了确定未知的容积阶数 d 和点集 $\{\boldsymbol{X}_i, P_i\}$，建立一系列的矩方程。然而，求解矩方程系统随着多项式阶数增加或积分域的扩大而变得更难。例如，一个 m 个点容积包含 $m(n+1)$ 个未知参数(点和权)，可以组成单项式参数阶数为 d 的

$\frac{(n+d)!}{n!\,d!}$个方程。为了使非线性方程至少有一组解(系统为一致方程),需使参数的个数不大于方程的个数,即满足

$$m \geqslant \frac{(n+d)!}{(n+1)!\,d!}$$

设 $n=20$、$d=3$,这时需求解$(20+3)!/(20!\times 3!)=1771$个非线性矩方程,采用上式可能包括$(20+3)!/(21!\times 3!)=85$个加权容积点。

为了应用代数方法显著减少独立方程个数或容积点的数量,索博列夫(Sobolv)提出了不变量的理论。不变量理论讨论如何利用积分区域和权函数的对称性质限制容积构建规则。例如,单位超立方体或单位超球的积分域展示了某些对称形式。因此,寻找合理共享对称容积规则。这样应用不变量理论,当 $n=20$、$d=3$、容积规则包括 40(=$2n$)容积点去求解,只有两个矩方程。

4. 高斯加权积分的容积规则

讨论求积分函数是非线性函数乘以高斯分布密度,且符合容积规则的积分方法,也就是处理下面积分形式的数值计算过程,即

$$I(g)=\int_{\mathbf{R}^n} g(\boldsymbol{X})\exp(-\boldsymbol{X}^{\mathrm{T}}\boldsymbol{X})\mathrm{d}\boldsymbol{X} \tag{6.2.25}$$

式中,$g(\boldsymbol{X})$为非线性函数;$\mathbf{R}^n$ 为积分域。在一般情况下,求解高斯加权积分的解析值是比较困难的,应用近似方法获取非线性次优解。

为求解式(6.2.25)所表示的高斯加权积分,采用球面径向容积变换将其转化为球面径向积分形式,再通过容积规则进行近似。令 $\boldsymbol{X}=r\boldsymbol{y}$,且 $\boldsymbol{y}^{\mathrm{T}}\boldsymbol{y}=1$,则有 $\boldsymbol{X}^{\mathrm{T}}\boldsymbol{X}=r^2(r\in[0,\infty))$,于是高斯加权积分式(6.2.19)在球面径向坐标系中可以表示为二重积分,即

$$I(g)=\int_0^{\infty}\int_{U_n} g(r\boldsymbol{y})r^{n-1}\exp(-r^2)\mathrm{d}\sigma(\boldsymbol{y})\mathrm{d}r \tag{6.2.26}$$

式中,$U_t=\{\boldsymbol{y}\in\mathbf{R}^t\ \ \boldsymbol{y}^{\mathrm{T}}\boldsymbol{y}=1\}$表示单位球面;$\sigma(\cdot)$表示球面测度可以进一步分解为径向积分和球面积分,即

$$R=\int_0^{\infty} S(r)r^{n-1}\exp(-r^2)\mathrm{d}r \tag{6.2.27}$$

$$S(r)=\int_{U_n} g(r\boldsymbol{y})\mathrm{d}\sigma(\boldsymbol{y}) \tag{6.2.28}$$

如果对于充分对称的积分域,又具有下述两个条件,则被称为容积规则:

(1) $\boldsymbol{X}\in\boldsymbol{\Omega}$,由 $\boldsymbol{X}$ 获得的 $\boldsymbol{y}\in\boldsymbol{\Omega}$,这里 $\boldsymbol{y}$ 是根据 $\boldsymbol{X}$ 或者 $\boldsymbol{X}$ 改变符号进行置换的点集。

(2) 在积分域 $\boldsymbol{\Omega}$ 上,$P(\boldsymbol{X})=P(\boldsymbol{y})$,即所有具有对称的点集具有相同的权。

例如，在一维空间，一个点 $\boldsymbol{X}\in\mathbf{R}$ 的权为 $P(\boldsymbol{X})$，在原点对称的位置 $(-\boldsymbol{X})\in\mathbf{R}$，权 $P(\boldsymbol{X})=P(-\boldsymbol{X})$。

在一个充分对称的区域中，点 $u=(u_1,u_2,\cdots,u_t;0,\cdots,0)\in\mathbf{R}^n$ 称为发生器。

为简洁起见，被抑制的 $(n-r)$ 个零坐标值和使用符号 $(u_1,u_2,\cdots u_r)$ 表示完整全对称，改变发生器 u 中分量符号而获得点集。当然，当 $\{u_i\}$ 完整集包括 $2^r n!/(n-r)!$ 个点，在一个二维空间的点集 $[1]\in\mathbf{R}^2$ 可以由下式表示，即

$$\left\{\begin{pmatrix}1\\0\end{pmatrix}\quad\begin{pmatrix}0\\1\end{pmatrix}\quad\begin{pmatrix}-1\\0\end{pmatrix}\quad\begin{pmatrix}0\\-1\end{pmatrix}\right\}$$

式中，发生器为 $\begin{pmatrix}1\\0\end{pmatrix}$。

5. 球容积规则

下面根据不变量理论推导三阶球容积规则的数值计算算法。容积规则具有下述形式，即

$$\int_{U_n} g(\boldsymbol{y})\mathrm{d}\sigma(\boldsymbol{y}) \approx P\sum_{i=1}^{2n} g[u]_i \tag{6.2.29}$$

经置换和符号改变，点集 $[u]$ 不变，因此单项式 $\{\boldsymbol{X}_1^{d_1}\boldsymbol{X}_2^{d_2}\cdots\boldsymbol{X}_n^{d_n}\}$ 在指数和 $\sum_{j=1}^{n} d_j$ 为奇整数时可以进行精确积分。根据这样的规定，对于所有单项式阶数都不大于3时，则要求使各单项式的指数和 $\sum_{j=1}^{n} d_j=0,2$。下面求 $g(\boldsymbol{y})=1$ 和 $g(\boldsymbol{y})=y_1^2$ 时式(6.2.29)的积分值，即

$$g(\boldsymbol{y})=1：2nP=\int_{U_n}\mathrm{d}\sigma(\boldsymbol{y})=S_n \tag{6.2.30}$$

$$g(\boldsymbol{y})=y_1^2：2Pu^2=\int_{U_n}y_1^2\mathrm{d}\sigma(\boldsymbol{y})=\frac{S_n}{n} \tag{6.2.31}$$

其中单位球的表面积为

$$S_n=\frac{2\sqrt{\pi^n}}{\Gamma(n/2)} \tag{6.2.32}$$

其中伽马函数 $\Gamma(n)=\int_0^{\infty}x^{n-1}\exp(-x)\mathrm{d}x$。式(6.2.30)和式(6.2.31)右侧的值是基于单项式 $R(\boldsymbol{X})=\boldsymbol{X}_1^{d_1}\boldsymbol{X}_2^{d_2}\cdots\boldsymbol{X}_n^{d_n}$ 积分而得到的，n 维单位球可以表达为

$$\int_{U_n}R(\boldsymbol{X})\mathrm{d}\sigma(\boldsymbol{X})=\begin{cases}0, & \text{任何 } \tilde{d}_i \text{ 是奇数}\\ \dfrac{2\Gamma(\tilde{d}_1)\Gamma(\tilde{d}_2)\cdots\Gamma(\tilde{d}_n)}{\Gamma(\tilde{d}_1+\tilde{d}_2+\cdots+\tilde{d}_n)}, & \text{所有 } \tilde{d}_i \text{ 是偶数}\end{cases} \tag{6.2.33}$$

其中 $\tilde{d}_i=(1+d_i)/2$，由式(6.2.30)和式(6.2.31)可得

$$P=\frac{S_n}{2n},u^2=1$$

因此，容积点位于单位球和轴线相交处。

6.2.5 容积卡尔曼滤波算法

1. 径向积分

在式(6.2.27)中，设 $t=r^2$，$\mathrm{d}r=\frac{1}{2}\mathrm{d}t$，$r=\sqrt{t}$，则有

$$\int_0^{\infty} S(r) r^{t-1} \exp(-r^2)\mathrm{d}r = \frac{1}{2}\int_0^{\infty} S(\sqrt{t}) t^{\left(\frac{n}{2}-1\right)} \exp(t)\mathrm{d}t \tag{6.2.34}$$

上式右侧的积分是著名的广义高斯-拉格朗日公式。一阶高斯-拉格朗日规则就是 $S(\sqrt{t})=1, t$，等价于 $S(r)=1, r^2$；奇数阶多项式是不准确的，例如 $S(r)=r$，r^3。当径向积分规则与球面积分规则结合进行数值计算，球面-径向积分规则中所有奇数多项式消失。充分考虑一阶广义高斯-拉格朗日规则的形式为

$$\int_0^{\infty} S_i(\sqrt{t}) t^{\left(\frac{n}{2}-1\right)} \exp(t)\mathrm{d}t = P_1 S_i(\sqrt{t_1}), i=0,1$$

式中，$S_0(\sqrt{t})=1$，$S_1(\sqrt{t})=t$。矩方程的解为

$$S_0(\sqrt{t})=1: P_1 = \int_0^{\infty} t^{\left(\frac{n}{2}-1\right)} \exp(t)\mathrm{d}t = \Gamma\left(\frac{n}{2}\right)$$

$$S_1(\sqrt{t})=t: P_1 t_1 = \int_0^{\infty} t^{\frac{n}{2}} \exp(-t)\mathrm{d}t = \frac{n}{2}\Gamma\left(\frac{n}{2}\right)$$

即 $t_1=\frac{n}{2}$，$P_1=\Gamma\left(\frac{n}{2}\right)$，依此类推，式(6.2.27)积分近似值为

$$\int_0^{\infty} S(r) r^{n-1} \exp(-r^2)\mathrm{d}r \approx \frac{1}{2}\Gamma\left(\frac{n}{2}\right) f\left(\sqrt{\frac{n}{2}}\right) \tag{6.2.35}$$

2. 球面-径向积分

将把球面积分和径向积分结合起来，形成球面-径向积分，也就是高斯加权积分。

设函数 $g(\boldsymbol{X})$ 是一个阶数为 d 的单项式，即

$$g(\boldsymbol{X}) = \boldsymbol{X}_1^{d_1} \boldsymbol{X}_2^{d_2} \cdots \boldsymbol{X}_n^{d_n} \tag{6.2.36}$$

d_i 是非负整数，$\sum_{i=1}^{n} d_i = d$。接下来，考虑如下积分，即

$$I(g) = \int_{R^n} g(\boldsymbol{X}) \exp(-\boldsymbol{X}^{\mathrm{T}}\boldsymbol{X})\mathrm{d}\boldsymbol{X} \tag{6.2.37}$$

设阶数为 d 的 m_s 个球面-径向积分点用来计算球积分点为

$$S(r) = \int_{U_n} g(r\boldsymbol{y})\mathrm{d}\sigma(\boldsymbol{y}) = \sum_{j=1}^{m_s} b_j g(r\boldsymbol{y}_j) \tag{6.2.38}$$

设阶数为 $(d-1)/2$ 的 m_r 个高斯正交积分点用来计算数值积分，即

$$\int_0^\infty S(r)r^{n-1}\exp(-r^2)\mathrm{d}r = \sum_{i=1}^{m_r} a_i S(r_i) \tag{6.2.39}$$

因此，球面-径向容积规则阶数为 d 的数值计算点数为 $(m_s \times m_r)$，则容积积分为

$$I(g) = \sum_{j=1}^{m_s}\sum_{i=1}^{m_r} a_i b_j g(r_i \boldsymbol{y}_j) \tag{6.2.40}$$

将式(6.2.36)代入式(6.2.37)，得

$$I(g) = \int_{R^n} \boldsymbol{X}_1^{d_1}\boldsymbol{X}_2^{d_2}\cdots\boldsymbol{X}_n^{d_n}\exp(-\boldsymbol{X}^{\mathrm{T}}\boldsymbol{X})\mathrm{d}\boldsymbol{X} \tag{6.2.41}$$

因此有

$$\begin{aligned}
I(g) &= \int_0^\infty\int_{R^n}(ry_1)^{d_1}(ry_2)^{d_2}\cdots(ry_n)^{d_n}r^{n-1}\exp(-r^2)\mathrm{d}\sigma(\boldsymbol{y})\mathrm{d}r \\
&= \int_0^\infty r^{n+d-1}\exp(-r^2)\mathrm{d}r\int_{U_n} y_1^{d_1}y_2^{d_2}\cdots y_n^{d_n}\mathrm{d}\sigma(y) \\
&= \left(\sum_{i=1}^{m_r} a_i r_i^d\right)\left(\sum_{j=1}^{m_s} b_j s_{j1}^{d_1}s_{j2}^{d_2}\cdots s_{jn}^{d_n}\right) \\
&= \sum_{j=1}^{m_s}\sum_{i=1}^{m_r} a_i b_j g(r_i \boldsymbol{y}_j)
\end{aligned}$$

设权函数 $P_1(\boldsymbol{X}) = \exp(-\boldsymbol{X}^{\mathrm{T}}\boldsymbol{X})$ 和 $P_2(\boldsymbol{X}) = N(\boldsymbol{X};\boldsymbol{\mu},\boldsymbol{D})$，平方根矩阵为 $\boldsymbol{D}^{\frac{1}{2}}$，即有 $\boldsymbol{D}^{\frac{1}{2}}(\boldsymbol{D}^{\frac{1}{2}})^{\mathrm{T}} = \boldsymbol{D}$，有

$$\begin{aligned}
\int_{R^n} g(\boldsymbol{X})P_2(\boldsymbol{X})\mathrm{d}\boldsymbol{X} &= \int_{R^n} g(\boldsymbol{X})N(\boldsymbol{X};\boldsymbol{\mu},\boldsymbol{D})\mathrm{d}\boldsymbol{X} \\
&= \int_{R^n} g(\boldsymbol{X})\frac{1}{\sqrt{2\pi|\boldsymbol{D}|}}\exp\left(-\frac{1}{2}(\boldsymbol{X}-\boldsymbol{\mu})^{\mathrm{T}}\boldsymbol{D}^{-1}(\boldsymbol{X}-\boldsymbol{\mu})\right)\mathrm{d}x \\
&= \int_{R^n} g(\boldsymbol{X})\frac{1}{\sqrt{2\pi|\boldsymbol{D}|}}\exp\left(-(2\boldsymbol{D})^{-\frac{1}{2}}(\boldsymbol{X}-\boldsymbol{\mu})^{\mathrm{T}}(2\boldsymbol{D})^{-\frac{1}{2}}(\boldsymbol{X}-\boldsymbol{\mu})\right)\mathrm{d}\boldsymbol{X}
\end{aligned}$$

设 $\boldsymbol{X} = ((2\boldsymbol{D})^{\frac{1}{2}}\boldsymbol{y}+\boldsymbol{\mu})$，$\mathrm{d}\boldsymbol{X} = (2\boldsymbol{D})^{\frac{1}{2}}\mathrm{d}\boldsymbol{y}$，则有

$$\begin{aligned}
\int_{R^n} g(\boldsymbol{X})N(\boldsymbol{X};\boldsymbol{\mu},\boldsymbol{D})\mathrm{d}\boldsymbol{X} &= \int_{R^n} g((2\boldsymbol{D})^{\frac{1}{2}}\boldsymbol{y}+\boldsymbol{\mu})\frac{1}{\sqrt{2\pi|\boldsymbol{D}|}}\exp(-\boldsymbol{y}^{\mathrm{T}}\boldsymbol{y})\,|(2\boldsymbol{D})^{\frac{1}{2}}|\,\mathrm{d}\boldsymbol{y} \\
&= \frac{1}{\sqrt{\pi^n}}\int_{R^n} g((2\boldsymbol{D})^{\frac{1}{2}}\boldsymbol{y}+\boldsymbol{\mu})P_1(\boldsymbol{y})\mathrm{d}\boldsymbol{y} \\
&= \frac{1}{\sqrt{\pi^n}}\int_{R^n} g((2\boldsymbol{D})^{\frac{1}{2}}\boldsymbol{X}+\boldsymbol{\mu})P_1(\boldsymbol{X})\mathrm{d}\boldsymbol{X}
\end{aligned}$$

因此，有

$$\int_{R^n} g(\boldsymbol{X})P_2(\boldsymbol{X})\mathrm{d}\boldsymbol{X} = \frac{1}{\sqrt{\pi^n}}\int_{R^n} g((2\boldsymbol{D})^{\frac{1}{2}}\boldsymbol{X}+\boldsymbol{\mu})P_1(\boldsymbol{X})\mathrm{d}\boldsymbol{X} \quad (6.2.42)$$

综合考虑以上推导，积分为

$$I(g) = \int_{R^n} g(\boldsymbol{X})\exp(-\boldsymbol{X}^{\mathrm{T}}\boldsymbol{X})\mathrm{d}\boldsymbol{X}$$

三阶球面-径向容积近似积分值为

$$I(g) \approx \frac{\sqrt{\pi^n}}{2n}\sum_{i=1}^{2n} g\left(\sqrt{\frac{n}{2}}[1]_i\right) \quad (6.2.43)$$

设标准正态（高斯）加权积分形式为

$$IN(g) = \int_{R^n} g(\boldsymbol{X})N(\boldsymbol{X};\boldsymbol{0},\boldsymbol{I})\mathrm{d}\boldsymbol{X} \quad (6.2.44)$$

也就是均值 $\boldsymbol{\mu}=0$，方差 $\boldsymbol{D}=\boldsymbol{I}$，根据式(6.2.42)，得

$$\begin{aligned} IN(g) &= \frac{1}{\sqrt{\pi^n}}\int_{R^n} g(\sqrt{2}\boldsymbol{X})\exp(-\boldsymbol{X}^{\mathrm{T}}\boldsymbol{X})\mathrm{d}\boldsymbol{X} \\ &\approx \frac{1}{\sqrt{\pi^n}}\left(\frac{\sqrt{\pi^n}}{2n}\sum_{i=1}^{2n} g(\sqrt{2})\sqrt{\frac{n}{2}}[1]_i\right) \\ &= \sum_{i=1}^{m} P_i g(\xi_i) \end{aligned}$$

式中，$m=2n$，$\xi_i=\sqrt{\frac{m}{2}}[1]_i$，$P_i=\frac{1}{m}$，$i=1,2,\cdots,m$。

对于一般正态（高斯）分布，可以做变换，令 $\boldsymbol{X}=(\boldsymbol{D}^{\frac{1}{2}}\boldsymbol{y}+\boldsymbol{\mu})$，则有

$$\int_{R^n} g(\boldsymbol{X})N(\boldsymbol{X};\boldsymbol{\mu},\boldsymbol{D})\mathrm{d}\boldsymbol{X} = \int_{R^n} g(\boldsymbol{D}^{\frac{1}{2}}\boldsymbol{y}+\boldsymbol{\mu})N(\boldsymbol{X};\boldsymbol{0},\boldsymbol{I})\mathrm{d}\boldsymbol{X} \approx \sum_{i=1}^{m} P_i g(\boldsymbol{D}^{\frac{1}{2}}\xi_i+\boldsymbol{\mu})$$

由于以上分析可知，CKF 的核心思想是通过三阶球面-径向容积规则选择 $2n$ 个等权值的容积点(ξ_i，P_i)计算高斯加权积分，CKF 算法的实现步骤如下。

(1)时间更新。

假设时刻 k 的后验密度为

$$p(\boldsymbol{X}_{k-1}\mid\boldsymbol{Z}_{k-1})=N(\hat{\boldsymbol{X}}_{k-1|k-1},\boldsymbol{D}_{k-1|k-1})$$

$$\boldsymbol{D}_{k-1|k-1}=S_{k-1|k-1}S_{k-1|k-1}^{\mathrm{T}} \quad (6.2.45)$$

容积点的估计($i=1,2,\cdots,m$，其中 $m=2t$)，则

$$\boldsymbol{X}_{i,k-1|k-1}=S_{k-1|k-1}\xi_i+\hat{\boldsymbol{X}}_{k-1|k-1} \quad (6.2.46)$$

容积点传播的估计($i=1,2,\cdots,m$)为

$$\boldsymbol{X}_{i,k|k-1}^{*}=f(\boldsymbol{X}_{i,k-1|k-1},\boldsymbol{u}_{k-1}) \quad (6.2.47)$$

预测状态的估计为

$$\hat{\boldsymbol{X}}_{k|k-1}=\frac{1}{m}\sum_{i=1}^{m}\boldsymbol{X}_{i,k|k-1}^{*}\tag{6.2.48}$$

预测误差协方差的估计为

$$\boldsymbol{D}_{k|k-1}=\frac{1}{m}\sum_{i=1}^{m}\boldsymbol{X}_{i,k|k-1}^{*}\boldsymbol{X}_{i,k|k-1}^{*\mathrm{T}}-\hat{\boldsymbol{X}}_{k|k-1}\hat{\boldsymbol{X}}_{k|k-1}^{\mathrm{T}}+\boldsymbol{D}_{k-1}\tag{6.2.49}$$

(2)测量更新。

分解

$$\boldsymbol{D}_{k|k-1}=S_{k|k-1}S_{k|k-1}^{\mathrm{T}}\tag{6.2.50}$$

容积点的估计($i=1,2,\cdots,m$)为

$$\boldsymbol{X}_{i,k|k-1}=S_{k|k-1}\boldsymbol{\xi}_i+\hat{\boldsymbol{X}}_{k|k-1}\tag{6.2.51}$$

容积点传播的估计($i=1,2,\cdots,m$)为

$$\boldsymbol{X}_{i,k|k-1}=\varphi(\boldsymbol{X}_{i,k|k-1},\boldsymbol{u}_k)\tag{6.2.52}$$

预估测量值的估计为

$$\hat{\boldsymbol{L}}_{k|k-1}=\frac{1}{m}\sum_{i=1}^{m}\boldsymbol{L}_{i,k|k-1}\tag{6.2.53}$$

预估测量值协方差的估计为

$$\boldsymbol{D}_{LL,k|k-1}=\frac{1}{m}\sum_{i=1}^{m}\boldsymbol{L}_{i,k|k-1}\boldsymbol{L}_{i,k|k-1}^{\mathrm{T}}-\hat{\boldsymbol{L}}_{k|k-1}\hat{\boldsymbol{X}}_{k|k-1}^{\mathrm{T}}+\boldsymbol{D}_{\Delta_k}\tag{6.2.54}$$

交叉协方差矩阵的估计为

$$\boldsymbol{D}_{XL,k|k-1}=\frac{1}{m}\sum_{i=1}^{m}\boldsymbol{X}_{i,k|k-1}\boldsymbol{L}_{i,k|k-1}^{\mathrm{T}}-\hat{\boldsymbol{X}}_{k|k-1}\hat{\boldsymbol{L}}_{k|k-1}^{\mathrm{T}}\tag{6.2.55}$$

更新后状态估计为

$$\hat{\boldsymbol{X}}_{k|k}=\hat{\boldsymbol{X}}_{k|k-1}+\boldsymbol{D}_{XL,k|k-1}\boldsymbol{D}_{LL,k|k-1}^{-1}(\boldsymbol{L}_k-\hat{\boldsymbol{L}}_{k|k-1})\tag{6.2.56}$$

更新后的协方差估计为

$$\boldsymbol{D}_{k|k}=\boldsymbol{D}_{k|k-1}-\boldsymbol{D}_{XL,k|k-1}\boldsymbol{D}_{LL,k|k-1}^{-1}\boldsymbol{D}_{XL,k|k-1}\tag{6.2.57}$$

从上述算法流程可以看出，CKF 根据球面径向容积规则计算出容积点，再经过非线性系统的状态方程和观测方程传播即可。计算过程中不需要求取复杂的雅可比矩阵，算法独立，能处理任何形式的非线性系统状态估计问题。

§6.3　自适应容积卡尔曼滤波算法

在上述 CKF 算法推导过程中，假定系统噪声和观测噪声的统计性质已知，即均值为零，方差为白噪声。但在实际应用中，系统噪声和观测噪声的统计特性往往是未知且时变的，因此，需要根据测量信息设计一种能够对噪声的统计特性进行线

性估计的自适应 CKF 算法。

6.3.1 噪声估计方法

假设非线性系统中的系统噪声和观测噪声是互不相关的，且具有如下统计特性，即

$E(\boldsymbol{W}_k)=q_k$，$\mathrm{cov}(\boldsymbol{W}_k,\boldsymbol{W}_j^{\mathrm{T}})=D_W\delta_{ij}$；$E(\boldsymbol{\Delta}_k)=r_k$，$\mathrm{cov}(\boldsymbol{\Delta}_k,\boldsymbol{\Delta}_j^{\mathrm{T}})=D_\Delta\delta_{ij}$；$\mathrm{cov}(\boldsymbol{W}_k,\boldsymbol{\Delta}_j^{\mathrm{T}})=0$

式中，δ_{ij} 为克劳内克-δ 函数(详见第 1 章)。对于噪声统计特性未知或不准确，根据 Sage-Husa 极大验后估计算法得到了次优常值噪声统计估值算法，即

$$\left.\begin{aligned}
\hat{\boldsymbol{q}}_k &= \frac{1}{k}\sum_{j=1}^{k}[\hat{\boldsymbol{X}}_{j|j}-f(\hat{\boldsymbol{X}}_{j-1|j-1})]\\
\hat{\boldsymbol{D}}_{W_k} &= \frac{1}{k}\sum_{j=1}^{k}\left\{[\hat{\boldsymbol{X}}_{j|j}-f(\hat{\boldsymbol{X}}_{j-1|j-1})-\hat{\boldsymbol{q}}_k][\hat{\boldsymbol{X}}_{j|j}-f(\hat{\boldsymbol{X}}_{j-1|j-1})-\hat{\boldsymbol{q}}_k]^{\mathrm{T}}\right\}\\
\hat{r}_k &= \frac{1}{k}\sum_{j=1}^{k}[\boldsymbol{L}_j-\varphi(\hat{\boldsymbol{X}}_{j|j-1})]\\
\hat{\boldsymbol{D}}_{\Delta_k} &= \frac{1}{k}\sum_{j=1}^{k}\left\{[\boldsymbol{L}_j-\varphi(\hat{\boldsymbol{X}}_{j|j-1})-\hat{r}_k][\boldsymbol{L}_j-\varphi(\hat{\boldsymbol{X}}_{j|j-1})-\hat{r}_k]^{\mathrm{T}}\right\}
\end{aligned}\right\}\tag{6.3.1}$$

式中，$f(\hat{\boldsymbol{X}}_{j-1|j-1})$可以看作是 $j-1$ 时刻的状态估计值；$\hat{\boldsymbol{X}}_{j-1|j-1}$是由非线性函数 $f(\cdot)$传播得到的状态预测值；$\varphi(\hat{\boldsymbol{X}}_{j|j-1})$是 j 时刻的观测值预测值。对于线性系统，可以根据线性状态函数和观测函数精确计算得到，而在非线性系统的 CKF 算法中，需要通过非线性函数传播容积点近似得到，其计算方式为

$$\left.\begin{aligned}
f(\hat{\boldsymbol{X}}_{j-1|j-1}) &= \frac{1}{m}\sum_{i=1}^{m}f(\boldsymbol{X}_{j-1|j-1}^{(i)})\\
\varphi(\hat{\boldsymbol{X}}_{j|j-1}) &= \frac{1}{m}\sum_{i=1}^{m}\varphi(\boldsymbol{X}_{j|j-1}^{(i)})
\end{aligned}\right\}\tag{6.3.2}$$

式中，$\boldsymbol{X}_{j-1|j-1}^{(i)}$是根据 $j-1$ 时刻的状态估计值 $\hat{\boldsymbol{X}}_{j-1|j-1}$和误差协方差矩阵 $\boldsymbol{P}_{k-1|k-1}$计算得到的容积点，而 $\boldsymbol{X}_{j|j-1}^{(i)}$是根据 j 时刻状态转移值和误差协方差矩阵 $\boldsymbol{P}_{k|k-1}$求的容积点。

为了求取噪声统计特性的无偏估计值，可以得到以下递推形式的无偏常值噪声估值器，即

$$\left.\begin{aligned}
\hat{\boldsymbol{q}}_k &= \frac{1}{k}\left[(k-1)\hat{\boldsymbol{q}}_{k-1} + \hat{\boldsymbol{X}}_{k|k} - \frac{1}{m}\sum_{i=1}^{m}\hat{\boldsymbol{X}}_{k|k-1}^{(i)}\right] \\
\hat{\boldsymbol{D}}_{W_k} &= \frac{1}{k}\left[(k-1)\hat{\boldsymbol{D}}_{W_{k-1}} + \boldsymbol{J}_k\boldsymbol{\zeta}_k\boldsymbol{\zeta}_k^{\mathrm{T}}\boldsymbol{J}_k^{\mathrm{T}} + \boldsymbol{D}_{k|k} - \left(\frac{1}{m}\sum_{i=1}^{m}\hat{\boldsymbol{X}}_{k|k-1}^{*(i)}\hat{\boldsymbol{X}}_{k|k-1}^{*(i)\mathrm{T}} - \hat{\boldsymbol{X}}_{k|k}\hat{\boldsymbol{X}}_{k|k}^{\mathrm{T}}\right)\right] \\
\hat{r}_k &= \frac{1}{k}\left[(k-1)\hat{r}_{k-1} + \boldsymbol{L}_k - \frac{1}{m}\sum_{i=1}^{m}\varphi(\hat{\boldsymbol{X}}_{k|k-1}^{(i)})\right] \\
\hat{\boldsymbol{D}}_{\Delta_k} &= \frac{1}{k}\left[(k-1)\hat{\boldsymbol{D}}_{\Delta_{k-1}} + \boldsymbol{\zeta}_k\boldsymbol{\zeta}_k^{\mathrm{T}} - \left(\frac{1}{m}\sum_{i=1}^{m}\boldsymbol{L}_{k|k-1}^{(i)}\boldsymbol{L}_{k|k-1}^{(i)\mathrm{T}} - \boldsymbol{L}_{k|k-1}\boldsymbol{L}_{k|k-1}^{\mathrm{T}}\right)\right]
\end{aligned}\right\} \tag{6.3.3}$$

6.3.2 自适应 CKF 算法

在常规的 CKF 算法中引入噪声统计估值器，便可以得到自适应 CKF 算法，具体流程可归纳为如下算法。

初始化状态条件，即

$$\hat{\boldsymbol{X}}_0 = E[\boldsymbol{X}_0],\ \boldsymbol{D}_0 = E[(\boldsymbol{X}_0 - \hat{\boldsymbol{X}}_0)\quad(\boldsymbol{X}_0 - \hat{\boldsymbol{X}}_0)^{\mathrm{T}}]$$

$$\hat{\boldsymbol{D}}_{W_0} = \boldsymbol{D}_{W_0},\ \hat{\boldsymbol{q}}_0 = \boldsymbol{q}_0,\ \hat{\boldsymbol{D}}_{\Delta_0} = \boldsymbol{D}_{\Delta_0},\ \hat{\boldsymbol{r}}_0 = \boldsymbol{r}_0$$

For $k=1,2,\cdots,N$ **do**

Step 1：时间更新

由 $k-1$ 时刻的状态估计 $\hat{\boldsymbol{X}}_{k-1|k-1}$ 和误差协方差矩阵 $\boldsymbol{D}_{k-1|k-1}$，计算容积点 $\hat{\boldsymbol{X}}_{k-1|k-1}^{(i)}$，再经过非线性状态函数 $f(\cdot)$ 传播为 $\hat{\boldsymbol{X}}_{k|k-1}^{*(i)}$ $(i=1,2,\cdots,m;m=2n)$，从而得到一步状态预测 $\hat{\boldsymbol{X}}_{k|k-1}$ 和误差协方差矩阵 $\boldsymbol{D}_{k|k-1}$，即

$$\hat{\boldsymbol{X}}_{k|k-1}^{*(i)} = f(\hat{\boldsymbol{X}}_{k-1|k-1}^{(i)}) + \hat{\boldsymbol{q}}_{k-1}$$

$$\hat{\boldsymbol{X}}_{k|k-1} = \frac{1}{m}\sum_{i=1}^{m}\hat{\boldsymbol{X}}_{k|k-1}^{*(i)}$$

$$\boldsymbol{D}_{k|k-1} = \frac{1}{m}\sum_{i=1}^{m}\hat{\boldsymbol{X}}_{k|k-1}^{*(i)}(\hat{\boldsymbol{X}}_{k|k-1}^{*(i)})^{\mathrm{T}} - \hat{\boldsymbol{X}}_{k|k-1}\hat{\boldsymbol{X}}_{k|k-1}^{\mathrm{T}} + \hat{\boldsymbol{D}}_{W_{k-1}}$$

Step 2：测量更新

由 $k-1$ 时刻更新后的状态 $\hat{\boldsymbol{X}}_{k|k-1}$ 和误差协方差矩阵 $\boldsymbol{D}_{k|k-1}$，计算容积点 $\hat{\boldsymbol{X}}_{k|k-1}^{(i)}$，$(i=1,2,\cdots,m;m=2n)$。同理，由非线性观测函数传播为观测值的预测值 $\hat{\boldsymbol{L}}_{k|k-1}$ 和误差协方差矩阵 $\boldsymbol{D}_{LL,k|k-1}$，即

$$\boldsymbol{L}_{k|k-1}^{(i)} = \varphi(\hat{\boldsymbol{X}}_{k|k-1}^{(i)}) + \hat{\boldsymbol{r}}_{k-1}$$

$$\hat{\boldsymbol{L}}_{k|k-1} = \frac{1}{m}\sum_{i=1}^{m}\hat{\boldsymbol{L}}_{k|k-1}^{(i)}$$

$$D_{LL,k|k-1}=\frac{1}{m}\sum_{i=1}^{m}\hat{X}_{k|k-1}^{(i)}(\hat{X}_{k|k-1}^{(i)})^{\mathrm{T}}-\hat{L}_{k|k-1}\hat{L}_{k|k-1}^{\mathrm{T}}+\hat{D}_{\Delta_{k-1}}$$

Step 3：状态更新

计算 k 时刻的状态值及其协方差矩阵，即

$$\hat{X}_{k|k}=\hat{X}_{k|k-1}+D_{XLk|k-1}D_{LLk|k-1}^{-1}(L_k-\hat{L}_{k|k-1})$$

$$D_{k|k}=D_{k|k-1}-D_{XL,k|k-1}D_{LL,k|k-1}^{-1}D_{XL,k|k-1}$$

Step 4：噪声更新

应用式(6.3.3)计算 k 时刻的噪声估值。

End for

其中，N 表示总步数。需要注意的是，根据噪声统计估值器，其相应的递推公式是非独立的，因此在一般情况下是不能同时对系统噪声和观测噪声进行估计的，否则将会引起滤波发散。

对于时变噪声需强调最新测量信息的作用，逐渐减弱或消除陈旧信息的作用，因此不同于常值噪声估计中求取算数平均，应通过对求和中的每一项乘以不同的加权系数来实现。显然，对于非线性系统，同样可以采用渐消记忆指数加权的方式对时变噪声进行估计。选取加权系数 $\{\beta_i\}$，使之满足

$$\beta_i=\beta_{i-1}b;0<b<1;\sum_{i=1}^{k}\beta_i=1 \tag{6.3.4}$$

于是有 $\beta_i=d_kb^i$，$d_k=(1-b)/(1-b^{k+1})$，$i=0,1,\cdots,k$。其中 b 称为遗忘因子。将式(6.3.1)求和中的每一项以加权系数 β_i 取代原来的系数 $1/k$，就可以得到时变噪声的次优估值器，再进一步得到无偏次优时变噪声估值器，其递推形式为

$$\left.\begin{aligned}
\hat{q}_k&=(1-d_k)\hat{q}_{k-1}+d_k\left[\hat{X}_{k|k}-\frac{1}{m}\sum_{i=1}^{m}[\hat{X}_{j|j}^{(i)}]\right]\\
\hat{D}_{W_k}&=(1-d_k)D_{W_{k-1}}+d_k\left[J_k\zeta_k\zeta_k^{\mathrm{T}}J_k^{\mathrm{T}}+D_{k|k}-\left(\frac{1}{m}\sum_{i=1}^{m}\hat{X}_{k|k-1}^{*(i)}\hat{X}_{k|k-1}^{*(i)\mathrm{T}}-\hat{X}_{k|k}\hat{X}_{k|k}^{\mathrm{T}}\right)\right]\\
\hat{r}_k&=(1-d_k)\hat{r}_{k-1}+d_k\left[L_k-\frac{1}{m}\sum_{i=1}^{m}\varphi(\hat{X}_{k|k-1}^{(i)})\right]\\
\hat{D}_{\Delta_k}&=(1-d_k)D_{\Delta_{k-1}}+d_k\left[\zeta_k\zeta_k^{\mathrm{T}}-\left(\frac{1}{m}\sum_{i=1}^{m}L_{k|k-1}^{(i)}L_{k|k-1}^{(i)\mathrm{T}}-L_{k|k-1}L_{k|k-1}^{\mathrm{T}}\right)\right]
\end{aligned}\right\} \tag{6.3.5}$$

6.3.3　自适应 CKF 算法的稳定性

由于系统的噪声协方差矩阵设计对算法的稳定性有重要影响，进一步提高算法的滤波精度和应对噪声变化的自适应能力。对于非线性系统，根据标准的 CKF

算法，若系统噪声和观测噪声都是零均值和统计特性已知的高斯白噪声，则误差协方差矩阵可以表示为

$$\begin{aligned}\boldsymbol{D}_{k|k-1} &= \frac{1}{m}\sum_{i=1}^{m}\hat{\boldsymbol{X}}_{k|k-1}^{*(i)}(\hat{\boldsymbol{X}}_{k|k-1}^{*(i)})^{\mathrm{T}} - \hat{\boldsymbol{X}}_{k|k-1}\hat{\boldsymbol{X}}_{k|k-1}^{\mathrm{T}} + \hat{\boldsymbol{D}}_{W_{k-1}} \\ &= \bar{\boldsymbol{D}}_{k|k-1} + \delta\boldsymbol{D}_{k|k-1} = \boldsymbol{A}_k\boldsymbol{D}_{k-1|k-1}\boldsymbol{A}_k^{\mathrm{T}} + \boldsymbol{\Psi}_k\end{aligned} \tag{6.3.6}$$

$$\begin{aligned}\boldsymbol{D}_{LL,k|k-1} &= \frac{1}{m}\sum_{i=1}^{m}\hat{\boldsymbol{X}}_{k|k-1}^{(i)}(\hat{\boldsymbol{X}}_{k|k-1}^{(i)})^{\mathrm{T}} - \hat{\boldsymbol{L}}_{k|k-1}\hat{\boldsymbol{L}}_{k|k-1}^{\mathrm{T}} + \hat{\boldsymbol{D}}_{\Delta_{k-1}} \\ &= \bar{\boldsymbol{D}}_{LL,k|k-1} + \delta\boldsymbol{D}_{LL,k|k-1} = \boldsymbol{G}\boldsymbol{D}_{LL,k|k-1}\boldsymbol{G}^{\mathrm{T}} + \sum\nolimits_k\end{aligned} \tag{6.3.7}$$

$$\boldsymbol{D}_{k|k} = (\boldsymbol{I} - \boldsymbol{J}_k\boldsymbol{G}_k)\boldsymbol{D}_{k|k-1} \tag{6.3.8}$$

$$\boldsymbol{J}_k = \boldsymbol{D}_{k|k-1}\boldsymbol{G}_k^{\mathrm{T}}(\boldsymbol{G}_k\boldsymbol{D}_{k|k-1}\boldsymbol{G}_k^{\mathrm{T}} + \boldsymbol{D}_k)^{-1} \tag{6.3.9}$$

相应的矩阵定义为

$$\boldsymbol{A}_k = \boldsymbol{\xi}_k\boldsymbol{F}_k, \boldsymbol{B}_k = \boldsymbol{\alpha}_k\boldsymbol{H}_k, \boldsymbol{C}_k = \boldsymbol{I} - \boldsymbol{J}_k\boldsymbol{\alpha}_k\boldsymbol{H}_k \tag{6.3.10}$$

$$\boldsymbol{C}_k = \begin{cases}\boldsymbol{\alpha}_k\boldsymbol{H}_k\boldsymbol{\gamma}_k^{\mathrm{T}}, & n \geqslant p \\ \boldsymbol{\gamma}_k^{\mathrm{T}}\boldsymbol{\alpha}_k\boldsymbol{H}_k, & n \leqslant p\end{cases} \tag{6.3.11}$$

$$\left.\begin{aligned}\bar{\boldsymbol{D}}_{k|k-1} &= \boldsymbol{A}_k\boldsymbol{D}_{k-1|k-1}\boldsymbol{A}_k^{\mathrm{T}} + \Delta\boldsymbol{D}_{k|k-1} + \hat{\boldsymbol{D}}_{W_{k-1}} \\ \bar{\boldsymbol{D}}_{LL,k|k-1} &= \boldsymbol{G}_k\boldsymbol{D}_{k|k-1}\boldsymbol{G}_k^{\mathrm{T}} + \Delta\boldsymbol{D}_{LL,k|k-1} + \hat{\boldsymbol{D}}_{\Delta_k}\end{aligned}\right\} \tag{6.3.12}$$

$$\left.\begin{aligned}\boldsymbol{\Psi}_k &= \Delta\boldsymbol{D}_{k|k-1} + \boldsymbol{D}_{W_{k-1}} + \delta\boldsymbol{D}_{k|k-1} \\ \sum\nolimits_k &= \Delta\boldsymbol{D}_{LL,k|k-1} + \boldsymbol{D}_{R_{k-1}} + \delta\boldsymbol{D}_{LL,k|k-1}\end{aligned}\right\} \tag{6.3.13}$$

式中，$\boldsymbol{F}_k = \partial f/\partial \boldsymbol{X}, \boldsymbol{X} = \hat{\boldsymbol{X}}_{k-1|k-1}$；$\boldsymbol{\alpha}_k$、$\boldsymbol{\xi}_k$ 和 $\boldsymbol{\gamma}_k$ 是未知的时变矩阵；$\bar{\boldsymbol{D}}_{k|k-1}$ 和 $\bar{\boldsymbol{D}}_{LL,k|k-1}$ 是真实误差协方差矩阵。

为了增强滤波算法的稳定性，引入附加正定矩阵 $\Delta\boldsymbol{D}_{W_{k-1}}$，即

$$\boldsymbol{D}_{k|k-1} = \frac{1}{m}\sum_{i=1}^{m}\hat{\boldsymbol{X}}_{k|k-1}^{*(i)}(\hat{\boldsymbol{X}}_{k|k-1}^{*(i)})^{\mathrm{T}} - \hat{\boldsymbol{X}}_{k|k-1}\hat{\boldsymbol{X}}_{k|k-1}^{\mathrm{T}} + \hat{\boldsymbol{D}}_{W_{k-1}} + \Delta\boldsymbol{D}_{W_{k-1}} \tag{6.3.14}$$

$$\boldsymbol{\Psi}_k = \Delta\boldsymbol{D}_{k|k-1} + \boldsymbol{D}_{W_{k-1}} + \delta\boldsymbol{D}_{k|k-1} + \Delta\boldsymbol{D}_{W_{k-1}} \tag{6.3.15}$$

同理。对于正定矩阵 $\Delta\boldsymbol{D}_{\Delta_{k-1}}$ 有

$$\boldsymbol{D}_{LL,k|k-1} = \frac{1}{m}\sum_{i=1}^{m}\hat{\boldsymbol{X}}_{k|k-1}^{(i)}(\hat{\boldsymbol{X}}_{k|k-1}^{(i)})^{\mathrm{T}} - \hat{\boldsymbol{L}}_{k|k-1}\hat{\boldsymbol{L}}_{k|k-1}^{\mathrm{T}} + \hat{\boldsymbol{D}}_{\Delta_{k-1}} + \Delta\boldsymbol{D}_{\Delta_{k-1}} \tag{6.3.16}$$

$$\sum\nolimits_k = \Delta\boldsymbol{D}_{LL,k|k-1} + \boldsymbol{D}_{R_{k-1}} + \delta\boldsymbol{D}_{LL,k|k-1} + \Delta\boldsymbol{D}_{\Delta_{k-1}} \tag{6.3.17}$$

在有关文献中，通过分析给出了 $\Delta\boldsymbol{D}_{W_{k-1}}$ 如何影响算法的稳定性和滤波精度，即 $\Delta\boldsymbol{D}_{W_{k-1}}$ 越大，充分条件 $\boldsymbol{\Psi}_k > \psi_{\min}\boldsymbol{I}$ 就越能得到保证，则能进一步增强算法的稳定性，但同时也会降低算法的滤波精度。对 $\Delta\boldsymbol{D}_{\Delta_{k-1}}$ 也是如此，因此 $\Delta\boldsymbol{D}_{W_{k-1}}$ 和 $\Delta\boldsymbol{D}_{\Delta_{k-1}}$ 的选择需要在保证算法稳定性和滤波精度之间平衡。

考虑非线性动态系统，对于标准的 CKF 算法，若在任意时刻 $k \geqslant 0$ 满足以

下两个条件：①存在实数 $a_{\min}$、$a_{\max}$、$b_{\max}$、$c_{\max}$、$g_{\min}$ 及 $g_{\max}\neq 0$，使得下列各矩阵有界，即

$$a_{\min}^2\boldsymbol{I}\leqslant\boldsymbol{A}_k\boldsymbol{A}_k^{\mathrm{T}}\leqslant a_{\max}^2\boldsymbol{I},\boldsymbol{B}_k\boldsymbol{B}_k^{\mathrm{T}}\leqslant b_{\max}^2\boldsymbol{I},{}_k\boldsymbol{C}_k^{\mathrm{T}}\leqslant c_{\max}^2\boldsymbol{I},g_{\min}^2\boldsymbol{I}\leqslant\boldsymbol{G}_k\boldsymbol{G}_k^{\mathrm{T}}\leqslant g_{\max}^2\boldsymbol{I} \tag{6.3.18}$$

$$(\boldsymbol{G}_k-\boldsymbol{B}_k)(\boldsymbol{G}_k-\boldsymbol{B}_k)^{\mathrm{T}}\leqslant(g_{\max}-b_{\max})^2\boldsymbol{I} \tag{6.3.19}$$

② 存在实数 $p_{\min}$、$p_{\max}$、$q_{\max}$、$r_{\max}$、$\psi_{\min}$、$\psi_{\max}$ 及 $\sum_{\min}\neq 0$，使得下列各矩阵有界，即

$$p_{\min}\boldsymbol{I}\leqslant\boldsymbol{D}_k\leqslant p_{\max}\boldsymbol{I},\boldsymbol{D}_{\mathrm{W}_k}\leqslant q_{\max}\boldsymbol{I},\boldsymbol{D}_{\Delta_k}\leqslant r_{\max}\boldsymbol{I},\boldsymbol{\Psi}_k\leqslant\psi_{\max}\boldsymbol{I} \tag{6.3.20}$$

$$\boldsymbol{\Psi}_k>\psi_{\min}\boldsymbol{I},\Delta\boldsymbol{D}_{\Delta_k}>\sum\nolimits_{\min} \tag{6.3.21}$$

则存在常数使得状态估计的误差均方有界，即标准的 CKF 算法稳定收敛。满足上述条件，标准的 CKF 算法在噪声统计特性精确已知的情况下稳定收敛，则噪声统计估值器的应用能保证自适应 CKF 算法的稳定收敛性，同时提高算法的滤波精度。

6.3.4 自适应 CKF 的改进算法

在对自适应 CKF 算法噪声统计的二阶矩估计 $\hat{\boldsymbol{D}}_{\mathrm{W}_k}$ 或 $\hat{\boldsymbol{D}}_{\Delta_k}$ 容易失去半正定性和正定性，使得状态估计的误差协方差矩阵出现非正定而阻止了算法的继续运行，从而引起滤波发散。要克服自适应 CKF 算法的发散现象，就需要在噪声统计估计的递推过程中保证 $\hat{\boldsymbol{D}}_{\mathrm{W}_k}$ 或 $\hat{\boldsymbol{D}}_{\Delta_k}$ 的半正定性或正定性。CKF 算法中噪声协方差矩阵的有偏估计为

$$\hat{\boldsymbol{D}}_{\mathrm{W}_k}=\sum_{j=1}^{k}\boldsymbol{J}_i\boldsymbol{\xi}_i\boldsymbol{\xi}_i^{\mathrm{T}}\boldsymbol{J}_i^{\mathrm{T}} \tag{6.3.22}$$

$$\hat{\boldsymbol{D}}_{\Delta_k}=\sum_{i=1}^{k}\boldsymbol{\xi}_i\boldsymbol{\xi}_i^{\mathrm{T}} \tag{6.3.23}$$

只要给定协方差矩阵的初始估计值 $\hat{\boldsymbol{D}}_{\mathrm{W}_0}$ 及 $\hat{\boldsymbol{D}}_{\Delta_0}$ 为半正定和正定，就能保证在滤波过程中 $\hat{\boldsymbol{D}}_{\mathrm{W}_k}$ 和 $\hat{\boldsymbol{D}}_{\Delta_k}$ 维持半正定和正定性。相应的递推形式可以表示为

$$\hat{\boldsymbol{D}}_{\mathrm{W}_k}=\frac{1}{k}[(k-1)\hat{\boldsymbol{D}}_{\mathrm{W}_{k-1}}+\boldsymbol{J}_k\boldsymbol{\xi}_k\boldsymbol{\xi}_k^{\mathrm{T}}\boldsymbol{J}_k^{\mathrm{T}}] \tag{6.3.24}$$

$$\hat{\boldsymbol{D}}_{\Delta_k}=\frac{1}{k}[(k-1)\hat{\boldsymbol{D}}_{\Delta_k-1}+\boldsymbol{\xi}_k\boldsymbol{\xi}_k^{\mathrm{T}}] \tag{6.3.25}$$

采用噪声协方差矩阵的有偏估计可以完全克服滤波发散现象，但同时也可能造成较大的估计误差，于是需要在该方法的基础上通过如下公式稍加改正，即

$$\hat{\boldsymbol{D}}_{\mathrm{W}_k}=\begin{cases}\text{无偏估计 }\hat{\boldsymbol{D}}_{\mathrm{W}_k}, & \hat{\boldsymbol{D}}_{\mathrm{W}_k}\text{ 半正定}\\ \dfrac{1}{k}[(k-1)\hat{\boldsymbol{D}}_{\mathrm{W}_{k-1}}+\boldsymbol{J}_k\boldsymbol{\xi}_k\boldsymbol{\xi}_k^{\mathrm{T}}\boldsymbol{J}_k^{\mathrm{T}}], & \hat{\boldsymbol{D}}_{\mathrm{W}_k}\text{ 非半正定}\end{cases} \tag{6.3.26}$$

$$\hat{\boldsymbol{D}}_{\Delta_k}=\begin{cases}无偏估计\ \hat{\boldsymbol{D}}_{\Delta_k}, & \hat{\boldsymbol{D}}_{\Delta_k}\ 半正定\\ \dfrac{1}{k}[(k-1)\hat{\boldsymbol{D}}_{\Delta_k-1}+\boldsymbol{\xi}_k\boldsymbol{\xi}_k^{\mathrm{T}}], & \hat{\boldsymbol{D}}_{\Delta_k}\ 非半正定\end{cases}\tag{6.3.27}$$

对于时变噪声的改进方法为

$$\hat{\boldsymbol{D}}_{W_k}=\begin{cases}无偏估计\ \hat{\boldsymbol{D}}_{W_k}, & \hat{\boldsymbol{D}}_{W_k}\ 半正定\\ [(1-d_k)\hat{\boldsymbol{D}}_{W_{k-1}}+\boldsymbol{J}_k\boldsymbol{\xi}_k\boldsymbol{\xi}_k^{\mathrm{T}}\boldsymbol{J}_k^{\mathrm{T}}], & \hat{\boldsymbol{D}}_{W_k}\ 非半正定\end{cases}\tag{6.3.28}$$

$$\hat{\boldsymbol{D}}_{\Delta_k}=\begin{cases}无偏估计\ \hat{\boldsymbol{D}}_{\Delta_k}, & \hat{\boldsymbol{D}}_{\Delta_k}\ 半正定\\ [(1-d_k)\hat{\boldsymbol{D}}_{\Delta_{k-1}}+\boldsymbol{\xi}_k\boldsymbol{\xi}_k^{\mathrm{T}}], & \hat{\boldsymbol{D}}_{\Delta_k}\ 非半正定\end{cases}\tag{6.3.29}$$

在对噪声统计特性进行估计的同时，对协方差 $\hat{\boldsymbol{D}}_{W_k}$ 或 $\hat{\boldsymbol{D}}_{\Delta_k}$ 进行实时判断，若 $\hat{\boldsymbol{D}}_{W_k}$ 为半正定或 $\hat{\boldsymbol{D}}_{\Delta_k}$ 为正定，仍然采用无偏估计器进行估计。当 $\hat{\boldsymbol{D}}_{W_k}$ 出现非半正定或 $\hat{\boldsymbol{D}}_{\Delta_k}$ 出现非正定时，则采用有偏估值器对其进行修正，使其保持半正定性和正定性。

§6.4　平方根容积卡尔曼滤波

6.4.1　平方根容积卡尔曼滤波原理

平方根容积卡尔曼滤波(SRCKF)只计算并传递协方差矩阵的平方根因子，提高数值稳定性的同时减小了计算量。CKF 属于高斯滤波，其关键在于高斯加权积分的计算，当系统状态为 n 维时，三阶 CKF 取 $2n$ 个容积点用于计算积分近似值。设有离散非线性系统，即

$$\left.\begin{aligned}\boldsymbol{x}_k&=f(\boldsymbol{x}_{k-1})+\boldsymbol{w}_{k-1}\\ \boldsymbol{z}_k&=h(\boldsymbol{x}_k)+\boldsymbol{v}_k\end{aligned}\right\}\tag{6.4.1}$$

式中，$\boldsymbol{x}_k$ 与 $\boldsymbol{z}_k$ 分别为状态向量和量测向量；f 与 h 分别为非线性状态函数与量测函数；$\boldsymbol{w}_{k-1}$ 为系统噪声；$\boldsymbol{v}_k$ 为量测噪声，二者为互不相关的加性高斯白噪声，其协方差矩阵分别为 $\boldsymbol{Q}_{k-1}$ 与 $\boldsymbol{R}_k$。设 $\boldsymbol{e}_i$ 为$[I_{n\times n},-I_{n\times n}]$第 i 列，$\boldsymbol{I}$ 为单位矩阵。定义容积点 ξ_i 及其权值 ω_i 为

$$\left.\begin{aligned}\xi_i&=\sqrt{n}e_i\\ \omega_i&=1/(2n)\end{aligned}\right\}\tag{6.4.2}$$

已知 $k-1$ 时刻的状态估值及其协方差矩阵为 $\hat{x}_{k-1}$、$\boldsymbol{S}_{k-1}$，则平方根容积卡尔曼滤波表示如下：

(1) 时间更新。

求解、更新容积点为

$$\left.\begin{aligned}\boldsymbol{x}_{i,k-1}&=\hat{\boldsymbol{x}}_{k-1}+\boldsymbol{S}_{k-1}\xi_i\\ \boldsymbol{x}_{i,k/k-1}^{*}&=f(\boldsymbol{x}_{i,k-1})\end{aligned}\right\}\tag{6.4.3}$$

状态预测值及其协方差矩阵平方根因子为

$$\left.\begin{aligned}\hat{\boldsymbol{x}}_{k,k-1} &= \omega_i \sum_{i=1}^{2n} \boldsymbol{x}_{i,k/k-1}^{*} \\ \boldsymbol{S}_{k/k-1} &= \operatorname{tria}([\hat{\boldsymbol{X}}_{k/k-1}^{*} \cdot \boldsymbol{S}_{Q,k-1}])\end{aligned}\right\} \tag{6.4.4}$$

tria 表示一种三角化运算，其中有

$\boldsymbol{Q}_{k-1}=\boldsymbol{S}_{\Omega,k-1}\boldsymbol{S}_{\Omega,k-1}^{\mathrm{T}}$

$\boldsymbol{X}_{k,k-1}^{*}=[x_{1,k/k-1}^{*}-\hat{x}_{k,k-1} \quad x_{2,k/k-1}^{*}-\hat{x}_{k,k-1} \quad \cdots \quad x_{2n,k/k-1}^{*}-\hat{x}_{k,k-1}]/\sqrt{2n}$

(2)测量更新。

求并更新容积点为

$$\left.\begin{aligned}\boldsymbol{x}_{i,k/k-1}&=\hat{\boldsymbol{x}}_{k/k-1}+\boldsymbol{S}_{k/k-1}\boldsymbol{\xi}_i \\ \boldsymbol{z}_{i,k/k-1}&=h(\boldsymbol{x}_{i,k/k-1})\end{aligned}\right\} \tag{6.4.5}$$

求预测观测值、新息协方差矩阵的平方根因子与互协方差矩阵为

$$\left.\begin{aligned}\hat{\boldsymbol{z}}_{k/k-1} &= \omega_i \sum_{i=1}^{2n} \boldsymbol{z}_{i,k/k-1} \\ \boldsymbol{S}_{zz,k/k-1} &= \operatorname{tria}([\boldsymbol{\eta}_{k/k-1}\boldsymbol{S}_{R,k}]) \\ \boldsymbol{P}_{xz,k/k-1} &= \boldsymbol{\chi}_{k/k-1}\boldsymbol{\eta}_{k/k-1}^{\mathrm{T}}\end{aligned}\right\} \tag{6.4.6}$$

其中

$$\boldsymbol{R}_k=\boldsymbol{S}_{R,k}\boldsymbol{S}_{R,k}^{\mathrm{T}}$$

$\boldsymbol{\chi}_{k,k-1}=[x_{1,k,k-1}-\hat{x}_{k,k-1} \quad x_{2,k,k-1}-\hat{x}_{k,k-1} \quad \cdots \quad x_{2n,k,k-1}-\hat{x}_{k,k-1}]/\sqrt{2n}$

$\boldsymbol{\eta}_{k,k-1}=[z_{1,k,k-1}-\hat{z}_{k,k-1} \quad z_{2,k,k-1}-\hat{z}_{k,k-1} \quad \cdots \quad z_{2n,k,k-1}-\hat{z}_{k,k-1}]/\sqrt{2n}$

计算增益矩阵，更新状态及其协方差矩阵平方根因子为

$$\left.\begin{aligned}\boldsymbol{K}_k &=(\boldsymbol{P}_{xz,k/k-1}/\boldsymbol{S}_{zz,k/k-1}^{\mathrm{T}})/\boldsymbol{S}_{zz,k/k-1} \\ \hat{\boldsymbol{x}}_k &=\hat{\boldsymbol{x}}_{k/k-1}+\boldsymbol{K}_k(\boldsymbol{z}_k-\hat{\boldsymbol{z}}_{k/k-1}) \\ \boldsymbol{S}_k &=\operatorname{tria}[\boldsymbol{\chi}_{k/k-1}-\boldsymbol{K}_k\boldsymbol{\eta}_{k,k-1} \cdot \boldsymbol{K}_k\boldsymbol{S}_{R,k}]\end{aligned}\right\} \tag{6.4.7}$$

6.4.2　后向平滑平方根容积卡尔曼滤波

后向平滑滤波可有效提升滤波精度。后向平滑平方根容积卡尔曼滤波(backward smoothing-SRCKF,BS-SRCKF)，其流程可表示为：

(1)用式(6.4.3)～式(6.4.7)进行前向滤波，得 k 时刻滤波值。

(2)按式(6.4.8)获取 $k-1$ 时刻状态平滑值为

$$\left.\begin{aligned}\hat{x}_{k-1}^{*}&=\hat{x}_{k-1}+W_k(\hat{x}_k-\hat{x}_{k/k-1}) \\ \boldsymbol{S}_{k-1}^{*}&=\operatorname{tria}([\boldsymbol{\chi}_{k-1}-\boldsymbol{W}_k\boldsymbol{\chi}_{k,k-1}^{*} \cdot \boldsymbol{W}_k\boldsymbol{S}_{Q,k-1} \cdot \boldsymbol{W}_k\boldsymbol{S}_k])\end{aligned}\right\} \tag{6.4.8}$$

式中，$\boldsymbol{W}_k$ 为后向平滑增益，$\boldsymbol{W}_k=\boldsymbol{\chi}_{k-1}\boldsymbol{\chi}_{k,k-1}^{*\mathrm{T}}/\boldsymbol{S}_{k/k-1}^{\mathrm{T}}/\boldsymbol{S}_{k/k-1}$。

(3)将后向平滑值作为 k 时刻初值再次按式(6.4.3)～式(6.4.7)前向滤波。

6.4.3 抗差平方根容积卡尔曼滤波

当预测信息准确时，粗差将直接反映在预测残差中。通过预测残差及其协方差矩阵可构建抗差因子，若存在粗差，放大该观测值的噪声协方差以降低该观测值在状态估值计算中的权重，即可抵抗粗差影响。抗差平方根容积卡尔曼滤波（robust-SRCKF，R-SRCKF）的计算过程如下。

k 时刻预测残差及其协方差矩阵为

$$\left.\begin{aligned}\bar{\boldsymbol{V}}_k &= \hat{\boldsymbol{z}}_{k/k-1} - \boldsymbol{z}_k \\ \boldsymbol{P}_{\bar{V}_k} &= \boldsymbol{P}_{zz,k/k-1} = \boldsymbol{S}_z \boldsymbol{S}_z^{\mathrm{T}}\end{aligned}\right\} \tag{6.4.9}$$

由于 $\boldsymbol{S}_z$ 为预测残差协方差矩阵平方根因子，故可直接取标准化残差 $\Delta\bar{V}_{k,i}$ 为

$$\Delta\bar{V}_{k,i} = \frac{\bar{V}_{k,i}}{(S_z)_{i,i}} \tag{6.4.10}$$

参考 Huber 法可求得抗差因子为

$$\lambda_{k,ii} = \begin{cases} 1, & |\Delta\bar{V}_{k,i}| < c \\ \dfrac{c}{|\Delta\bar{V}_{k,i}|}, & |\Delta\bar{V}_{k,i}| \geqslant c \end{cases} \tag{6.4.11}$$

式中，c 为阈值，可取为 $c=1.0\sim1.5$，当标准化残差大于 c 时，认为该观测值含有粗差。c 的取值越小，对粗差的判断越为严格。求得抗差因子后，按下式膨胀量测噪声协方差为

$$\bar{\boldsymbol{R}}_{ii} = \boldsymbol{R}_{ii} / \lambda_{k,ii} \tag{6.4.12}$$

在非对角线上，按双因子等价协方差模型取为

$$\left.\begin{aligned}\lambda_{k,ij} &= \lambda_{k,ii}\lambda_{k,jj} \\ \bar{\boldsymbol{R}}_{ij} &= \boldsymbol{R}_{ij} / \lambda_{k,ij}\end{aligned}\right\} \tag{6.4.13}$$

以新的量测噪声协方差矩阵按式(6.4.6)求得抗差滤波值及其协方差矩阵，并对量测更新过程进行迭代直至收敛。

6.4.4 后向平滑与抗差估计融合的平方根容积卡尔曼滤波

后向平滑滤波采用 k 时刻滤波结果对 $k-1$ 时刻滤波结果进行平滑。观察式(6.4.8)可知，若 k 时刻存在量测粗差，则 k 时刻滤波值将不准确，进而后向平滑值，即第二次前向滤波的初值也将受到粗差影响。可见，后向平滑的平方根容积卡尔曼滤波相比平方根容积卡尔曼滤波受粗差影响更大，这通过对本章算例（加粗差后）分别使用平方根容积卡尔曼滤波和后向平滑的平方根容积卡尔曼滤波进行滤波处理的结果可以验证。

同时，单纯使用抗差滤波需要进行迭代求解，这将增加计算负担。在平方根容积滤波下将后向平滑算法与抗差滤波融合，即后向平滑与抗差估计融合的平方根

容积卡尔曼滤波(backward smoothing-robust-SRCKF,BS-R-SRCKF)。在判定观测值含有粗差时迭代求解抗差滤波值,在判定不含粗差时,使用后向平滑算法提高滤波精度。

例 6.1　取一航摄飞机的一段 GPS 观测数据进行滤波解算,采用双频消电离层组合伪距,对流层延迟误差采用 Saastamoinen 模型和 Niell 映射函数模型改正。滤波状态参数按 CV 模型取为

$$\hat{\boldsymbol{x}}=[X \quad Y \quad Z \quad c\delta t \quad \dot{\boldsymbol{X}} \quad \dot{\boldsymbol{Y}} \quad \dot{\boldsymbol{Z}} \quad c\dot{\delta t}]^{\mathrm{T}}$$

现从第 100 历元开始每 50 历元在其中一颗卫星的组合伪距值上加 50 m 粗差,用后向平滑容积卡尔曼滤波和抗差后向平滑容积卡尔曼滤波处理误差。

图 6.1 表示在有粗差的条件下后向平滑容积卡尔曼滤波,图 6.2 为后向平滑与抗差估计容积滤波数据处理框图,图 6.3 为后向平滑容积卡尔曼滤波结果,图 6.4为后向平滑抗差容积卡尔曼滤波结果。

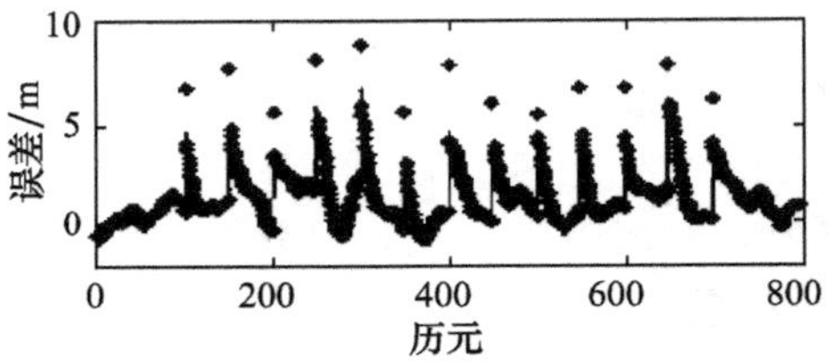

图 6.1　粗差下后向平滑容积卡尔曼滤波

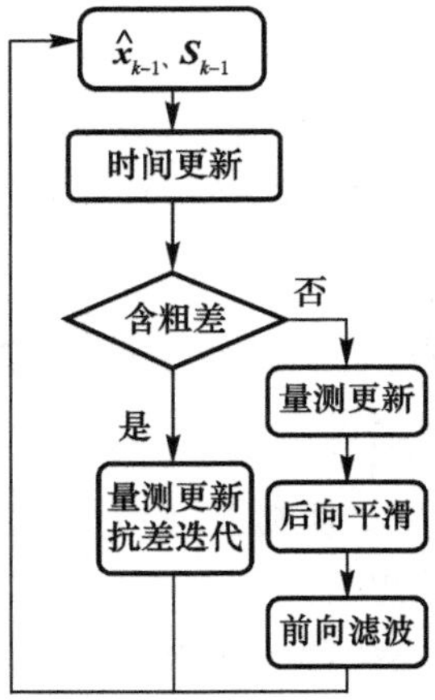

图 6.2　后向平滑抗差容积卡尔曼滤波

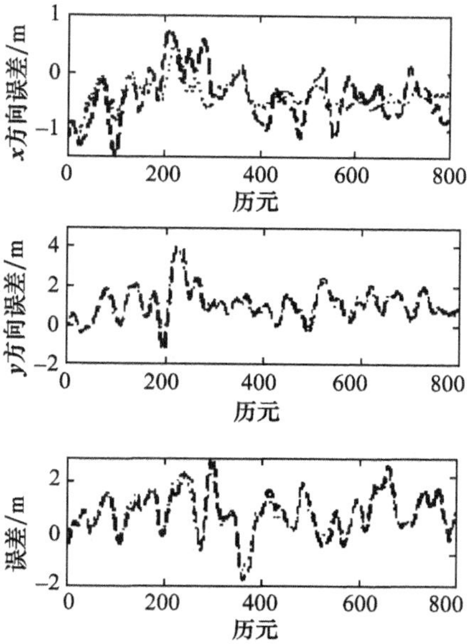

图 6.3　后向平滑滤波结果

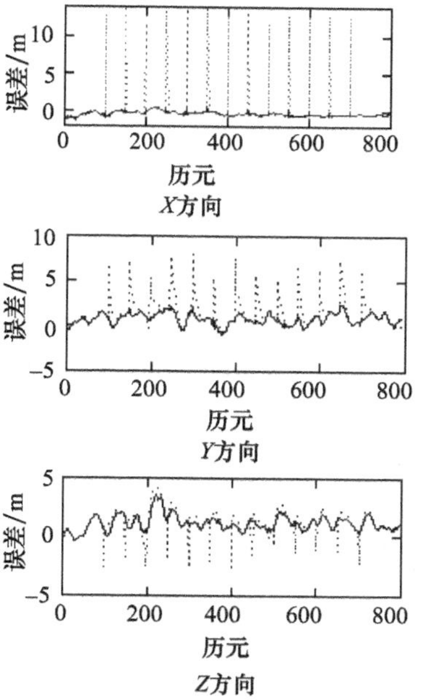

图 6.4　后向平滑与抗差后向平滑滤波结果

表 6.1　各方案滤波误差的均方差

含粗差	方法	均方误差/m		
		X	Y	Z
否	SRCKF	0.604	1.379	1.146
	BS-SRCKF	0.467	1.330	1.049
是	BS-SRCKF	1.718	1.565	1.944
	BS-R-SRCKF	0.458	1.296	1.031

滤波结果表明，后向平滑算法可以有效提高滤波精度，但当量测值含有粗差时，粗差对滤波的影响明显，而融合抗差估计的后向平滑可有效抵抗粗差，提高滤波精度。

将后向平滑平方根容积卡尔曼滤波用于动态单点定位数据处理，针对粗差对后向平滑滤波的影响，给出了平方根容积卡尔曼滤波下的抗差因子取值，将后向平滑与抗差估计融合，当观测值含有粗差时进行抗差迭代，当不含粗差时，使用后向平滑滤波，提高了滤波精度的同时避免抗差估计每个历元都迭代带来的计算量增大问题。实测 GPS 动态数据的计算结果表明，后向平滑可有效提高滤波精度，与抗差估计的融合也切实可行，可有效抵制量测粗差。

第 7 章　粒子滤波

§7.1　概　述

粒子滤波(particle filter,PF)也是一种基于递归贝叶斯估计,采样点是依据蒙特卡洛(Monte Carlo)随机获得的非线性滤波算法。PF 寻找一系列在状态空间传播的随机采样点(粒子)来逼近系统状态的后验概率密度函数,以粒子均值替代积分运算,从而获得状态最小方差。随着粒子数目的增加,粒子的概率密度函数就逐渐逼近于真实状态的概率密度函数。粒子滤波算法不需要对非线性系统状态模型进行高斯假设,适用于解决任何非线性非高斯系统的滤波问题。粒子滤波的基本思想是:首先依据系统状态向量的经验条件分布,在状态空间产生一组随机样本(粒子)集合;然后根据观测量不断地调整粒子的权重和位置,通过调整后的粒子信息、修正最初的经验条件分布。当粒子数目足够多时,修正后的经验条件分布将收敛于系统状态向量真实的条件分布。此时,状态向量的估计值可以通过粒子的均值得到。粒子滤波算法采用递推方式,很方便用计算机实现。

粒子滤波也有许多缺点,并且制约了它的发展。缺点主要有两个方面:①粒子退化问题,粒子滤波随着迭代次数的增加,多数粒子的协方差越来越小,权值越来越大,使粒子丧失多样性,这就造成了粒子退化问题。②计算量制约问题,随着粒子数的增多,滤波算法的计算量也成级数增加,使得滤波器很难实现在线估计。解决粒子退化的问题,目前最有效的途径是采用重采样方法及选择重要性函数。重采样方法是预先设置阈值,复制权重相对较大的粒子,消除权重较小的粒子,其缺点是粒子多样性遭到破坏,引起样本贫化的现象。为了解决这个问题,引入遗传算法、马尔可夫链蒙特卡洛方法来增加粒子的多样性,改善粒子匮乏问题。解决 PF 算法因计算量大而造成的实时性较差的问题,自适应粒子滤波在一定程度上减少滤波算法的计算量。

贝叶斯估计是利用客观信息和主观信息相结合的估计方法,能够很好地处理观测样本出现异常时的情况。对于待估计参数,贝叶斯估计在抽取样本前先给出该参数的先验分布,并结合样本信息可以得到参数的后验分布信息。

在方差最小意义下,状态向量 $\boldsymbol{X}_k$ 的最佳估计可以由条件均值给出,即

$$\hat{\boldsymbol{X}}_k = E(\boldsymbol{X}_k \mid \boldsymbol{L}_k) = \int \boldsymbol{X}_k p(\boldsymbol{X}_k \mid \boldsymbol{L}_k)\mathrm{d}\boldsymbol{X}_k \tag{7.1.1}$$

式中，$p(\boldsymbol{X}_k|\boldsymbol{L}_k)$为状态向量 $\boldsymbol{X}_k$ 的条件概率密度。确定了 $p(\boldsymbol{X}_k|\boldsymbol{L}_k)$，就可以得到状态向量 $\boldsymbol{X}_k$ 的最佳估计 $\hat{\boldsymbol{X}}_k$。贝叶斯原理给出了求取 $p(\boldsymbol{X}_k|\boldsymbol{L}_k)$的方法。但是求取 $p(\boldsymbol{X}_k|\boldsymbol{L}_k)$的计算过于复杂，需要求解高阶微积分。特别是当 $\boldsymbol{X}_k$ 的维数较大时，求解非常困难，甚至无法求解。粒子滤波方法借助于状态空间的随机样本，对 $\boldsymbol{X}_k$ 进行估算。当样本数据足够大时，估计值收敛于真值。

§7.2　粒子滤波算法

7.2.1　粒子滤波原理

粒子滤波的核心算法是序贯重要性采样算法，常用状态方程和观测方程表示动态系统，即

$$\boldsymbol{X}_k=\varphi_k(\boldsymbol{X}_{k-1})+\boldsymbol{\Omega}_k \tag{7.2.1}$$

$$\boldsymbol{L}_k=f_k(\boldsymbol{X}_k)+\boldsymbol{\Delta}_k \tag{7.2.2}$$

式中，$\boldsymbol{X}_k$ 是 k 时刻状态向量；$\boldsymbol{L}_k$ 是 k 时刻观测向量；φ_k 和 f_k 分别为状态转移函数和观测函数；$\boldsymbol{\Omega}_k$ 和 $\boldsymbol{\Delta}_k$ 分别为状态噪声向量和观测噪声向量。

在粒子滤波中，概率分布被近似为粒子及其权重定义的离散随机观测值，考虑概率分布 $p(x)$，它可以表示为

$$\boldsymbol{X}=\{\boldsymbol{X}^{(m)},\boldsymbol{P}^{(m)}\}_{m=1}^{M} \tag{7.2.3}$$

式中，$\boldsymbol{X}^{(m)}$ 表示第 m 个粒子；$\boldsymbol{\Omega}^{(m)}$ 表示第 m 个粒子的归一化权值，即 $\sum\limits_{k=1}^{N}p_k=1$，$M$ 为粒子数。于是 k 时刻的后验概率密度可以离散的加权近似为

$$p(\boldsymbol{X}_k \mid \boldsymbol{L}_k)=\sum_{i=1}^{M}\boldsymbol{P}_k^{(i)}\delta(\boldsymbol{X}_k-\boldsymbol{X}_k^{(i)}) \tag{7.2.4}$$

其中，权值可以通过重要性采样法进行选择。

如果 k 时刻后验概率密度函数独立地随机抽样获得一组独立样本$\{\boldsymbol{X}_k^{(i)},i=1,\cdots,N\}$，其相应归一化权值为 $P_k=\dfrac{1}{M}$，于是 k 时刻的后验概率密度可以近似加权表示为

$$p(\boldsymbol{X}_k \mid \boldsymbol{L}_k)=\frac{1}{M}\sum_{i=1}^{M}\delta(\boldsymbol{X}_k-\boldsymbol{X}_k^{(i)}) \tag{7.2.5}$$

由统计理论可知，最小方差意义下的最优估计可由条件均值给出，其估值表示为

$$E(\boldsymbol{X}_k \mid \boldsymbol{Y}_k)=\int \boldsymbol{X}_k p(\boldsymbol{X}_k \mid \boldsymbol{Y}_k)\mathrm{d}\boldsymbol{X}_k \tag{7.2.6}$$

可近似表示为

$$E(\boldsymbol{X}_k \mid \boldsymbol{Y}_k)=\frac{1}{N}\sum_{i=1}^{N}\boldsymbol{X}_k^{(i)} \tag{7.2.7}$$

由于很难得到后验概率封闭的解析式，因此对真实后验概率密度函数采样是不可实现的，如何得到后验概率分布的样本是基于随机模拟滤波方法的关键，即重要密度函数的选择是其关键。国内外的粒子滤波基本上都基于序贯重要抽样理论，序贯重要抽样算法也是一种蒙特卡罗方法，它是递推的重要抽样算法，是粒子滤波的基础。各种不同的粒子滤波算法都只不过是序贯重要抽样的不同变换形式而已。

实际应用中常采用对易抽样的重要密度函数 $q(\boldsymbol{X}_k|\boldsymbol{Y}_k)$采样的方法实现，由贝叶斯公式对式(7.2.7)变形则得

$$\begin{aligned} E(\boldsymbol{X}_k \mid \boldsymbol{Y}_k) &= \int \boldsymbol{X}_k \frac{p(\boldsymbol{X}_k \mid \boldsymbol{Y}_k)}{q(\boldsymbol{X}_k \mid \boldsymbol{Y}_k)} q(\boldsymbol{X}_k \mid \boldsymbol{Y}_k)\mathrm{d}\boldsymbol{X} \\ &= \frac{E_{q(\boldsymbol{X}_k|\boldsymbol{Y}_k)}[w_k(\boldsymbol{X}_k)\boldsymbol{X}_k]}{E_{q(\boldsymbol{X}_k|\boldsymbol{Y}_k)}[w_k(\boldsymbol{X}_k)]} \end{aligned} \tag{7.2.8}$$

其中

$$P_k(\boldsymbol{X}_k)=\frac{p(\boldsymbol{Y}_k|\boldsymbol{X}_k)p(\boldsymbol{X}_k)}{q(\boldsymbol{X}_k|\boldsymbol{Y}_k)} \tag{7.2.9}$$

根据式(7.2.7)，可以从重点密度函数 $q(\boldsymbol{X}_k|\boldsymbol{Y}_k)$采样，式(7.2.8)变化为

$$E(\boldsymbol{X}_k) \approx \frac{\dfrac{1}{N}\sum_{i=1}^{N} P_k(\boldsymbol{X}_k^{(i)})\boldsymbol{X}_k^{(i)}}{\dfrac{1}{N}\sum_{i=1}^{N} w_k(\boldsymbol{X}_k^{(i)})} = \widetilde{w}_k(\boldsymbol{X}_k^{(i)})\boldsymbol{X}_k^{(i)} \tag{7.2.10}$$

式中，权值为

$$\widetilde{P}_k(\boldsymbol{X}_k^{(i)}) = \frac{P_k(\boldsymbol{X}_k^{(i)})}{\sum_{i=1}^{N} P_k(\boldsymbol{X}_k^{(i)})} \tag{7.2.11}$$

若考虑系统为一阶高斯-马尔可夫过程，则归一化权值由如下递推公式获得，即

$$\widetilde{P}_k(\boldsymbol{X}_k^{(i)})=\widetilde{P}_{k-1}(\boldsymbol{X}_{k-1}^{(i)})\frac{p(\boldsymbol{Y}_k|\boldsymbol{X}_k^{(i)})p(\boldsymbol{X}_k^{(i)}|\boldsymbol{X}_{k-1}^{(i)})}{q(\boldsymbol{X}_k^{(i)}|\boldsymbol{X}_{k-1}^{(i)},\boldsymbol{Y}_k)} \tag{7.2.12}$$

因而粒子滤波算法是由重要密度函数获得采样样本点，并随着测量值的依次到来，迭代求得相应的重点权值，最终以样本加权和表征后验概率密度，得到状态的估计值。重要密度函数的选择是粒子滤波实现的关键，通常最简单、最常用的选择是将 $p(\boldsymbol{X}_k^{(i)}|\boldsymbol{X}_{k-1}^{(i)})$作为重要密度函数，此时权函数式可化简为

$$\widetilde{P}_k(\boldsymbol{X}_k^{(i)})=\widetilde{P}_{k-1}(\boldsymbol{X}_{k-1}^{(i)})p(\boldsymbol{Y}_k|\boldsymbol{X}_k^{(i)}) \tag{7.2.13}$$

除此之外在测量更新中计算粒子权值时可以采用简化算法，令 $P_k^{(j)}=P(\boldsymbol{Y}_k|\boldsymbol{X}_k^{(i)})$。

7.2.2 高斯粒子滤波算法

高斯粒子滤波算法的实现如下。

时间更新算法(一):①对正态分布 $N(\boldsymbol{X}_{k-1};\hat{\boldsymbol{\mu}}_{k-1},\boldsymbol{D}_{\hat{\mu}_k-1})$进行采样获得 N 个独立同分布的粒子,定义为$\{\boldsymbol{X}_{k-1}^{(i)}\}_{i=1}^{N}$;②对获得的 N 个粒子用状态方程进行预测,得到表征预测分布的 N 个预测粒子$\{\bar{\boldsymbol{X}}_k^{(i)}\}_{i=1}^{N}$;③根据 N 个预测粒子计算状态得预测值$\bar{\boldsymbol{\mu}}_k$ 及其协方差$\boldsymbol{D}_{\bar{\mu}_k}$为

$$\bar{\boldsymbol{\mu}}_k = \frac{1}{N}\sum_{i=1}^{N}\bar{\boldsymbol{X}}_k^{(i)} \tag{7.2.14}$$

$$\boldsymbol{D}_{\bar{\mu}_k} = \frac{1}{M}\sum_{i=1}^{N}(\bar{\boldsymbol{\mu}}_k - \bar{\boldsymbol{X}}_k^{(i)})(\bar{\boldsymbol{\mu}}_k - \bar{\boldsymbol{X}}_k^{(i)})^{\mathrm{T}} \tag{7.2.15}$$

时间更新算法(二):①保留更新阶段表征后验概率密度 $p(\boldsymbol{X}_k|\boldsymbol{Y}_k)$的带权样本,记为$\{\boldsymbol{X}_k^{(i)},\boldsymbol{P}_k^{(i)}\}_{i=1}^{N}$;②对保留的 N 个粒子用状态方程进行预测,得到表征预测分布的 N 个预测粒子$\{\bar{\boldsymbol{X}}_k^{(i)}\}_{i=1}^{N}$;③根据 N 个预测粒子计算状态得预测值$\bar{\boldsymbol{\mu}}_k$ 及其协方差$\boldsymbol{D}_{\bar{\mu}_k}$为

$$\bar{\boldsymbol{\mu}}_k = \frac{1}{N}\sum_{i=1}^{N}\boldsymbol{P}_k^{(i)}\bar{\boldsymbol{X}}_k^{(i)} \tag{7.2.16}$$

$$\boldsymbol{D}_{\bar{\mu}_k} = \frac{1}{M}\sum_{i=1}^{N}(\bar{\boldsymbol{\mu}}_k - \bar{\boldsymbol{X}}_k^{(i)})(\bar{\boldsymbol{\mu}}_k - \bar{\boldsymbol{X}}_k^{(i)})^{\mathrm{T}} \tag{7.2.17}$$

测量更新阶段算法:

(1)对重要密度函数采样获得样本,记为$\{\boldsymbol{X}_k^{(i)}\}_{i=1}^{N}$。

(2)计算每个样本的权值,即

$$\boldsymbol{P}_k^{(i)} = \frac{P(\boldsymbol{Y}_k|\boldsymbol{X}_k^{(i)})N(\boldsymbol{X}_k=\boldsymbol{X}_k^{(i)};\bar{\boldsymbol{\mu}}_k,\boldsymbol{D}_{\bar{\mu}_k})}{q(\boldsymbol{X}_k^{(i)}|\boldsymbol{Y}_k)} \tag{7.2.18}$$

(3)归一化权值为

$$\tilde{P}_k^{(i)} = P_k^{(i)}/\sum_{i=1}^{N}P_k^{(i)} \tag{7.2.19}$$

(4)均值和协方差估值为

$$\hat{\boldsymbol{\mu}}_k = \sum_{i=1}^{N}\tilde{\boldsymbol{P}}_k^{(i)}\boldsymbol{X}_k^{(i)} \tag{7.2.20}$$

$$\boldsymbol{D}_{\hat{\mu}_k} = \sum_{i=1}^{N}\tilde{\boldsymbol{P}}_k^{(i)}(\hat{\boldsymbol{\mu}}_k - \boldsymbol{X}_k^{(i)})(\hat{\boldsymbol{\mu}}_k - \boldsymbol{X}_k^{(i)})^{\mathrm{T}} \tag{7.2.21}$$

卡尔曼滤波是贝叶斯估计在线性条件下的实现形式,而粒子滤波是贝叶斯估计在非线性条件下的实现形式。贝叶斯估计的主要问题是先验或后验概率密度不易获取,而粒子滤波采用样本形式而不是以函数形式对先验信息和后验信息进行描述。如何得到后验概率分布的样本是粒子滤波的关键。粒子滤波算法可以解决传统 EKF 的非线性误差积累问题,因而精度逼近最优,数值稳定性也良好,只是计算量较大。

参考文献

崔先强，杨元喜，高为广，2006. 多种有色噪声自适应滤波算法的比较[J]. 武汉大学学报(信息科学版)，31(8)：731-735.

曹铁之，2012. 非高斯/非线性滤波算法研究及其在 GPS 动态定位中的应用[D]. 郑州：解放军信息工程大学.

柴艳菊，欧吉坤，2005. GPS/DR 组合导航中一种新的数据融合算法[J]. 武汉大学学报(信息科学版)，30(12)：1048-1051.

程义军，孙海燕，程海斌，2004. 抗差卡尔曼滤波及其在动态水准网平差中的应用[J]. 测绘工程，13(4)：55-57.

程水英，毛云祥，2009. 迭代无迹卡尔曼滤波器[J]. 数据采集与处理，24(s1)：43-48.

范胜林，段智勇，袁信，等，2000. 非线性滤波及其在 GPS 航姿系统中的应用[J]. 数据采集与处理，15 (3)：277-280.

郭杭，1999. 迭代扩展卡尔曼滤波用于实时 GPS 数据处理[J]. 武汉测绘科技大学学报，24(2)：112-114.

高为广，何海波，2008. 自适应 UKF 算法及其在 GPS/INS 组合导航中的应用[J]. 北京理工大学学报，28(6)：505-509.

卡瓦尔霍 H，梦乡，1998. 在 GPS/INS 综合中的最佳非线性滤波[J]. 情报指挥控制系统与仿真技术(4)：44-63.

郝燕玲，杨峻巍，陈亮，等，2012. 平方根容积卡尔曼滤波器[J]. 弹箭与制导学报(2)：169-172.

刘也，余安喜，朱炬波，等，2010. 加性噪声条件下的 UKF 算法[J]. 中国科学：技术科学，40(11)：1286-1299.

李学鹏，张幼群，2008. 包括 UKF 的改进算法及其在伪卫星定位中的应用[J]. 测绘科学技术学报，25(2)：108-111.

罗涌，钟洪声，2008. 一种改进的 UKF 算法在目标跟踪系统建模中的应用[J]. 遥测遥控，29(1)：55-58.

刘铮，2009. UKF 算法及其改进算法的研究[D]. 长沙：中南大学.

刘万利，张秋昭，2014. 基于 Cubature 卡尔曼滤波的强跟踪滤波算法[J]. 系统仿真学报(5)：1102-1107.

邱恺，黄国荣，陈天如，等，2005. 卡尔曼滤波过程的稳定性研究[J]. 系统工程与电子技术，27(1)：33-35.

祁芳，2003. 卡尔曼滤波算法在 GPS 非差相位精密单点定位中的应用研究[D]. 武汉：武汉大学.

盛梅，邹云，2003. 相关噪声系统的卡尔曼滤波[J]. 宇航计测技术，23(4)：38-42.

申文斌，裴海龙，2011. 改进的 Unscented Kalman 滤波算法[J]. 计算机工程与科学，33(4)：192-197.

孙红星，李德仁，2004. 非线性系统中卡尔曼滤波的一种新线性化方法[J]. 武汉大学学报(信息科学版)，29(4)：346-348.

唐李军,2012. Cubature 卡尔曼滤波及其在导航中的应用研究[D]. 哈尔滨:哈尔滨工程大学.

汤霞清,黄湘远,武萌,等,2015. 平方根形式的 CKF/后向平滑非线性滤波研究[J]. 装甲兵工程学院学报(2):65-69.

陶本藻,2007. 测量数据处理的统计理论和方法[M]. 北京:测绘出版社.

汪秋婷,胡修林,2010. 基于 UKF 的新型北斗/SINS 组合系统直接法卡尔曼滤波[J]. 系统工程与电子技术,32(2):376-379.

徐天河,杨元喜,2000. 改进的 Sage 自适应滤波方法[J]. 测绘科学,25(3):22-25.

徐树生,林孝工,李新飞,2014. 强跟踪自适应平方根容积卡尔曼滤波算法[J]. 电子学报(12):2394-2400.

夏克寒,许化龙,张朴睿,2005. 粒子滤波的关键技术及应用[J]. 电光与控制,12(6):1-4.

杨元喜,2006. 自适应动态导航定位[M]. 北京:测绘出版社.

杨元喜,1993. 抗差估计理论及其应用[M]. 北京:八一出版社.

杨元喜,1997. 动态系统的抗差 Kalman 滤波[J]. 解放军测绘学院学报,14 (2) :79-84.

杨元喜,何海波,徐天河,2001. 论动态自适应滤波[J]. 测绘学报,30(4):294-298.

杨元喜,徐天河,2003. 基于移动开窗法协方差估计和方差分量估计的自适应滤波[J]. 武汉大学学报(信息科学版), 28(6):714-718.

杨元喜,张双成,高为广,2005. GPS 导航解算中几种非线性 Kalman 滤波的理论分析与比较[J]. 测绘工程, 14(3):3-7.

赵昕,李杰,2002. 一类加权全局迭代参数卡尔曼滤波算法[J]. 计算力学学报,19 (11):403-408.

赵长胜,1997. GPS 载波相位三差观测方程的改化[J]. 测绘学报, 26(2):155-159.

赵长胜,陶本藻,2007. 有色噪声作用下的抗差卡尔曼滤波[J]. 武汉大学学报(信息科学版),32(10):880-882.

赵长胜,陶本藻,2008. 有色噪声作用下的卡尔曼滤波[J]. 武汉大学学报(信息科学版),33(2):180-182.

赵长胜,2009. 具有相关观测量的可变参数序贯平差[J]. 测绘通报(11):21-23.

赵长胜,2010. 基于有色噪声的序贯平差[J]. 测绘通报(1):21-23.

赵长胜,2011. 有色噪声滤波理论与算法[M]. 北京:测绘出版社.

赵兵,曹剑中,杨洪涛,等,2015. 改进的平方根容积卡尔曼滤波及其在 POS 中的应用[J]. 红外与激光工程(9):2819-2824.

ARULAMPALAM M S, MASKELL S, GORDON N, et al, 2002. A tutorial on particle filters for online nonlinear/non-Gaussian Byesian tracking[J]. IEEE Transactions on Signal Processing50 (2):174-188.

ARASARATNAM I, HAYKIN S, 2009. Cubature Kalman filters[J]. IEEE Transactions on Automatic Control, 54(6):1254-1269.

BRIWES M, MASKELL S R, WRIGHT R, 2003. A Rao-blackwellised unscented Kalman filter [C]//Proceedings of the Sixth International Conference on Information Fusion. Cairns:[s. n]: 55-61.

GAO Y, SHEN X, 2002. A new method for carrier phase based precise point positioning [J].

Journal of the Institute of Navigation, 49(2):109-116.

JULIER S J, UHLMANN J K, 2004. Unscented filtering and nonlinear estimation [J]. Proceeding of the IEEE, 92(3):401-422.

JAYESH H K, PETAR M D, 2003. Gaussian particle filtering[J]. IEEE Transactions on Signal Processing, 51(10):2592-2601.

JAYESH H K, PETAR M. D, 2003. Gaussian particle filtering[J]. IEEE Transactions on Signal Processing51(10):2592-2601.

JULIER S J, 2003. The spherical simplex unscented transformation [C]//Proceeding of the American Control Conference. [s. l.]: IEEE, 2430-2434.

JULIER S J, UHLMANN J K, 2002. The scaled unscented transformation[C]//Pro ceedings of the American Control Conference, 4555-4559.

KOUBA J, HEROUX P, 2001. Preeise point positioning using IGS orbit and clock products [J]. GPS Solutions, 5(2):12—28.

XU A G, YANG D K, XIAO W D, 2001. Navigation digital map database development and map-matching for GPS/DR based car navigation systems [C]//Proceedings of 3rd International Conference for Information, Communication and Signal Processing. Singapore: [s. n.]: 15-18.

YANG Y X, GAO W G, 2005. Influence comparison of adaptive factors on navigation results[J]. The Journal of Navigation, 58(3):471-478.

YANG Y X, GAO W G, 2006. A new learning statistic for a adaptive filter based on predicted residuals[J]. Progress in Natural Science, 16(8):833-837.

ZHAO L, OCHIENG W. Y, QUDDUS M A, et al, 2003. An extended Kalman filter algorithm for integrating GPS and low-cost dead reckoning system data for vehicle performance and emissions monitoring[J]. The Journal of Navigation(56):257-275.